"大国三农"系列规划教材

生态健康与农产品安全

Ecological Health and Agricutural Product Safety

杜相革 闫 硕◎主 编
董 民 张俊争 沈 杰◎副主编

中国農業大學出版社
China Agricultural University Press
·北京·

内容简介

本教材在生态健康调控的整体思路下，以生态健康为主线，分析了影响生态健康的因素、生态健康评价指标、持续保持生态健康的途径和方法等，在此基础上，融合农产品安全生产的投入品管理、生产过程控制和产品安全评价，突出绿色食品和有机农业生产方式对生态健康和生物安全的保持和建设作用，满足食品安全和生态环境保护协同发展的需要，践行绿色发展理论和实践。

本教材共分为七章，第一章为农业生态健康概述，包括农业生态系统的概念、研究内容、评价指标等；第二章为土壤安全和健康指标，包括物理、生理生化和生物指标；第三章为作物安全与健康指标，包括作物生长和抗性指标、作物营养指标和作物营养与病虫害；第四章为农产品安全指标，包括农药残留指标、致病微生物指标和重金属指标以及大气污染物；第五章为农业生态健康技术，包括生态环境建设、多样化种植、减肥减药的“双减”技术和节水灌溉技术以及病虫害绿色防控技术等；第六章为生物和产品安全技术，包括产品安全标准体系、基地的选择和评价、投入品以及产品质量安全；第七章为认证与管理，包括了绿色食品和有机产品认证机构、认证程序、认证监督和管理的要求和实施等。

图书在版编目(CIP)数据

生态健康与农产品安全/杜相革，闫硕主编. -- 北京：中国农业大学出版社，2022.8
ISBN 978-7-5655-2828-6

Ⅰ.①生… Ⅱ.①杜…②闫… Ⅲ.①农业生态系统-教材 Ⅳ.①S181

中国版本图书馆 CIP 数据核字(2022)第 130728 号

书　名 生态健康与农产品安全
Shengtai Jiankang Yu Nongchanpin Anquan
作　者 杜相革　闫　硕　主编

策划编辑 梁爱荣　　**责任编辑** 梁爱荣　刘彦龙
封面设计 李尘工作室
出版发行 中国农业大学出版社
社　址 北京市海淀区圆明园西路 2 号　　**邮政编码** 100193
电　话 发行部 010-62818525，8625　　读者服务部 010-62732336
编辑部 010-62732617，2618　　出　版　部 010-62733440
网　址 http://www.caupress.cn　　**E-mail** cbsszs @ cau.edu.cn
经　销 新华书店
印　刷 涿州市星河印刷有限公司
版　次 2022 年 8 月第 1 版　2022 年 8 月第 1 次印刷
规　格 185 mm×260 mm　16 开本　12 印张　300 千字
定　价 39.00 元

前　　言

党的十九大报告指出，促进人与自然和谐共生，建设生态文明是中华民族永续发展的千年大计；必须树立和践行绿水青山就是金山银山的理念，坚持节约资源和保护环境的基本国策；形成绿色发展方式和生活方式，坚定走生产发展、生活富裕、生态良好的文明发展道路；发展落实乡村振兴战略，确保可持续发展，提升农业发展水平，深化农业供给侧结构性改革，促进农民增收，解决“三农”问题。

推动经济社会发展全面绿色转型，加快构建现代环境治理体系和生态文明体系，守护好农村的自然生态资源，树立生态红线意识，严守生态功能保障基线、环境质量安全底线、自然资源利用上限，同时生产安全、健康的农产品，建立生态健康与生物安全的技术综合体，是实现“十四五”发展目标的基本保障。

健康的生态系统不仅是农业高质量发展的基础，也是生态环境建设的基本要求，是实现生态文明体制建设和乡村振兴战略的重要支撑，也是食品安全、环境保护、资源节约、节水、低碳、循环、再生等战略实施的核心内容。生态健康是 20 世纪 90 年代国际上出现的一个新的研究领域，旨在能够满足人类需要而又不破坏甚至能够改善自然资源的农业生态系统，其目标包括高效益、低投入、合理的耕作方式、多样化作物组合、农业与社会的相互适应、良好的环境保护、丰富的物种多样性等。

生物安全是指国家有效防范和应对危险生物因子及相关因素威胁，生物技术能够稳定健康发展，人民生命健康和生态系统相对处于没有威胁和不受威胁的状态，生物领域具备维护国家安全和持续发展的能力。在农业领域，生物技术（转基因生物、RNA 农药等）、植物有害生物、农业生态健康、农业可持续发展和生物多样性等研究领域和内容都属于国家生物安全范畴，生态系统健康、稳定与和谐状态是构成生物安全的重要组成部分。从环境安全、生态安全和产品安全角度出发，采取与环境相融的绿色生产方式，克服农业发展与人民对美好生活需求不充分、不平衡的矛盾，同时克服生物技术发展对生态、生物和产品带来的不利影响。

农业生态系统健康是集生物学、生态学和经济学等理论和方法的综合体，紧密关联土壤、作物健康和农产品安全；以此为基础，在植物的全生命周期内采取绿色生产投入品和技术，构建可持续的、低耗能的农业生产体系，生产出既符合食品安全又保护生态环境的优质农产品，实现生态与生物的协调发展。

本教材在生态健康调控的框架下，以生态健康为主线，分析了影响生态健康的因素、生态健康评价指标、保持生态健康的途径和方法等；在此基础上融合农产品安全生产的投入品管理、生产过程控制和产品安全评价，突出绿色食品和有机农业生产方式对生态健康和生物安全保持和建设作用，满足食品安全和生态环境保护协同发展的需要，践行绿色发展理论和实践。

本教材共分为七章。第一章为农业生态健康概述，包括农业生态系统的概念、研究内容和方法、评估内容和指标等；第二章为土壤安全和健康指标，包括土壤物理、生理生化和生物指标等；第三章为作物安全与健康指标，包括作物生长和抗性指标、营养指标和作物营养与病虫害；

第四章为农产品安全指标，包括农药残留、致病微生物和重金属指标以及大气污染物等；第五章为农业生态健康技术，包括生态环境建设、多样化种植、减肥减药的“双减”技术、节水灌溉技术以及绿色防控技术；第六章为生物和产品安全技术，包括产品安全标准体系、基地的选择和评价、投入品以及产品质量安全管理；第七章为认证与管理，包括绿色食品和有机产品认证机构、认证程序、认证监督和管理的要求和实施。

本教材汇集了编者近20年的研究和实践成果，但是随着农业现代化发展创新和人们对高质量产品的多样需求，绿色生产技术也需要不断创新和与时俱进，因此，教材设计和编著内容与形势发展仍然有差距，需要不断补充和完善。

本教材适合广大农林院校的学生和教师使用，同时也适合从事现代农业高质量发展的企业和科研单位使用，对于教材中存在的不妥之处，敬请谅解。

编　者

2022年5月

目　　录

第一章　农业生态健康概述

在国际上，生态系统健康是 20 世纪 90 年代出现的研究领域。1994 年国际生态系统健康学会(ISEH)成立；1995 年，该学会的正式刊物 *Ecosystem Health*(《生态系统健康》)创刊，该学会分别在渥太华、哥本哈根、萨克拉门托和哈利法克斯主持召开了有关生态系统健康的国际研讨会，有力地推动了生态系统健康学的发展；1998 年出版了研究报告 *Agroecosystem Health: Analysis and Assessment*(《农业生态系统健康：分析与评价》)。

在加拿大圭尔夫大学建立了"农业生态系统健康全球网络(*Agroecosystem Health: a Global Network*)"，主要成员包括加拿大、秘鲁、洪都拉斯、肯尼亚、尼泊尔和埃塞俄比亚 6 个国家。该网络的建成为全球农业生态系统健康研究提供了交流信息的平台，促进了农业生态系统健康理论与实践的深入发展。

第一节　概念和意义

健康的农业生态系统主要是指能够满足人类需要而又不破坏甚至能够改善自然资源的农业生态系统，其目标包括高产出、低投入、合理的耕作方式、有效的作物组合、农业与社会的相互适应、良好的环境保护和丰富的物种多样性等。

一、特征

1. 健康生态系统的特征

农业生态系统健康是指农业生态系统免受"失调综合征"、处理胁迫的状态和满足持续生产农产品的能力。

健康生态系统主要表现应该是稳定、有弹性、可持续的；健康生态系统是可衡量的，具有尺度限制；健康生态系统生产的产品是安全的。

2. 概念内涵分析

生态系统健康的概念内涵分析见表 1-1。

表 1-1　生态系统健康的概念内涵分析

概念表述	含义
自动平衡	系统中任何因素的变化都会影响生态健康，如果发现任一指标超过了正常范围，那么系统健康一定受到了危害
疾病发生	对有机体而言，疾病发生过程预示着体内的破坏性过程，同时伴随着特殊的症状和病态。对生态系统而言，疾病发生会造成负面压力并导致系统紊乱
多样性和复杂性	物种的丰富度、连接性、相互作用强度变化，导致系统分布度、多样性指数和优势度发生改变

续表1-1

概念表述	含义
稳定性和弹性	指系统对压力的恢复能力,这种能力越大系统就越健康
生命活力	指系统对压力的反应能力,表现在各级水平上的活性和组织水平的差异
系统组分之间的平衡	指保持系统组分之间的适当平衡
生态系统整合性	指生态系统在其所处的地理条件下,发育最佳的一种状态,它包括总能量的输出、可获得的水、营养物质源以及物种迁移定居历史等

3. 评价

生态系统健康评价见表 1-2。

表 1-2 生态系统健康评价

概念表述	评价
自动平衡	适用于有害生物个体,不适用于生态系统、经济系统以及其他自动平衡系统
缺乏疾病	定义很不明确;外界对系统的压力具有不确定性;过分强调系统的内在性
多样性和复杂性	只有简单的公式表示,没有深入分析
稳定性和弹性	没有提及系统的操作水平和组织程度,例如死亡的系统很稳定,但是不健康
生命活力	测定难度巨大
系统组分之间的平衡	只能做一般的解释,还没有用于预测和诊断
生态系统整合性	主要依赖于历史数据作为参考点,整合性被赋予了原始系统水平下的物种组合、生物多样性和组织能力,难以操作

二、发展历程

农业生态健康理论发展历程见表 1-3。

表 1-3 农业生态健康理论发展历程

年代	生态系统健康的概念描述
1988	生态系统健康就是生态系统缺乏疾病(不得病),而生态系统疾病是指生态系统组成受到损害或者减弱
1989	生态系统健康是指一个生态系统所具有的稳定性和可持续性,即在时间上具有维持其组织结构、自我调节和对胁迫的恢复能力
1992	健康的生态系统不受疾病困扰,活跃,可保持自身的自主性和对压力有抗性和恢复力
1992	健康的生态系统具有生长力、恢复力和完善的结构;对人类社会而言,健康的生态系统应能为人类社会提供服务
1993	生态系统健康是指生态系统能将内存的潜力发挥出来,状态稳定,受干扰后具有自我修复能力,管理时只需最小的外界支持

续表1-3

年代	生态系统健康的概念描述
1993	生态系统健康是生态系统发展中的一种状态，在该状态下，地理位置、辐射输入、有效的水分和养分以及再生资源处于最优状态，使该生态系统处于活力水平状态
1993	生态系统健康是生态学的可行性与当代所期望二者之间的重叠程度
1994	如果一个生态系统有能力满足人们的价值需要，并能以持续的方式生产期望的商品，则可认为该生态系统是健康的
1999	生态系统健康指生态系统是稳定和可持续的，即它是活跃的，能够维持其组织结构并能在一段时间后自动从胁迫状态恢复过来
1999	生态系统健康应该包含两方面内涵，即满足人类社会合理要求的能力和生态系统自我维持与更新的能力，前者是后者的目标，而后者是前者的基础
2002	生态系统健康应具有以下特征：①生态系统不受有严重危害的生态系统胁迫综合征的影响；②具有恢复力，能够从自然的或人为正常干扰中恢复过来；③在没有或几乎没有投入的情况下，具有自我维持能力；④不影响相邻系统；即健康的生态系统不会对其他系统造成压力；⑤不受风险因素的影响；⑥经济上可行；⑦维持人类和其他有机群的健康，生态系统不仅是生态学的健康，还包括经济学的健康和人类健康
2005	生态系统健康是指生态系统没有病症反应，稳定且可持续发展。即生态系统随着时间的进程有活力且可维持其组织结构及自主性，在外界胁迫下容易恢复
2006	生态系统健康是指系统内的物质循环和能量流动未受到损害，关键生态组分和有机组织完整保存，且缺乏疾病，对长期或突发的自然或人为扰动能保持弹性和稳定性，整体功能表现出多样性、复杂性活力和相应的生产率，其发展终极是生态整合性

三、研究意义

农业生态健康不仅是农业生产的基础，也是生态环境建设的基本保障，是与实现党的十八大提出的生态文明体制建设和党的十九大提出的乡村振兴建设紧密相连的、不可分割的组成部分。因此，研究农业生态健康的基本原理和技术，对加快实现生态文明体制建设具有重要意义，其主要作用体现在食品安全、环境保护、节约资源、节水、低碳、循环、再生和发展有机农业等各个方面，是实施生态文明战略的核心内容。

在建立资源节约、环境友好型社会的政策导向下，从综合性视角研究生态文明和健康切合社会发展和可持续发展要求。因此，生态文明和健康理论在我国具有较高的学术研究价值和明显的政策指导意义，也是乡村振兴研究重点关注的问题之一。

随着理论方法的不断完善、仪器设备的不断革新、历史监测资料的不断积累、从业人员科研素质的不断提升，针对单一生态系统评价的精确性、时序性、综合性都在同步提高。而在进一步提升数据精确性、指标完善性和分析动态性的基础上，国外最新相关理论也可以给予相应启发，如量化特定的生态系统服务用于描述生态系统健康、测度生态系统质量与人类健康的定量关系、探讨提升生态系统恢复力的具体途径等。同时，我国是人口与工业化大国，人类活动对生态系统的干扰剧烈。除对生态系统的健康进行定量或分级表述外，如何应用生态工程技术进行特定生态系统的环境管理与生态修复，也是在生态系统健康研究领域需要解决的重要课题。

近 10 年来，国际生态系统健康研究出现了从生态系统健康到生态健康，再到生态文明健康的转型。尽管生态健康可以作为生态系统健康研究的一种继承，但该理论在研究对象上已从传统的人类干扰下的生态系统转换到生态过程对人类健康的影响；而在生态系统健康、生态健康概念基础上综合而成的生态文明健康，表征自然过程与人类活动，自然与人类的交互整合，这种整体论的观念更符合乡村振兴与自然协调共生的可持续发展观念。

第二节　研究内容和方法

一、解决的问题

1. 农药等环境污染化合物

农业生产中大量使用杀虫剂、杀菌剂和除草剂，在有效防治病虫草害的同时也存在着对非靶标生物的杀伤、对天敌种群结构的破坏、对农业生态系统生物多样性的负面影响。但是，与工业污染物，特别是有毒化合物及重金属相比，农药的破坏作用相对较轻。

2. 生物技术

基因改良生物的环境释放可能会产生潜在的不良效应。转基因植物的释放对环境影响的问题，越来越多地引起了民众的担忧，因为转基因植物本身可能变为杂草或使其他野生近缘种变为杂草。如果转基因植物具有很高的适合度和竞争力，就可能引起种群暴发，破坏生物多样性，从而改变生物群落的结构，影响生态系统的能量流和物质循环。

3. 生态入侵

生态入侵是指外源生物引入本地区，种群迅速蔓延失控，造成其他土著种类濒临灭绝，并伴生其他严重危害的现象。生态入侵对生态系统的稳定性影响很大，有时甚至能使整个生态系统发生不可逆转的崩溃。

4. 不当的农业生产活动

土地的过度开垦和耕作、作物的不当种植方式、过度放牧、化肥的不当使用等，也是影响农业生态系统健康的重要因素。

5. 其他

一些偶发性的自然灾害，如地震、火山爆发、洪水、干旱、龙卷风、森林火灾、战争、毒物暴露等也会对生态系统造成破坏。

二、研究内容

农业生态系统健康是个综合体，它以生物学、生态学和经济学理论为基础，对农业生态系统健康生物—环境指标和经济指标进行理论分析和验证；通过政策和经济分析，建立土壤—作物系统与农场管理活动的生物物理模型和农场生产决策优化模型，分析最优目标、投入约束、风险与市场，制定农业生态系统健康的决策和实施方案。

对农业生态健康研究内容分析，包括技术层面和管理层面。技术层面包括土壤质量和水质、害虫生态管理（EBPM）、生态病理学（ecopathology）、杂草综合管理（IWM）、线虫群落（nematode community）、转基因作物（transgenic crops）等；管理层面包括农业投入政策、景观生态学、绿色有机产品开发，其最终目标是实现人类健康。

其具体研究内容包括：

(1)农业生态系统健康评价方法；

(2)生物资源安全管理；

(3)土壤质量、清洁水资源与农业生态系统健康的联系；

(4)害虫生态管理对农业生态系统健康的贡献；

(5)基于生态病理学对农业生态系统健康指示生物的研究；

(6)线虫群落作为农业生态系统健康指示生物的研究；

(7)杂草综合管理在农业生态系统健康中的作用；

(8)农业生态系统健康与人类健康的关系；

(9)转基因作物对农业生态系统健康的生态影响评价；

(10)农业投入政策对农业生态系统健康的影响；

(11)景观生态学在农业生态系统健康评价中的应用；

(12)农业生态系统健康与有机、绿色产品开发等。

第三节 评估内容和评估指标体系

一、评估内容

生态系统具有一种自发的趋向和保持稳定的机制。一般来说，生态系统的复杂程度决定其稳定性，多数生态学过程都有一个阈值，低于或超过这个阈值，生态过程就会变得不连续、混乱甚至终止。

(一)生态系统失调综合征的评估

生态系统失调综合征(ecosystem distress syndrome)是指系统被破坏后导致其在正常生命期限前终结的不可逆过程。生态系统失调综合征的诊断就是选择一组关键指标来评估生态系统处于有害环境压力下的特征，包括生物多样性的减少(包括生境、物种、基因水平上)、营养资源受损、初级生产者的减少、生物组成的变化、外来物种和 r-对策物种在生态系统中的优势度增加、生态系统中某些种群振荡幅度加大、生物分布生境大小的降低、能流的变化、污染物在生物体和媒介体中的循环等。

(二)生态系统的缓冲力和持续性评估

根据生态系统抵抗压力的能力大小来评价其健康程度，即生态系统抵抗自然灾害或受自然灾害干扰后恢复原来状态的能力。生态系统越健康，其抗干扰能力或从干扰中恢复的能力就越强。农业生态系统是地球生态系统的一部分，包含许多复杂的亚系统及其相互间的作用，很多指示因子，如土质、水质、作物产量等，均可用于监测农业生态系统的健康状态。

(三)生态风险评估

生态系统健康风险评估是指评价危害生态系统健康的不良事件发生的概率，以及在不同概率下不良事件所造成后果的严重性，并决定应该制定和采取的可行对策。因此评估的着眼点在于风险决策管理，目的是预防性地保护生态系统健康。

二、指标体系

(一)综合指标

生态系统健康诊断指标有单项指标和多指标群。单项指标和预测模型主要用于早期预警;多指标群主要反映多重胁迫。成熟生态系统的特性是生态系统健康的标志。其指标包括以下几个。

(1)单项指标,重点是生态系统退化的“临床症状”,确定影响生态系统的不利和不良因素,包括环境和生产过程;

(2)生态系统结构和功能评价,主要包括土壤、作物、产品结构和功能评价;

(3)指标群寻求生态、生物和经济社会因素间的联系,使生态健康评价更广泛且适当。

自然生态系统健康更多强调的是生物多样性,而农业生态系统中生物多样性保护只能通过合理的农业措施来实现。

(二)主要评价指标

主要评价指标包括:个体水平健康评价指标、群落水平健康评价指标、生态系统水平健康评价指标、景观及区域水平健康评价指标、自然生态系统健康评价指标等。

(三)生态系统健康指标的选取

(1)生态学方法　选取能够诊断生态系统的病理变化;确定农业生态系统的评价指标;实施有效的环境和生物技术,保持生态系统完整性。

主要评价指标包括污染物的特征指标、生物对污染物的反应指标、生态系统的食物网指标等。

(2)生物学方法　主要评价指标有重要生态过程指标(如分解、补充、捕食者与食物关系等)、生物与环境的关系指标、病虫害与环境的关系指标等。

(3)生态系统指标　主要评价指标有生态系统生物量和生产力、多样性指数,环境友好型生产方式对生态健康和产品安全的影响等。

(4)自然、社会及经济结合指标　主要评价指标包括社会指标、经济指标、环境健康指标、生态系统管理指标等,还包括生态和生产健康指标对社会和经济的贡献等。

(5)信息的综合评价　实施的技术和措施对促进生态系统不同层次健康发展的作用。

第二章　土壤安全和健康指标

对于农作物生产而言，土壤是最根本的因素。土壤健康定义为："土壤作为一个生命系统所具有的维持其功能的能力。健康的土壤能维持多样化的土壤生物群落，这些生物群落有助于控制植物病害、害虫以及杂草等；有助于与植物的根形成有益的共生关系；促进植物基本养分循环；通过对土壤持水能力和养分承载容量产生积极影响，从而改善土壤结构，并最终提高作物产量。"对于这一定义，还可以附加一种生态系统视角的观点：健康的土壤不会污染环境，相反，它可以通过维持或增加自身的碳容量，为缓解碳排放等引起的气候变化作出贡献。

第一节　土壤安全指标

土壤是包含地球上最富多样的生命有机体的集合体之一。这些有机体通过复杂的食物网紧密联系在一起。依据管理方式的不同，土壤可以是病态的，也可以是健康的。健康土壤有两大显著特征：一是拥有丰富多样的生物群，二是土壤有机质含量高。热带地区土壤生物群的多样性比温带地区的土壤更为丰富，因此它们也比温带地区的土壤更为健康。对于生产性的作物种植，如果土壤有机质能增加或者维持在一个理想的水平，那么就可充分判定土壤是健康的。

土壤的安全指标是作物健康的关键指标之一，土壤污染物会极大地影响到土壤安全质量。土壤污染物主要来自工业和城市的废水、固体废弃物，以及农药、化肥、生物残体和大气沉降物等。污染物进入土壤的途径有污水灌溉、酸雨和降尘，过量施用农药、化肥，汽车尾气、向土壤倾倒固体废弃物等。具有生理毒性的物质或过量的营养元素进入土壤，积累到一定程度，会导致土壤性质恶化，造成土壤污染。土壤污染不仅使作物生理功能失调，还常通过食物链传递影响人体健康。

表 2-1、表 2-2 和表 2-3 为生态环境部颁布的《土壤环境质量　农用地土壤污染风险管控标准(试行)》(GB 15618—2018)中所提到的农用地土壤污染风险筛选值和风险管制值(注：本书中，凡是没有注明年代号的标准，均以最新版本标准为准)。表格显示，主要列出的、需要被筛选的物质包括重金属镉、汞、砷、铅、铬、铜、镍、锌，以及传统剧毒化合物六六六、滴滴涕和苯并[a]芘，说明这两类物质对土壤环境造成的危害最为严重，也最需要引起农业从业者的注意。

对灰钙土中重金属污染的研究表明，随着土壤重金属浓度的升高，春小麦的产量有明显的降低。对客土改良试验中土壤和蔬菜重金属含量相关分析表明，青菜中的铬、锌、铜含量与土壤中的铬、锌、铜含量相关性显著；土壤中镉、铅含量高，稻谷体系中镉、铅含量也高，且两者的镉、铅含量水平高度相关，呈线性关系。这些结论表明，植物富集重金属的量随着土壤重金属量的增加而增加，并对作物的生长与生产造成不良影响。此外，土壤污染的原因常为多种重金

表 2-1 农用地土壤污染风险筛选值(基本项目) mg/kg

序号	污染物项目①②		风险筛选值			
			pH≤5.5	5.5<pH≤6.5	6.5<pH≤7.5	pH>7.5
1	镉	水田	0.3	0.4	0.6	0.8
		其他	0.3	0.3	0.3	0.6
2	汞	水田	0.5	0.5	0.6	1.0
		其他	1.3	1.8	2.4	3.4
3	砷	水田	30	30	25	20
		其他	40	40	30	25
4	铅	水田	80	100	140	240
		其他	70	90	120	170
5	铬	水田	250	250	300	350
		其他	150	150	200	250
6	铜	果园	150	150	200	200
		其他	50	50	100	100
7	镍		60	70	100	190
8	锌		200	200	250	300

注:①重金属和类金属砷均按元素总量计。

②对于水旱轮作地,采用其中较严格的风险筛选值。

表 2-2 农用地土壤污染风险筛选值(其他项目) mg/kg

序号	污染物项目	风险筛选值
1	六六六总量①	0.10
2	滴滴涕总量②	0.10
3	苯并[a]芘	0.55

注①六六六总量为α-六六六、β-六六六、γ-六六六、δ-六六六四种异构体的含量总和;

②滴滴涕总量为p,p′-滴滴伊、p,p′-滴滴滴、O,p′-滴滴涕、p,p′-滴滴涕四种衍生物的含量总和。

表 2-3 农用地土壤污染风险管制值 mg/kg

序号	污染物项目	风险管制值			
		pH≤5.5	5.5<pH≤6.5	6.5<pH≤7.5	pH>7.5
1	镉	1.5	2.0	3.0	4.0
2	汞	2.0	2.5	4.0	6.0
3	砷	200	150	120	100
4	铅	400	500	700	1 000
5	铬	800	850	1 000	1 300

属的复合污染，因此它们对作物的综合影响也需要被评价。有研究表明，对于水稻的生长而言，共存重金属元素的协同作用使得产量降低，它们的影响顺序是：铜＞锌＞镍＞铅；对于大豆的生长，铜、铅、锌的存在降低了镍的毒性，影响顺序为：铜＞铅＞锌＞镍。供试元素在作物体内的累积、分布和迁移除了受到本身性质和添加量影响以外，还会受到元素间相互作用的影响，且后者的影响非常复杂。

第二节　土壤物理指标

土壤是一个十分复杂的系统，它是由固、液、气三相物质组成的体系。土壤是植物生长的基质，在植物生长过程中，土壤不仅要供给植物所需水分，还要向植物根系供应养分和氧气。

一、土壤固体

(一)土壤颗粒

土壤固相物质由大小不同的单个颗粒构成，这些颗粒称为土壤颗粒，简称土粒。

土壤颗粒按组成可分为矿质颗粒、有机颗粒和有机-矿质复合颗粒，在绝大多数土壤中，矿质颗粒占土壤固相物质重量的95%以上。

土壤颗粒按照结合状态可分为单粒和复粒，单粒是在岩石矿物风化、母质搬运和土壤形成过程中产生的，在完全分散时可单独存在，包括各种矿物碎片、屑粒、胶粒以及有机残体碎屑；复粒是由各种单粒在物理、化学和生物作用下复合而成的，包括黏团、有机-矿质复合体和微团聚体。单粒和复粒可进一步通过物理、化学和生物作用黏结或团聚成大小、形状和性质不同的团聚体和结构体。不同大小的土壤颗粒存在状态也不相同，特别是土壤胶体颗粒可以从完全分散的状态到几乎完全团聚。在大多数土壤里，土壤颗粒只是部分团聚。单个土壤颗粒的大小和形状、化学组成和矿物组成及颗粒表面的物理、化学性质各不相同，土壤颗粒及其复合体对土壤肥力、作物生长、土壤溶质转移、外源物质在土壤中的行为等的影响也不尽相同。土壤颗粒的大小不但影响颗粒的表面吸附、离子交换等化学行为，而且还影响其物理性质。许多土壤颗粒的物理性质是通过颗粒的化学性质产生的。一般来说，随着土粒粒径的减小，土粒的吸湿量、最大吸湿量、持水量、毛细管持水量不断增加，而土壤的通气性和透水性不断降低。土壤中的一些力学性质如黏结力、吸附力、收缩膨胀等亦随土壤颗粒粒径的变化而变化。在农业生产实践中，要求土壤既能保水又能通气；既能吸水又能供水，还要易于耕作。因此，欲创造最佳的土壤条件，必须考虑不同粒径土壤颗粒的合理搭配。

(二)土壤质地

质地对土壤物理、化学和生物性质有很大影响。质地不同，土壤肥力水平及调节难易程度也有差别。土壤质地对土壤肥力的影响是多方面的，它常常是决定土壤蓄水、导水、保肥、保温、导温和耕性等的重要因素。质地不同，土壤孔隙性、持水性和力学性质等差异很大，从而对土壤养分的保持产生巨大的影响。

沙性土通透性好，易于耕作，土温昼夜温差大，对水分和养分的保蓄能力差；作物早发苗，但后期生长受阻；施肥后作物肥效快，但持续时间较短，即肥效猛而短。

黏性土通透性和耕性差，土温变幅小，对水分和养分的保蓄能力强；作物大多晚发苗，后期生长良好;施肥后作物见效迟缓,但持续时间较长,即肥力稳而长。

壤质土由于沙粒、粉粒和黏粒的比例适宜,兼有沙质土和黏质土的优点,克服了两者的不足,其性状表现均适合农作物生长发育的要求,是农业上较为理想的土壤质地。壤质土主要分布于黄土高原、华北平原、松辽平原、长江中下游平原、珠江三角洲、河间平原及河间冲积平原。土壤质地剖面排列的特点对土壤肥力状况有一定影响。不仅不同质地剖面的潜在肥力存在差异,而且质地剖面还可影响土壤水分的运行和调节,同时影响可溶性养分在剖面中的移动以及土壤环境的更新,从而对作物生长产生相应的影响。

一般认为,土壤质地剖面过沙或过黏均不利于土壤肥力因素的发挥与调节。但土壤剖面的质地排列一般比较复杂,特别是在沉积物母质上发育的土壤剖面,往往是沙、壤、黏土层相互交错,如沙夹黏、黏夹沙、沙盖黏、黏盖沙等。此外,沙、壤、黏土层的厚度及其在剖面中所处的部位也很重要。

一般来说,沙土适于种植生长期短的作物及根茎类作物,而需肥较多或生长期较长的谷类作物,则宜在黏壤土至黏土中生长。大部分作物对土壤质地的适应范围都相当广,但有些作物生长在过黏或过沙的土壤中会出现生长不良的现象。因此,对这些土壤应采取相应的改良措施。据统计,我国现有耕地中,因耕层土壤质地过沙或过黏而需要改良的土地各在 1 亿亩(1 亩≈666.7 m^2)以上。其改良方法主要是客土(沙掺黏和黏掺沙),但客土工程量很大,有条件的地方,如河流附近,可以通过淤灌把富含养分的黏土覆盖在沙土上,通过翻耕搅拌便可达到改良的目的。

(三)土壤团粒结构

土壤结构体是由不同粒级的土壤颗粒通过不同机理组成的,体现着土壤颗粒的一般性质,并且有着自身的综合性质。

土壤结构不仅影响植物生长所需要的水分和养分的供应,而且左右着土壤中的物质交换、能量平衡、微生物活动、作物根系延伸等过程,对提高土壤肥力、促进作物增产、调节土壤环境具有重要作用。土壤结构及其稳定性在许多土壤过程中起重要作用,如土壤侵蚀、入渗、根系穿插、通气、机械强度等。由于土壤结构体是土壤颗粒在各种作用力下相互结合形成的,因此只有了解了土壤颗粒的结构和组成特征,才能提出可靠的土壤结构评价指标,并根据具体情况采用合适的方法对不良的土壤结构进行改良。

良好的土壤结构能保水保肥,及时通气排水,调节水气状况,有利于根系在土壤中穿插,保证植物的正常生长、发育并获得最佳产量。但是在田间条件下几乎没有一种土壤的结构是完美的,而且不同植物或同一植物在不同时期对土壤环境的要求也不尽相同。因此,适宜的土壤结构,除应具有一般的共性外,还应根据土壤类型、植物种类和习性、土壤中存在的问题进行适当的调节。

(四)影响土壤团粒体的因素

(1)耕作　合理耕作是创造适于农作物生长的土壤结构的重要措施之一,其中最为重要的是确定耕作时的最佳土壤含水量。因为不同含水量既影响土壤颗粒间的黏结力,也影响土壤颗粒与耕作机具界面之间的黏着力。常采取的措施有犁翻晒垡或冻垡、在宜耕期内耕作、留茬覆盖、少耕或免耕。

(2)轮作　进行轮作,尤其是在轮作系统中引入豆科作物或牧草,可以增加土壤腐殖质和氮的含量，有利于土壤结构的改善。很多一年生作物（小麦、向日葵、玉米等）根系庞大，在其生长发育过程中能改善根际土壤结构，形成良好的团聚体。在采取各种轮作措施时，应根据实际情况，选择适宜的轮作制度，以达到改善土壤结构的目的。种植绿肥（紫云英、苜蓿、田菁等）改土在我国应用比较普遍。水田常采用的轮作模式包括水稻-水稻-小麦、水稻-水稻-油菜、水稻-水稻-烟草、水稻-水稻-花生、水稻-水稻-蔬菜、水稻-水稻-绿肥和水稻-水稻-蚕豆等。

(3)有机肥　施用有机肥能够增加土壤中的有机质含量，促进土壤团聚作用，改良土壤结构。增施有机肥不但在旱地能改善土壤结构状况，而且在水田也具有同样作用。

(4)水分管理　合理的水分管理可以减少土壤结构体的破坏。水田采用水旱轮作、减少土壤的淹水时间能明显改善水稻土的结构状况，促进作物增产。

(5)石灰和石膏　酸性土壤合理施用石灰，碱性土壤施用石膏，增加土壤 Ca^{2+}，可促进土壤良好结构体的形成。

(6)改良剂　增加土壤团聚体稳定性的关键是土壤中必须有能够胶结土粒的不可逆或弱度可逆的胶结物质，特别是诸如腐殖质和多糖等物质。土壤结构改良剂是用来促进土壤形成团粒、改良土壤结构的高分子化合物的总称，包括矿物腐殖质和人工合成剂等类型的制剂。常见的有人工合成的高分子聚合物制剂、自然有机制剂和自然无机制剂。人工合成的高分子聚合物制剂主要包括乙酸乙烯酯-顺丁烯二酸酐共聚物（VAMA）、水解聚丙烯腈（HPAN）、聚乙烯醇（PVA）和聚丙烯酰胺（PAM），其中聚丙烯酰胺的推广应用前景较广；天然有机物质主要有醋酸纤维、田菁胶、树脂胶、胡敏酸盐类等；天然无机物质主要有硅酸钠、膨润土、沸石等。

(五)土壤有机质

土壤有机质泛指土壤中来源于生命的物质。土壤有机质是土壤固相部分的重要组成成分，是植物营养的主要来源之一，能促进植物的生长发育，改善土壤的物理性质，促进微生物和土壤生物的活动，促进土壤中营养元素的分解，提高土壤的保肥性和缓冲性。它与土壤的结构性、通气性、渗透性、吸附性、缓冲性有着密切的关系，通常在其他条件相同或相近的情况下，在一定含量范围内，有机质的含量与土壤肥力水平呈正相关。

土壤有机质主要来源于植物、动物及微生物残体，其中高等植物为主要来源。原始土壤中最早出现在母质中的有机体是微生物。随着生物的进化和成土过程的发展，动、植物残体及其分泌物就成为土壤有机质的基本来源。在自然土壤中，地面植被残落物和根系是土壤有机质的主要来源，如树木、灌丛、草类及其残落物，每年都向土壤提供大量有机残体。在农业土壤中，土壤有机质的来源较广，主要有作物的根茬、还田的秸秆和翻压的绿肥；人畜粪尿、工农副产品的下脚料（如酒糟、亚铵造纸废液等）；城市生活垃圾、污水；土壤微生物、动物（如蚯蚓、昆虫等）的遗体及分泌物；人为施用的各种有机肥料（厩肥、腐殖酸肥料、污泥以及土杂肥等）。在耕地土壤中自然植被已不存在，有机质主要来自作物根系分泌物、根茬、枯枝落叶以及人们每年施入的有机肥料（绿肥、堆肥、沤肥和厩肥等）。

有机质在土壤中的含量很少，在中国大多数的农田中，有机质的含量只有0.7%～1.2%，被称为“黑土地”的东北地区的土壤有机质含量在3%左右。有机质对于土壤肥力、作物健康度有着很大的影响。资料显示，在一定范围内，有机质的含量与土壤肥力水平呈正相关。使用生物有机肥之后，有机质含量丰富，土壤往往表现为透水透气性好、供肥能力强、不容易出现板结以及盐渍化的情况。

有机肥是生物能源物质，为土壤微生物持续提供大量供给性能源，促使微生物细胞数量倍增，从而改善微生物生存环境及土壤微生物的组成。有机肥作用于土壤微生物的同时也改善了土壤的生物环境，改变了土壤酶活性，使土壤具有较好的生物活性。有机肥进入土壤经微生物作用，一部分易分解的物质，包括糖、有机酸、半纤维素、纤维素、果胶质、氨基酸、蛋白质等被微生物氧化分解，部分碳素变成二氧化碳释放，返回大气；另一部分组成微生物细胞，氮、磷、硫等其他元素部分进入微生物细胞被固定，部分被矿化释放于土壤。碳、氮、磷、硫等元素被微生物固定还是释放至土壤供植物利用，在很大程度上取决于有机肥的碳氮比率。有机肥一方面通过为微生物提供营养提高土壤活力，另一方面通过微生物的分解作用产生植物可直接吸收的营养。土壤活力与土壤营养之间存在着关系，有机肥的碳氮比就是影响这个关系的关键因子。不同有机肥碳氮比不同，在土壤中表现出的反应也就不尽相同。

(六)土壤碳氮比

衡量土壤肥力的一项重要指标是土壤中有机质碳氮比。碳氮比是指有机物中碳的总含量与氮的总含量的比值，一般用“C/N”表示，是影响肥力转化速率的根本原因。

土壤耕层(上部 15 cm)有机质 C/N 通常在(8～15)∶1，中间值在(10～12)∶1，在同一气候条件下，C/N 变化很小，至少在同样管理的土壤中如此。C/N 的变化通常与气候条件相关。如干旱地区比湿润地区土壤的 C/N 低，在气温大致相同的条件下，如果年降雨量大致相同，那么温暖地区土壤的 C/N 较寒冷地带土壤为低，底土层 C/N 一般比表土层低。

C/N 大的有机物分解矿化较困难或速度很慢。原因是，当微生物分解有机物时，同化 5 份碳时，约需要同化 1 份氮来构成微生物自身细胞体，因为微生物自身的 C/N 大约是 5∶1。而在同化(吸收利用)1 份碳时，需要消耗 4 份有机碳来取得能量，所以微生物吸收利用 1 份氮时需要消耗利用 25 份有机碳。也就是说，微生物对有机质的正常分解的 C/N 为 25∶1。如果 C/N 过大，微生物的分解作用就慢，而且要消耗土壤中的有效态氮素，会促进根的生长，抑制茎叶的生长。用 C/N 低的肥料，会促进茎叶的生长，抑制根的生长。因此，调节适宜的 C/N 对根系和作物生长是十分重要的。

(七)土壤容重

土壤容重，可以反映土壤结构，因此是判断土壤肥力状况的指标之一。大量保留养分储备本身并不能保证土壤的高肥力和作物的高产。由于养分通常通过溶解于水的形式被植物吸收与利用，所以养分的输送和循环需要通过自然界生物、化学或物理过程，最终通过自由流动的水输送到植物根部。因此，土壤结构是健康土壤的另一个重要组成部分，因为它决定着土壤的持水量和植物根的深度。

土壤容重应称为干容重，又称土壤假比重，为一定容积的土壤(包括土粒及粒间的孔隙)烘干后质量与烘干前体积的比值。其具体定义为：在田间自然垒结状态下，单位容积土体(包括土粒和孔隙)的质量或重量(g/cm^3 或 t/m^3)与同容积水重量比值，称为土壤容重。因此，土壤容重还是一个非常重要的基本数据，可用于计算土壤的孔隙度，进行土壤重量与土壤容积的换算，计算一定土层内的养分含量和盐分含量等。在农田基本建设和灌溉排水等工作中，土壤容重常用来进行土壤含水量和灌水定额等方面的计算。

土壤容重过大，表明土壤紧实，不利于透水、通气、扎根，并会造成电导率下降而出现各种有毒物质危害植物根系。土壤容重过小，会使有机质分解过快，导致植物根系扎不牢而易倒。一般含矿物质多而结构差的土壤(如沙土)，土壤容重在 1.4～1.7；含有机质多而结构好的土壤(如农业土壤),土壤容重在1.1～1.4。

土壤容重可用来计算一定面积耕层土壤的重量和土壤孔隙度,也可作为土壤熟化程度指标之一。熟化程度较高的土壤,容重较小。增施有机肥、秸秆还田都会降低土壤容重,增加土壤孔隙度,但过程比较缓慢。容重作为土壤物理的一个重要指标,影响着土壤的水气比例,进而影响土壤的其他化学和生物学过程。

二、土壤水分和水质

(一)土壤水分

土壤水作为水资源的重要组成部分,是陆生生态系统最重要的因素之一,是一切陆生植物赖以生存的基础。水是一切生命的重要组成物质,而且土壤中许多物理、化学和生物过程也常常需要在一定的水分条件下进行。植物不仅从土壤获取所需的水分,而且其所需的营养元素也需要从土壤溶液中获得,而土壤溶液的性质与土壤水的性质休戚相关。土壤水和土壤空气竞争土壤孔隙,土壤水分的多少间接地影响着土壤的通气状况及其在土壤中的连通性。此外,许多土壤物理性质,如结构性、塑性、压缩性、黏着性、黏结性等,都和土壤水分状况密切相关。所以,土壤水分的特性和储存状况也极大地影响着土壤中其他环境因子,进而影响植物和土壤生物的生存状况。

田间土壤水分由于受降水、入渗、蒸发、蒸腾、径流及地下水等因素的影响,总是处于循环变化之中,其过程又决定于气象、土壤、植被和土地利用状况。土壤水分循环通常是指地下水位以上土壤非饱和带中水的运动和转化,如果以入渗作为土壤水循环的起点,渗入土壤中的水,一部分保存于土壤中,供植物吸收利用,一部分渗入地下形成地下径流,其他一部分通过土壤蒸发和植物蒸腾回归大气。在适当的条件下,大气水又形成降水,一部分渗入土壤,另一部分形成地表径流。田间土壤水分循环作为陆地水循环的重要组成部分,就这样周而复始地进行着。土壤水分循环在时间上具有年周期的特征,在空间上表现为水分循环深度和强度的差异。

现代田间土壤水分循环研究是基于连续的、系统的、动态的观点和定量的方法,即把土壤-植物-大气系统作为一个物理上的连续体,把大气水、地表水、土壤水、植物水、地下水当作一个相互关联的整体,研究田间"五水"转化的过程和规律,以求揭示田间水循环的各个方面,探求以土壤水—作物关系为中心的农田土壤水分调控机理,为旱作农业、节水灌溉农业的水管理提供理论依据。

灌溉是作物增产的重要手段之一,灌溉用水来源主要包括降水、河川径流、地下水、污水灌溉等几个方面。由于工业发展和城市化步伐的加快,工业污水和城市污水已经成为一个巨大的灌溉水源。污水中不仅含有氮、磷、钾三种肥料要素,而且还含有有机质和多种微量营养元素。合理污灌可以提高地力,改善土壤理化性质。根据调查,污灌3年、12年、20年后土壤中腐殖质和全氮量分别增加8.7%、2.4%、4.7%和10%、17%、18%,土壤酶活性和土壤腐殖质含量也有所提高,尤其是活性胡敏酸含量增高明显。因此,合理利用污水灌溉,不仅能使作物增产,而且能够缓解环境压力。当然,由于污水含有有害物质,如果污水灌溉使用不当,将会造成严重的环境灾难。

(二)灌溉水质量

水资源的污染和洁净程度严重影响水环境质量和生态环境健康，影响生物及产品安全和健康。在农田灌溉水中，对农业用水的污染途径主要表现在以下几方面。

(1)自然污染　由于特殊的地质或自然条件，使一些化学元素大量富集，或天然植物腐烂过程中产生的某些有毒物质或生物病原体进入水体，从而对水体造成自然污染。

(2)工业污染　随着化学工业的发展和人民生活水平的提高，大量工业废水、生活用水进入到江河湖塘等水系，对农业灌溉用水造成污染。

(3)农药和化肥的污染　我国单位耕地面积的化肥投入量是世界平均用量的 2.8 倍，单位面积农药用量是世界平均水平的 2.5～5.0 倍。由化肥农药直接或间接带来的农业污染物在降水或灌溉过程中，通过农田地表径流、农田排水和地下渗透进入附近水体，也会对水域造成污染。水中污染物对植物的危害主要是污染物质通过植物的根部和茎叶基部作用于植物，对植物的生长造成伤害。水污染事故的致害症状主要是植物根部腐烂、畸形，植物的基部先表现出症状，逐渐向上发展。水污染事故的致害因素主要是对农业生物有害的水溶固体或液体的单质或化合物，以及能被水携带的油类等液体有害物。比较常见的有汞、铬、镉、铅、砷、硼、氰化物、氮化物、磷化物、苯类化合物、酚类化合物、三氯乙醛、油类、除草剂、生物病原体及毒素、酸、碱、盐类等。表 2-4 和表 2-5 分别为《农田灌溉水质标准》(GB 5084—2021)中所规定的农田灌溉用水水质基本控制项目限值和农田灌溉用水水质选择性控制项目限值。农田灌溉水质标准中的指标适用于以地表水、地下水作为农田灌溉水源的水质监督管理。城镇污水(工业废水和医疗污水除外)以及未综合利用的畜禽养殖废水、农产品加工废水和农村生活污水进入农田灌溉渠道，其下游最近的灌溉取水点的水质按本标准进行监督管理。

表 2-4　农田灌溉用水水质基本控制项目限值(必检项)

序号	项目类别		作物种类		
			水田作物	旱地作物	蔬菜
1	pH		5.5～8.5		
2	水温/℃	≤	35		
3	悬浮物/(mg/L)	≤	80	100	60[a]，15[b]
4	五日生化需氧量(BOD_5)/(mg/L)	≤	60	100	40[a]，15[b]
5	化学需氧量(COD_{Cr})/(mg/L)	≤	150	200	100[a]，60[b]
6	阴离子表面活性剂/(mg/L)	≤	5	8	5
7	氯化物(以 Cl^- 计)/(mg/L)	≤	350		
8	硫化物(以 S^{2-} 计)/(mg/L)	≤	1		
9	全盐量/(mg/L)	≤	1 000(非盐碱土地区)，2 000(盐碱土地区)		
10	总铅/(mg/L)	≤	0.2		
11	总镉/(mg/L)	≤	0.01		
12	铬(六价)/(mg/L)	≤	0.1		

续表 2-4

序号	项目类别		作物种类		
			水田作物	旱地作物	蔬菜
13	总汞/(mg/L)	≤	0.001		
14	总砷/(mg/L)	≤	0.05	0.1	0.05
15	粪大肠菌群数/(MPN/L)	≤	40 000	40 000	20 000[a],10 000[b]
16	蛔虫卵数/(个/10 L)	≤	20	20[a],10[b]	

[a]加工、烹调及去皮蔬菜。

[b]生食类蔬菜、瓜类和草本水果。

表 2-5　农田灌溉用水水质选择性控制项目限值(限定项)

序号	项目类别		作物种类		
			水田作物	旱地作物	蔬菜
1	氰化物(以 CN^- 计)/(mg/L)	≤	0.5		
2	氟化物(以 F^- 计)/(mg/L)	≤	2(一般地区),3(高氟区)		
3	石油类/(mg/L)	≤	5	10	1
4	挥发酚/(mg/L)	≤	1		
5	总铜/(mg/L)	≤	0.5	1	
6	总锌/(mg/L)	≤	2		
7	总镍/(mg/L)	≤	0.2		
8	硒/(mg/L)	≤	0.02		
9	硼/(mg/L)	≤	1[a],2[b],3[c]		
10	苯/(mg/L)	≤	2.5		
11	甲苯/(mg/L)	≤	0.7		
12	二甲苯/(mg/L)	≤	0.5		
13	异丙苯/(mg/L)	≤	0.25		
14	苯胺/(mg/L)	≤	0.5		
15	三氯乙醛/(mg/L)	≤	1	0.5	
16	丙烯醛/(mg/L)	≤	0.5		
17	氯苯/(mg/L)	≤	0.3		
18	1,2—二氯苯/(mg/L)	≤	1.0		
19	1,4—二氯苯/(mg/L)	≤	0.4		
20	硝基苯/(mg/L)	≤	2.0		

[a]对硼敏感作物,如黄瓜、豆类、马铃薯、笋瓜、韭菜、洋葱、柑橘等。

[b]对硼耐受性较强的作物,如小麦、玉米、青椒、小白菜、葱等。

[c]对硼耐受性强的作物,如水稻、萝卜、油菜、甘蓝等。

农田灌溉水质标准中对于总汞、镉、总砷、铬和铅等重金属在灌溉用水中的含量要求，要远远严格于其他项目类型，分别为 0.001 mg/L、0.01 mg/L、0.05 mg/L、0.1 mg/L 和 0.2 mg/L。因为这些污染物对作物健康和产品安全会产生较严重的影响。例如，在石化工业，炼焦、煤气工业废水中含有酚类化合物，在 50～100 mg/L 时，作物生长受到抑制，植株矮小，叶色变黄。氰化物浓度在 20 mg/L 以下时，对作物无明显的危害；当浓度在 20 mg/L 以上时，作物叶尖出现褐色条斑，根系短而稀少。因此，表 2-2 至表 2-5 中对农田灌溉用水中挥发酚的标准值规定为小于等于 1 mg/L。水田中含油废水可覆盖水面，妨碍氧气供应，同时使水温上升，促进土壤的还原作用，从而产生硫化物 H_2S，使土壤的物理性质恶化，间接危害作物生长，主要症状是植株矮小，分蘖减少，严重时作物枯黄、减产。表 2-2 至表 2-4 中规定农田灌溉用水，其硫化物含量必须小于等于 1 mg/L。污水中汞、铬、铅等重金属元素会使酶蛋白中的铁、锰活性基被置换，抑制酶的活性，以致阻碍作物的正常代谢。这些重金属元素还可能与蛋白质结合，破坏质膜的选择透性，最后导致细胞死亡。

灌溉水中的病原体等通过粮食、蔬菜、鱼等食物链迁移到人体内，除了造成人体急性中毒外，绝大多数会对人体产生慢性危害。水中重金属、放射性物质和有机污染物等会富集在作物内部，造成污染，从而破坏农业安全链条。因此，达不到灌溉水指标的水源必须经过预处理或无害化处理，使其达到国家规定的农田灌溉水质标准(GB 5084—2021)。

三、土壤空气

空气是影响土壤肥力的主要因素之一，并直接影响作物的种子萌发、出苗及后期生长与成熟。同时土壤中的物理、化学和生物过程大都与土壤空气密切相关。因此，土壤通气状况对土壤生产能力具有重要影响。植物在呼吸过程中吸收氧气并排出二氧化碳，因此氧气和二氧化碳是土壤空气的主要组成成分。土壤空气主要存在于土壤孔隙中，不断在土壤孔隙中运动，并与大气间进行气体交换。采取措施调节土壤空气状况，可为作物正常生长创造良好的空气环境。

(一)土壤空气决定氧化还原反应强度

土壤氧化还原条件是土壤通气状况的标志，它直接影响植物根部和微生物的呼吸过程，同时也影响到土壤营养的状态及其有效性。一般来说，土壤通气良好，氧化还原电位高，能加速土壤中养分的分解过程，使有效养分增多；而通气不良时，氧化还原电位低，有些土壤养分被还原，或在嫌气条件下分解的有机质产生一些有毒物质，对植物生长不利。

土壤中除了钾、钙、镁、锌等少数金属离子外，大多数的养分离子能在不同程度上进行氧化或还原，尤其是氮、硫、铁、锰的氧化还原反应正好在土壤的 Eh 值范围内，因此，反应进行十分频繁，对于这些养分的有效性有很大影响。例如氮在氧化条件下形成 NO_3-N，而在还原条件下则形成 NH_4-N。一般情况下，土壤 Eh 值低于 200 mV 时，NO_3-N 逐渐减少，而 NH_4-N 渐趋稳定。在旱地土壤中，除特殊情况外，Eh 值普遍在 500 mV 以上，所以土壤中通常含有相当数量的 NO_3-N。土壤中氧化还原状况对磷和氮的有效性影响不同，氮不论是氧化态还是还原态都能被植物吸收利用，而磷一般在氧化态被植物吸收利用，还原态磷一般不能被植物吸收利用。但在水田的还原条件下，与低价铁螯合的磷酸盐溶解度较大，有效性较高。所以在不同氧化还原条件下，磷的转化及其有效性，也要根据实际情况具体分析，特别是由于氧化还原电位的高低，引起土壤酸碱度变化，从而导致磷的有效性增减。其他养分如 Fe^{3+} 和 Mn^{4+} 的溶解度小于 Fe^{2+} 和 Mn^{2+}，而氧化态 SO_4^{2-} 的有效性较还原态硫化物大得多。这些元素在进行氧化还原反应时，不仅其本身的有效性发生变化，而且还影响与其形成沉淀的其他养分。例如，磷常被铁、锰所固定，而硫在还原状态下则影响根系对养分的吸收。

(二)对作物的影响

(1)种子萌发　种子萌发需要一定量的氧气供应，缺氧环境会抑制种子的呼吸作用，并进一步影响种子内部物质的转化与代谢过程。在潮湿而厌氧的环境下，土壤有机质在厌氧微生物作用下产生的物质影响种子萌发，降低发芽率甚至引起烂种。同时，在通气不良的条件下，土壤中积累过多的有害气体，也会对种子产生毒害作用，使作物易于产生病害。氧气不足将阻碍根系生长，甚至烂根。因此，土壤中只有维持一定的氧气含量才能使作物正常生长。

(2)根系呼吸　土壤通气不良，根系呼吸受到抑制，吸收水分和养分的能力也将降低，直接影响根系生长。土壤通气状况不仅影响根系发育，而且影响养分转化。

(3)微生物　土壤通气良好时，好气微生物的活动和繁殖增强，土壤有机质分解迅速，矿化作用明显加快，土壤有效氧气能得到充分供应，有利于作物对养分的吸收利用。土壤通气不良时，土壤中空气和水分共同存在于土壤孔隙中，土壤水分的增加必然导致空气含量的减少，影响土壤的通气状况。土壤各种有利菌类的活动受到抑制，不利于作物的养分吸收，甚至产生有毒气体，危及作物生长，进而降低作物产量。

(4)改良技术　土壤大孔隙是土壤通气的主要通道，土壤大孔隙的数量和比例是决定土壤通气能力的内在因素。对土壤空气状况的调节除自然方法外，也可以通过人为措施，改变通气通道，实现土壤空气状况的调节。人为调节方法主要是通过改变土壤质地、结构，施用有机肥料等措施改善土壤结构和孔隙状况。此外，农田灌溉和排水也是调节土壤空气状况的一种重要方法。

第三节　土壤生理生化指标

一、土壤营养

土壤是植物生长的介质，植物吸收的营养物质绝大部分(氮、磷、钾、钙、镁、硫、铁、锰、锌、铜、钼、硼、氯)来自土壤。所谓土壤养分，指的就是这些主要依靠土壤来供给的植物必需营养元素。土壤是植物营养元素的主要来源，土壤养分是土壤肥力的重要物质基础。在评价土壤肥力时必须重视土壤养分的供应状况，因为土壤养分的丰缺会影响到作物的生长状况和产量。

土壤养分根据其有效性可划分为速效养分、缓效养分和无效养分三种。速效养分(有效养分)指能够被植物直接吸收或易转化为可被植物吸收的养分形态，主要包括水溶态和交换态养分；缓效养分不易被植物吸收，但可以缓慢释放并转化为速效养分，使二者保持一定的平衡关系；无效养分指不能被植物吸收利用，且较难向速效养分转化的养分。

木桶原理，即木桶上最低的板决定了木桶盛水的容积。这在农业生产中同样适用，那就是作物的产量是由含量最少的养分决定的，也就是土壤中有一种需要的营养元素缺乏，即使其他的营养物质量再大也不会获得较高的产量。在农业生产时会发现，当作物不健康时，往往是由于其中的某一个中量元素或微量元素缺失导致，那么就需要专门给作物补充这一元素。然而，通常情况下，使用含 N、P、K 等微量元素的化肥，不仅可以为作物补充微量元素，还可以降低单独为作物补充营养的成本。这样一来，作物的各种元素均获得充足的补给，健康的作物就会生产出优质的农产品。

二、土壤酸碱性

(一)作物对土壤酸碱的适应性

土壤酸碱性是指土壤中存在着各种化学和生物化学反应，表现出不同的酸性或碱性。土壤酸碱性的强弱常以酸碱度来衡量。土壤之所以有酸碱性，是因为在土壤中存在少量的氢离子和氢氧离子。当氢离子浓度大于氢氧离子浓度时，土壤呈酸性，反之呈碱性，两者相等时则为中性。土壤酸碱性划分为 9 个等级：<4.5 极强酸性，4.5～5.5 强酸性，>5.5～6.0 酸性，>6.0～6.5 弱酸性，>6.5～7.0 中性，>7.0～7.5 弱碱性，>7.5～8.5 碱性，>8.5～9.5 强碱性，>9.5 极强碱性。

我国土壤 pH 大多在 4.5～8.5 范围内，由南向北 pH 递增。长江(北纬 33°)以南的土壤多为酸性和强酸性，如华南、西南地区广泛分布的红壤、黄壤 pH 大多在 4.5～5.5；华中华东地区的红壤 pH 在 5.5～6.5；长江以北的土壤多为中性或碱性，如华北、西北的土壤大多含 $CaCO_3$，pH 一般在 7.5～8.5，少数强碱性土壤的 pH 高达 10.5。

不同的植株都有本身适宜的土壤环境，一般要求呈中性、微酸性或微碱性，适宜的土壤 pH 多在 6～8。喜酸植物有杜鹃属、越橘属、茶花属及杉树、松树、橡胶树等；喜盐碱植物有柽柳、沙枣、枸杞等(表 2-6)。

表 2-6 作物生长适宜的土壤 pH 范围

作物	最适 pH 范围	作物	最适 pH 范围
萝卜	7～7.5	西瓜	5.0～7.0
胡萝卜	5.3～6.0	甜瓜	6.0～6.8
番茄	6.0～7.0	丝瓜	6.0～6.5
黄瓜	5.5～7.6	苦瓜	5.5～6.5
花椰菜	6.0～6.7	南瓜	6.5～7.5
甘蓝	5.5～6.7	冬瓜	5.5～7.6
菠菜	5.5～7.0	西葫芦	5.5～6.8
芹菜	6.0～7.6	白菜	6.5～7.0
辣椒	6.2～7.2	莴苣	6.0
茄子	6.8～7.3	大蒜	5.6～6.0
豇豆	6.2～7.0	葱	7.0～7.4
菜豆	6.2～7.0	大头菜	6.0～7.0
豌豆	6.0～7.2	马铃薯	5.5～6.5
甘薯	5.0～7.0	魔芋	6.5～7.5

续表2-6

作物	最适 pH 范围	作物	最适 pH 范围
芜菁	5.0～6.8	生姜	6.5
棉花	6.5～8	小麦	5.5～6.5
水稻	6.0～7.5	大麦	6.8～7.5
油菜	5.8～6.7	烟草	5.0～5.6
大豆	6.5～7	蚕豆	6.2～7.0
花生	5.6～6.0	芝麻	6.0～7.0
玉米	6.5～7.0	三七	5.5～7.0
葡萄	6.0～7.5	苹果	7.0～7.5
草莓	5.7～6.5	柑橘	5.5～6.5
荔枝	5.5～6.5	砂糖橘	6.5
龙眼	5.4～6.5	梨	5.6～7.2
板栗	5.5～6.5	桃	6.0～8.0
菠萝	4.4～6.0	核桃	5.5～7.0
香蕉	6.5	杏	6.5～8.0
茶树	4.0～6.5		

（二）土壤酸碱性对营养吸收的影响

土壤偏（过）酸性或偏（过）碱性，都会不同程度地降低土壤养分的有效性，难以形成良好的土壤结构。在酸性土壤中，磷酸容易和铁、铝结合成不溶物而被固定，影响蔬菜对磷的吸收；钾、钙等元素易被过多的氢离子取代而淋失掉；此外，酸性土壤中铜、锌、锰、硼等微量元素溶解度增大，如果再增加微量元素肥料，那么很可能使作物受害。

土壤中的氮多半是有机态的，需经微生物分解才能形成易于植物吸收的 NH_4-N 和 NO_3-N。而微生物的活性受土壤 pH 影响。例如氮在 pH 为 6～8 时有效性较高，是由于在 pH 小于 6 时，固氮菌活性降低，而 pH 大于 8 时，硝化作用受到抑制；在 pH 为 6.0～8.0 时，参与有机态氮分解的微生物活性最强，所以此时土壤中有效氮含量较多。

土壤中的磷一般在 pH 为 6.0～7.5 时有效性较高。由于磷在 pH 小于 6.5 时，易形成磷酸铁、磷酸铝，有效性降低；在 pH 高于 7.5 时，土壤中的磷可转变成难溶状态，降低其有效性。

酸性土壤的淋溶作用强烈，钾、钙、镁容易流失，导致这些元素缺乏。在 pH 高于 8.5 时，土壤钠离子增加，钙、镁离子被取代形成碳酸盐沉淀，因此钙、镁的有效性在 pH 为 6～8 时最好；当 pH 大于 7.5 时，会导致土壤中保存大量碳酸钙；pH 小于 6.0 的酸性土壤中，磷易与土壤中的铁、铝化合生成难溶性磷酸铁、铝盐，也降低了磷的有效性。溶液中氢离子浓度增高，土壤胶体上所吸附的阳离子如钾、钙、镁离子被大批的氢离子所代换，进入土壤溶液。一旦遇到降雨，这些被代换下来的钾、钙、镁离子就会随水分流失。所以土壤酸度越大，其有效钾、钙、镁的含量往往越少。

土壤中的硫可分为有机态硫和无机态硫两大类。有机态硫需先经微生物分解,生成硫酸盐才能很好地被植物吸收利用。不过 SO_4^{2-} 在土壤中不能长久保持,在多雨地区也会流失。因此,在酸性土壤如红、黄壤中也往往缺硫。

硼的有效性受土壤 pH 的影响更为突出。pH 在 4.7～6.7 时,土壤中硼的有效性最高;pH 在 7.1～8.1 时,硼的可溶性显著降低。因此,缺硼现象大多发生在 pH 大于 7.0 的土壤中。但在酸性沙质土中,可溶性硼易淋失,有时也会出现缺硼现象。

综上所述,土壤 pH 对养分有效性的影响是:在酸性土壤中,由于 H^+ 浓度高,有利于土壤矿物的风化,从而增加钾、镁、钙、硼、铜等微量元素的释放,使其有效性提高。但是在酸性环境下,由于土壤胶体上的交换位置大部分被 H^+ 和 Al^{3+} 占据,钾、镁、钙、硼、铜等微量元素淋失的机会增加,而锰、铝、铁等重金属溶解度增加,所以酸性土壤常发生钾、钙、镁和硼等营养元素缺乏症,而锰、铝、铁等重金属元素却相对过剩;另外,在酸性土壤中,由于磷被铁、铝固定,使其有效性降低,钼的可给性也变差。盐碱土和石灰性土壤的 pH 较高,铁、锌、锰等金属元素的活性下降,有效性降低。碱性土壤中,硼、钾、镁等元素含量虽高,但由于钙的影响,有时也会造成这些元素的缺乏。另外,由于磷与钙形成难溶性盐,也可发生缺磷现象。在碱性土壤中,只有钼的可给性提高,有时会发生吸收过剩。

土壤中微量元素的活性,也明显受土壤 pH 的影响。铁、锰、铜、锌、钴等微量元素在酸性土壤中因可溶而有效性高;当 pH 小于 5.0 时,不仅铁离子含量增高,铝离子也能游离出来,植物常因铁、铝离子浓度过高而受害。钼酸盐不溶于酸而溶于碱,在酸性土壤中易缺乏;在石灰性或碱性土壤中,铁、锰、铜、锌、钴等微量元素含量都会显著减少。例如,在 pH 大于 8.0 的土壤中,玉米会出现缺锌症状,果树也常会出现缺铁失绿症。在酸性土壤中施用石灰,往往又会引起诱发性缺硼和缺锌现象,这是因为石灰引起植物根际的可溶性硼和锌沉淀所致。在热带和亚热带的酸性土壤中,植物又常因可溶性锌的大量淋失,而出现缺锌症状。

生物有机肥可以改良土壤酸碱度。在碱性土壤中,水溶性磷酸根易与钙结合成难溶的磷酸钙,降低肥效,还会固定铁、锌等元素,影响作物的吸收。因此,土壤酸碱性对营养元素有效性具有重要的影响。

(三)土壤的酸碱性与病虫害发生

土壤的酸碱性影响作物生长发育和土壤微生物,与病虫害发生密切相关。土壤微生物一般最适宜的 pH 是 6.5～7.5 的中性范围。过酸或过碱都会严重影响氮素及其他养分的转化和供应,抑制土壤微生物活动。同样,土壤酸碱度也影响病虫害的发生。如竹蝗喜酸而金龟子喜碱;根腐病和青枯病在 pH 为 5～7 时促进生长,在 pH 为 3～4 和 pH 为 8～9 时抑制生长等。

三、土壤营养管理

(一)增施有机肥促进土壤健康

在适宜用量的情况下,有机肥对土壤健康质量的提高具有显著作用。当有机肥料施入土壤并与土壤充分混合后,其中的有机物质作为生物可利用的能源,在土壤微生物作用和土壤化学作用下发生分解、合成与转化,从而使部分营养成分释放出来,一部分被生物体利用,另一部分则成为土壤的腐殖质成分。

（1）提升有机肥料与营养物质循环　有机肥料是各种养分的载体，其在土壤中经微生物分解，释放出可被植物利用的氮、磷、钾等养分，增加了土壤速效与缓效养分的含量；有机肥料还能提供钙、镁、硫、铁、锌、硼等中量与微量元素。可以说，施用有机肥可全面提高土壤养分的供应容量和强度，提高土壤肥力。此外，有机肥在腐解过程中释放的 CO_2 可直接参与作物的光合作用，而其中的腐殖酸、维生素等则是植物生长的刺激物质，也是土壤健康质量赖以维持的有益组分。

（2）提高土壤养分有效性　有机肥料除了直接提供植物养分外，还可活化土壤难溶性养分，提高土壤供肥强度。

（3）提高土壤对酸碱以及某些污染物的缓冲性能　有机肥中的有机物质在土壤中经分解转化与土壤中的无机胶体构成了缓冲体系，对酸碱变化以及某些污染物具有较强的缓冲性能。研究表明，连续施用生理酸性氮肥导致的土壤酸化，在改为施用有机肥后，土壤 pH 可明显回升。缓冲性能的增强，有利于改善土壤的健康质量。

（4）增加有机质的积累　土壤有机质的主要来源是植物残体，植物残留是自然土壤的重要成土过程，而在农业土壤上，施用有机肥是补给和更新土壤有机质的重要措施，其在土壤肥力的维持、地力的更新，以及通过土壤结构的改善提高土壤健康质量等方面具有不可替代的作用。

（5）有机肥的物理作用　有机肥的物理作用过程主要是改善土壤结构，提高土壤的健康质量。有机肥料可显著提高土壤有机质，而有机质作为一类重要土壤矿物颗粒黏结剂，对土壤结构的形成与结构稳定性的维持均具有重要的意义，土壤颗粒团聚作用的水平与有机物关系密切，土壤结构稳定性的变化依赖于有机质各组分含量的变化，如多糖与脂类，这些物质易于变化，它们在土壤中的含量由输入碳量及其矿化速率和微生物的副产物数量决定。有机物分解导致长链脂类化合物比例的增加，有利于团聚体的稳定。腐殖质作为最终有机质转化的产物，对微团聚体持久稳定性有利，而生物多糖则起着将微团聚体簇合成大团聚体的功能。正是由于有机肥的这种作用，才使有机肥在调节土壤水、肥、气、热的矛盾以及改善土壤健康质量等方面起着重要作用。

（6）有机肥的生物作用　增施有机肥料为土壤微生物提供生活物质，促进微生物的活动与植物的根际营养。有机肥中的有机物质不仅是微生物的能源，可为微生物创造一个良好的生活环境，同时施用有机肥料还增加了土壤中的有益微生物群，进而改善了土壤健康质量。土壤中微生物活动的加强，促进了土壤养分的分解与转化，从而诱发和刺激了根际效应，增强了作物根际营养，从而进一步使作物根系分泌物增加，土壤酶活性增加。可以看出，有机肥料对促进植物根系养分吸收与转化、养分有效性的提高，以及土壤健康质量的改善等方面具有显著作用。

（二）减量施入氮肥促进土壤健康

在植物营养三要素中，氮素是植物需要多、土壤供应少、供求之间存在尖锐矛盾的元素。和植物需求相比，全世界大部分土壤缺氮。正是由于氮肥投入量的增加，提高了全球粮食产量。施用氮肥促进作物生长，增加植物体残留，有利于增加和维持土壤表层有机碳含量。

施入土壤中的氮肥去向包括：一部分被作物吸收，一部分残留于土壤，另一部分则离开土壤—植物系统而损失。其中作物吸收是核心，是提高作物产量和改善农产品品质的基础，也是农田施用氮肥的目的。作物吸收的氮还可通过根茬和秸秆部分归还土壤，并经微生物矿化分解后被后季作物利用，提高氮素的回收率，其中的有机碳经转化后对维持和提高土壤有机碳库与土壤健康质量也有重要作用。氮肥的三个去向之间存在着密切的联系和竞争，一个去向的比例增大，另两个去向的比例就会减少。氮肥在作物吸收、土壤残留与损失之间的比例受土壤性质、作物种类、肥料种类、环境条件、施肥量、施肥时期与方法等的影响，它们因对氮肥在土壤中矿化与固定、硝化与反硝化、挥发与淋洗、吸收与迁移等过程的不同作用，而对氮肥在土壤中的转化与平衡产生作用，同时也影响土壤健康质量的变化。因此，如何减少氮肥的损失及无机氮在土壤中的过量残留，提高肥料的利用效率，对改善土壤肥力、提高土壤健康质量具有重要作用。一切有利于氮肥利用效率提高的因素与过程，都会对土壤的健康发挥有益的作用。

（三）合理施入磷肥促进土壤健康

磷是地球上所有生命形态均必需的元素，在农业生产上更是排在第二位的作物营养三要素之一。

磷是一个十分活跃的化学元素，在自然界可形成100余种化合物。因而，磷肥施入土壤后也很易与土壤成分作用，在性质和形态上发生很大改变，从而影响磷肥对作物的有效性，影响作物健康生长与发育。如在石灰性旱地土壤中，水溶性的磷酸盐如磷酸钙逐步向结合较多的钙方向转化，其热稳定性也逐步增加。在酸性土壤中，磷肥颗粒周围的饱和磷液与 Fe^{3+} 和 Al^{3+} 作用形成磷钾铝石、磷钾铁铝石以及无定形的磷酸铁、磷酸铝，后两者可进一步转化为磷铝石和粉红磷铁矿，以上这些过程便是磷肥在土壤中的化学固定过程。除此之外，还有黏土矿物对磷的吸附作用。另外，土壤微生物还对土壤磷产生生物固定。总之，由于磷在土壤中易被固定而转化为有效性较低的形态，因而其当季利用率很低。也正是由于磷在土壤中易转化为固定态，而移动性差，才使人们对磷在土壤中积累的健康效应认识不足。

因此，基于土壤健康质量的考虑，必须注意磷肥合理施用，包括：①以轮作周期为单位施用磷肥。根据磷肥当季利用率低的特点，尽可能利用残留在土壤中的磷，充分发挥磷肥的后效作用。②水溶性磷肥与有机肥配合施用，以减少磷的固定吸附量。③氮磷肥配合和混合集中施用。④对土壤区别对待，在贫磷土壤，不要试图扩大土壤有效磷库，而应以有效利用磷肥和经济合理施肥为目标。对丰磷土壤以补偿性施磷为主。⑤注意磷肥与其他肥料交互作用的利用，如磷氮交互作用、磷钾交互作用，磷锌、磷铁的相互影响与交互作用。⑥合理分配磷肥品种，包括在不同土壤上和不同作物上的分配，如在酸性土壤上施用磷矿粉，在需硫作物和缺硫的土壤上施用普钙等。

（四）足量补充微肥促进土壤健康

微量元素在土壤中含量很低，不是土壤结构的主要构成者，因而对土壤健康质量的影响主要与含量的多少和有效成分的高低有关。当含量低时，不可避免地制约着土壤的生产力水平，但含量高时则对土壤产生污染，从而对土壤微生物及生长在其上的植物产生危害，尤其对既是植物所必需的微量元素又是重金属元素的Zn、Cu等更是如此。因此，既保证土壤能供应作物充足有效的微量营养元素，又不过量施用微肥，才是保证土壤健康质量的有效方法。

土壤微量元素以及肥料中微量元素的有效性受控于多种条件与土壤反应过程，如土壤pH、土壤沉淀与溶解平衡、土壤氧化与还原反应，以及吸附与解吸过程等的影响。不同微量元素所要求的条件之间甚至是相互矛盾的。因此，在施用微肥时必须考虑这些条件，以便有效地发挥微肥的作用，促进土壤向健康的方向发展。而对土壤中过量甚至是引起土壤污染的微量元素，应采取各种措施降低其活性，减少其对作物的危害，也是保持土壤健康质量的必备手段。

为了保证土壤的质量健康，微肥施用应做到：①必须控制过量施用；②在施用微肥的同时，配合其他相应农业措施，如在酸性土壤施钼肥可配合施用石灰；③某一因素可影响多种微量元素，故对条件的改变应兼顾对其他元素有效性的影响；④不同土壤的缺素产生机制与影响条件不同，对此应采取相应措施予以改变；⑤注意有机肥与微肥的配合；⑥将微肥施用在敏感的作物上。

（五）实施水肥一体化，节水节肥

植物一般吸收的是溶解状态的养分，所以水分是土壤养分有效化的溶剂。只有溶解在土壤溶液中的养分才能通过扩散和质流到达根表。在实际生产中，土壤水分不足时，施肥效果很差。土壤水分对养分的转化虽有良好作用，但只有在适宜的土壤含水量范围内，植物才能正常地吸收水分和养分。土壤水分过多时，容易造成有效养分的流失，也容易使土壤通气不良，造成某些还原态养分的增加，不利于植物吸收。土壤水分过少，有效态养分也随之减少。如果土壤干湿交替频繁，又容易引起钾的固定，使土壤溶液中钾浓度大为降低。随着现代农业生产技术的改进提升和农药轻简化生产技术的应用，"水肥一体化"精准灌水和施肥技术，将肥水完美融合。

（六）克服土壤障碍，促进土壤健康

1. 土壤盐渍化

如果持续向土壤中施加化肥，土壤中的化肥残留必然会引起全盐含量的升高。当土壤中全盐含量达到一定范围之后，土壤便会有盐渍化的趋向；同时由于全盐含量升高，土壤溶液浓度过大，将直接影响蔬菜根系的生长。土壤中盐分可反映土壤矿质元素的含量情况，更重要的是，我们可以从中判断土壤是否健康，是否适宜种植作物。如果土壤盐分过高，轻者作物会生长不良，严重的会出现作物死亡的现象。

2. 有害物质检测和控制

土壤中既有各种养分和有益微生物，也有很多有害物质，如重金属等，这些物质大量积累在土壤中，势必会对植物产生危害，影响植物生长。重金属不仅会影响土壤微生物活性，还会与某些元素产生拮抗作用，从而影响植物对某些元素的吸收。例如：Zn、Ni、Co 等元素能严重妨碍植物的磷吸收，As 影响植物的钾吸收，还可直接毒害根系，抑制根系生长，甚至使其腐烂，影响根系对营养元素的吸收，阻碍水分运输，干扰酶促反应。

第四节　土壤生物指标

一、土壤微生物

（一）土壤微生物对土壤健康的促进作用

土壤微生物是土壤中一切肉眼看不见或看不清楚的微小生物的总称，严格意义上应包括细菌、真菌、病毒、原生动物和显微藻类。其个体微小，一般以微米或毫微米来计算，通常 1 g 土壤中有几亿到几百亿个，其种类和数量随成土环境及其土层深度的不同而变化。它们在土壤中进行氧化、硝化、氨化、固氮、硫化等过程，促进土壤有机质的分解和养分的转化。

土壤微生物具有功能多样性。作为土壤的活跃组成部分，土壤微生物通过代谢活动的氧气和二氧化碳的交换，以及分泌的有机酸等，有助于土壤粒子形成大的团粒结构，最终形成真正意义上的土壤。在农田生态系统中，微生物的作用尤为重要，杂草、作物的茎叶、杂草的烂根以及施入土壤中的有机肥料都需要微生物分解，释放出养分，形成腐殖质，进而提高土壤肥力，改善土壤结构。生物有机肥中的芽孢杆菌可以大幅度增加土壤微生物。在农药、化肥被大量使用的今天，微生物还可以降解土壤中的有机污染物，降低农残危害，帮助土壤恢复健康。在实验室研究中，可以通过培养基最大限度地培养各种菌落，由此了解土壤中可培养的微生物种群。

土壤微生物具有结构多样性，它们在细胞结构组分上的多样化程度是导致其代谢方式和生理功能多样化的直接原因。土壤微生物具有遗传多样性，它们在基因水平上携带的各类遗传物质和遗传信息的总和是微生物多样性的本质和最终反映。土壤具备了各种微生物生长发育所需要的营养、水分、空气、酸碱度、渗透压和温度等条件，为微生物生存提供了良好环境。可以说，土壤是微生物的“天然培养基”，也是它们的“大本营”，对人类来说，则是最丰富的菌种资源库。

土壤类型众多，其中各种微生物的含量变化很大，但一般来说，在每克耕作层土壤中，各类微生物含量大体为：细菌＞放线菌＞霉菌＞酵母菌＞藻类＞原生动物。

由此可知，土壤中所含的微生物数量很大，尤以细菌居多。有益细菌包括固氮菌、硝化细菌和腐生细菌；有害细菌包括反硝化细菌等。据估计，在每亩耕作层土壤中，约有霉菌 150 kg，细菌 75 kg，原生动物 15 kg，藻类 7.5 kg，酵母菌 7.5 kg。这些微生物旺盛的代谢活动，可明显改善土壤的物理结构和提高土壤肥力。

对作物而言，土壤微生物是影响其生长发育的重要环境条件之一，具体作用有以下几方面。

(1)形成土壤结构　土壤并不是单纯的土壤颗粒和化肥的简单结合，作为土壤的活跃组成部分，土壤微生物在生命活动中，通过代谢活动的氧气和二氧化碳交换，以及分泌的有机酸等，帮助土壤粒子形成大的团粒结构，最终形成真正意义上的土壤。土壤微生物的区系组成、生物量及其生命活动与土壤的形成和发育关系密切。

(2)分解有机质　作物的残根落叶和施入土壤中的有机肥料等，只有经过土壤微生物的作用，才能腐烂分解，释放出营养元素，供作物利用，并形成腐殖质，改善土壤的结构和耕性。如尿素的分解利用就离不开土壤微生物。

(3)分解矿物质　土壤微生物的代谢产物能促进土壤中难溶性物质的溶解。例如，磷细菌能分解出磷矿石中的磷，钾细菌能分解出钾矿石中的钾，可促进作物吸收利用。

(4)固氮　氮气约占空气组成的 4/5，但不能被植物直接利用，某些微生物可借助其固氮作用将空气中的氮气转化为植物能够利用的固定态氮化物。有了这样的土壤微生物，就相当于土壤有了自己的氮肥生产车间。

(5)调节植物生长　在植物根系周围生活的土壤微生物还可以调节植物生长，植物共生的微生物，如根瘤菌、菌根和真菌等能为植物直接提供氮、磷和其他矿质元素营养以及有机酸、氨基酸、维生素、生长素等各种有机营养，促进植物生长。

(6)防治土传病害　土壤中存在一些抗生性微生物，能够分泌抗生素，抑制病原菌的繁殖，防治土传病害。

(7)降解有害物质　微生物能把有机农药、城市污物和工厂废弃物等分解成低害甚至无害的物质，降低残毒危害。当然，这些所有的功能都是由不同种群的微生物完成的，每一个功能的实现也需要有大量的微生物协同作用。

(二)土壤微生物量

土壤微生物生物量是指土壤中体积小于 5～10 μm^3 的活微生物总量,包括细菌、真菌、放线菌和小型动物,代表了土壤中负责能量和营养循环及有机质转化的部分,也是土壤有机质中最活跃和最易变化的部分,或对生存条件最敏感的部分,因此,常用来评价土壤的生物学状况。

土壤微生物量是土壤的重要组成部分,影响着有机质的转化,是整个生态系统养分和能源循环的"关键"和"动力",同时是土壤养分转化过程中的一个重要的源和库,也是对土壤养分和土壤肥力水平的量度。

微生物生物量碳一般为土壤有机碳的 1%～4%,微生物生物量氮为土壤全氮的 2%～6%,微生物生物量碳氮含量是比较稳定的。不同施肥处理对土壤微生物生物量的影响与土壤类型有一定的关系。追踪长期不同施肥处理对黑土土壤微生物量碳、量氮动态变化的影响,发现化肥配施有机肥能显著增加大豆各生育期土壤微生物量碳、量氮,促进土壤微生物量显著增加。研究得出黑土表层土壤的微生物量碳表现为自然恢复>种植作物>休闲裸地处理,自然恢复条件下黑土土壤质地较好。在黄土母质生土土壤熟化的过程中,玉米秸对土壤微生物量碳的影响最大,尿素次之,风化煤最小,玉米秸与风化煤配合,互作效应明显。化肥配施有机肥能显著增加暗棕壤土大豆各生育期土壤微生物碳、氮量,说明化肥配施有机肥增强了农田土壤养分容量的供应强度,有利于农田土壤培肥。土壤耕作方式也不同程度地影响着土壤微生物生物量,免耕覆盖条件下土壤微生物碳含量高于耙耕条件下土壤微生物量碳含量。作物轮作系统中引入豆科作物能提高土壤微生物生物量碳含量。土壤污染对土壤微生物生物量也有不同程度的影响,因此,可借助土壤微生物生物量的分析诊断土壤环境的健康状况。

(三)微生物群落

土壤中微生物数量和种类都很丰富,包括细菌、放线菌、真菌、藻类和原生动物等。其中以细菌最多,放线菌、真菌次之,藻类和原生动物等较少。土壤微生物通过其代谢活动可改变土壤的理化性质,进行物质转化。因此,土壤微生物是构成土壤肥力的重要因素。

1. 细菌

土壤中的细菌通常占土壤微生物总数量的 70%～90%,主要是异养型细菌,少数是自养型细菌。细菌虽小,但由于数量多,所以生物量很高。据估计,土壤中细菌的生物量,若以每亩半尺深耕作层的土壤重 15 万 kg 计,则每亩土壤的这一深度内细菌的活重为 90～230 kg。以土壤有机质含量为 3%计算,则所含细菌的干重为土壤有机质的 1%左右,占土壤重量的 0.03%左右。

土壤中大部分细菌为革兰氏阳性细菌,常见的有不动杆菌属、脓杆菌属、产碱杆菌属、节杆菌属、芽孢杆菌属、短杆菌属、柄杆菌属、纤维单胞菌属、梭状芽孢杆菌属、棒状杆菌属、黄杆菌属、小球菌属、分枝杆菌属、假单胞菌属、葡萄球菌属和黄单胞菌属等。自养型细菌在土壤中数量不大,且在增加土壤有机物质方面没有重大贡献,但可对土壤无机物质进行氧化,有同化二氧化碳的能力,因此可以影响土壤的理化性质,平衡土壤的酸碱度。

土壤中的自养型细菌主要有蓝细菌、绿硫细菌、紫硫细菌、硝化细菌和硫化细菌等。异养型细菌,通常都是以和作物共生的状态存在,对作物生长有直接促进作用,如豆科植物的根瘤菌,具强大的固氮作用,可产生明显的增产效果。

土壤中好氧性无芽孢细菌占优势，多为短杆状，以分解蛋白质和简单碳水化合物生存。土壤中好氧或兼性厌氧芽孢细菌数量较少，且多数处于休眠状态。

土壤细菌有许多不同的生理类群，如固氮细菌、氨化细菌，纤维分解细菌、硝化细菌、反硝化细菌、硫酸盐还原细菌、产甲烷细菌等，它们能够在转化有机质过程中分解动植物残体中的纤维素、含氮化合物、含硫化合物等，将其转变为葡萄糖、铵态氮等，满足植物生长需要。

2.放线菌

土壤中放线菌的数量仅次于细菌，以分枝丝状营养体缠绕于有机物或土粒表面，并伸展于土壤孔隙中，每克土壤含有几百万到几千万个菌体和孢子，占土壤中微生物总数的5%～30%。它们多喜欢富含有机质的温暖碱性土壤。

放线菌耐干燥能力较细菌要强，能存在于干燥的土壤乃至沙漠中，它们随土壤深度的增加而减少的速度比细菌慢，因此，深层土壤中放线菌往往比其他微生物要多。

在土壤中，放线菌以好氧性异养状态生活，主要是分解土壤中的纤维素、木质素和果胶类物质等，通过这些作用，产生生物活性代谢产物，来改善土壤的养分状况，便于作物直接吸收利用土壤养分，但对细菌和真菌多数产生拮抗作用，也有部分放线菌能引起植物病害，如马铃薯疮痂病。土壤中放线菌的种类繁多，常见的有链霉菌属、诺卡菌属、小单孢菌属、游动放线菌属、弗兰克菌属等，其中链霉菌属占70%～90%。

3.真菌

真菌主要分布在土壤表层，由于它们喜酸性，因此在酸性森林土壤中更多。真菌在数量上比细菌和放线菌少，每克土壤只含几万至几十万个，但由于其菌丝较粗，个体体积较细菌和放线菌大，所以它们的生物量也不少。

土壤中真菌大部分营腐生生活，往往具有很强的分解能力，有不少真菌能分解许多细菌所不能分解的纤维素、木质素等物质，从而有助于改善土壤结构，提高土壤肥力。

在整个生态系统中，真菌也是主要的分解者。土壤中常见的真菌主要有曲霉、地霉、青霉和木霉，但也可以找到大量的子囊菌和担子菌。此外，土壤中还存在大量酵母，如酵母菌属、红酵母属、裂芽酵母属和丝孢酵母属等。

4.藻类

藻类在土壤中的主要作用是防止土壤中有机矿物的流失，并通过利用有机矿物合成必需物质，进而增加土壤中的有机物质。同时，由于它们与高等植物一样有光合色素叶绿素，能通过光合作用同化碳素，增加土壤有机物。此外，藻类还具有固定空气中氮素营养的作用，帮助植物多方式利用各种存在状态的氮素养分。

与细菌、放线菌和真菌不同的是，藻类更适于在碱性环境下发挥作用。一般来说，酸性土壤中多以放线菌和霉菌起作用，碱性土壤中就主要靠这些藻类微生物来维持辅助作用。藻类在土壤微生物总量中不足1%。在潮湿的土壤表面和近表土层中，发育有许多单细胞的硅藻或呈丝状的绿藻和裸藻，偶见有金藻和黄藻。在温暖季节的积水土中可以发现衣藻、原球藻、小球藻、丝藻、绿球藻等绿藻和黄褐色的硅藻，水田中还有水网藻和水绵等丝状绿藻。

5.原生动物

土壤原生动物的数量变化很大，每克土有$10\sim10^5$个，在富含有机质的土壤中含量较高。种类有纤毛虫、鞭毛虫和根足虫等单细胞能运动的原生动物。它们的形态和大小差异均很大，以分裂方式进行无性繁殖。

土壤中原生动物的主要作用是促进物质循环，它们吞食有机物残片和土壤中细菌、单细胞藻类、放线菌和真菌的孢子，因此原生动物的生存数量往往会影响土壤中其他微生物的生物量。同时，原生动物通过对微生物的摄食而影响营养物质的循环，主要表现为提高氮和磷的矿化作用速度，从而使营养物质更加适合植物的生长需要，也加速了土壤有机物质的分解，增加了土壤肥力。

（四）微生物区系功能类群

土壤微生物区系是由俄国土壤微生物学家C. H. 维诺格拉斯基提出的，指在某一特定环境和生态条件下的土壤中所存在的微生物种类、数量以及参与物质循环的代谢活动强度。土壤微生物区系的活动与人类农业生产活动密切相关，它们的代谢活动不仅影响自然界的物质循环和生态平衡，而且推动了土壤肥力的发展和植物营养元素的转化过程。

（1）与氮循环相关的微生物　在土壤中，参与氮循环的微生物主要包括固氮菌、氨化细菌、硝化细菌和反硝化细菌。固氮菌在土壤中的数量和种类很多，以固氮细菌占优势地位，包括自生固氮菌和共生固氮菌。自生固氮菌中的嫌气性固氮菌对森林土壤固氮起重要作用。共生固氮作用中，根瘤菌和豆科植物的共生固氮作用最重要。

氨化作用在农业上非常重要，指含氮有机化合物在氨化细菌作用下释放氨的过程。进入土壤中的动植物残体和有机肥料，必须通过氨化作用，转变为植物能吸收利用的氮素养料。土壤中常见的氨化细菌主要是好氧性细菌，如枯草芽孢杆菌、蕈状芽孢杆菌等。

硝化细菌氧化硝酸并从中获得能量的过程称为硝化作用。土壤中的硝化作用可防止土壤中氨的散失，增加土壤中硝酸盐含量，对供给植物氮素和养分有重要意义。深耕、松土等改善土壤通气的措施能促进硝化作用。

反硝化作用是土壤中氮素损失的重要因素之一，防止方法是保持土壤疏松，排除过多水分，造成良好的通气条件。反硝化细菌适宜在pH为6～8、25 ℃土壤中生长，主要包括脱氮杆菌、荧光极毛杆菌等。

（2）与碳循环相关的微生物　纤维素是土壤中植物残体的主要组分之一，土壤中能够分解纤维素的微生物主要有细菌、真菌、放线菌和原生动物。纤维素分解细菌包括好气性和嫌气性纤维素分解细菌。

（3）与磷循环相关的微生物　磷的转化与农业生产密切相关，植物生长需要磷元素。土壤中含有大量植物无法直接吸收利用的有机磷和难溶性无机磷，必须通过解磷菌的作用后转变为可溶性磷。参与解磷作用的微生物主要有解无机磷细菌和解有机磷细菌。土壤中的解磷细菌有蜡状芽孢杆菌、蕈状芽孢杆菌、巨大芽孢杆菌、多黏芽孢杆菌等。解磷真菌在数量上不如细菌多，但其解磷能力通常比细菌强。解磷真菌类群主要有青霉属和曲霉属。

（4）与钾循环相关的微生物　钾对维持细胞结构、保持细胞的渗透压、吸收养分和构成酶的辅基等具有重要意义。除盐土外，土壤中可溶性钾含量不高，而且由于钾易被植物带走，需不断补充。土壤中的芽孢杆菌、假单胞菌、曲霉、毛霉和青霉等都有解钾功能。其中胶质芽孢杆菌，在其生长过程中能以铝硅酸钾或钾长石为唯一钾源，将无效钾转变为有效钾，且具有微弱固氮能力，可供植株生长使用。

（五）微生物活性

（1）土壤呼吸　土壤呼吸是凋落物碳返还大气碳库最主要的生物过程，包括植物根系呼吸、土壤微生物呼吸和土壤动物呼吸等。有关影响有机物分解的土壤微生物概念主要集中在细菌、放线菌和真菌三大类。

土壤基础呼吸是一个复杂的生物学过程，受多种因素限制，包括温度、湿度、土壤养分、土地管理措施等。温度和湿度是影响土壤呼吸的主要因素。大量研究表明，土壤呼吸具有明显的日变化和季节变化规律。土壤呼吸速率的季节变化总体趋势是夏季高，其他季节低，与对应的温度和水分动态大体一致。在一定范围内土壤呼吸表现为随温度和湿度增加而增加，在极端的温度和湿度下，则受到抑制。土壤有机质是微生物进行分解活动、排放 CO_2 的物质基础，也是陆地生态系统中最大的碳库，因而对土壤呼吸有着重要影响。

当土壤有机质含量、根系生物量和微生物活性增加时，其土壤呼吸速度就会显著加快，土壤有机质含量与土壤呼吸的速度呈正相关。施肥通常会增加土壤表层和深层的碳、氮、钾含量，改变土壤的化学元素组成，增加土壤中易分解有机质的量，增加土壤呼吸的底物，而且还可以增加土壤中根系的生物量，进而可以促进微生物分解活动和根系呼吸。农田施用含氮、磷、钾等元素的农家堆肥会改善土壤中的营养元素平衡，对微生物活动产生促进作用，从而显著提高土壤呼吸。耕作对土壤呼吸有重要影响，可增大土壤孔隙，有助于 CO_2 的进入和排放，因此耕作后土壤将会增加 CO_2 排放。长期的耕作会降低土壤对 CO_2 的滞留能力，从而降低土壤的 CO_2 含量，使凋落物分解速度加快。而在没有耕作的免耕土壤中，凋落物多在土壤表层进行分解。

（2）呼吸熵　土壤微生物呼吸和土壤微生物生物量之间有着一定的联系，土壤微生物呼吸与土壤微生物生物量碳的比率，即为土壤微生物呼吸熵[表示为 qCO_2，即每小时每毫克组织散发出的二氧化碳体积（μL）]，它是衡量土壤微生物对土壤碳利用效率的一个重要依据。qCO_2 表明了微生物群落的维持能力大小和对基质的利用效率。效率高，则形成单位微生物质量所呼出的 CO_2 少，qCO_2 较小；qCO_2 较大则说明利用相同能量而形成的微生物量较小，释放的 CO_2 较多，微生物体的周转率较快，平均菌龄较低。在环境胁迫条件下，微生物必须从维持生长和繁殖的能量中分流出一部分，去补偿由于胁迫所需要付出的额外能量，因此胁迫必然会提高微生物生长所需要的维持能。

因此，qCO_2 是环境胁迫程度的一个重要指标。干旱地区土壤、草甸草原和侵蚀环境下，耕地 qCO_2 高。退耕后，减少了人为干扰，土壤肥力得到恢复，对微生物的胁迫减少，qCO_2 降低，可以保证高代谢效率，使土壤有充足的活性有机物，维持较好的土壤性状和可持续利用潜力。

（3）矿化　大量研究表明，土壤微生物生物量与土壤肥力有极显著的正相关关系，生物量越高，土壤通过有机养分矿化提供植物所需要养分的能力就越大，其中土壤氮素的固定和矿化研究最多。

由于土壤中氮的矿化积累主要是一个生物学过程，而且氮素营养又是作物生产中最重要的营养元素，所以许多人也提出用土壤有机氮的矿化作为土壤质量和土壤健康质量的指标。

土壤中氮的矿化与土壤的基本理化性质如 pH、容重、土壤含水量和土壤有机质含量等有关，与农业措施如种植的作物、秸秆还田的数量、氮肥用量等也有密切关联。一般认为，合适的氮矿化条件，包括中性 pH、通气性好、合适的温度和湿度，以及足够的有机质等，通常也是表征土壤质量和土壤健康的常用指标。

土壤有机氮的矿化也是一个微生物参与的过程，微生物生物量通常与氮的矿化累积有关。重金属和农药常抑制这些微生物的活动，而导致其矿化作用降低。如重金属 Cd、Zn、Cu 和 Ni

等污染土壤，导致与苜蓿共生的豆科固氮根瘤菌的固氮能力下降。其中重要原因是耐重金属的优势微生物大多不具备固氮能力。

因此，氮的矿化被认为是一个衡量土壤质量的综合性指标之一。土壤中氮的矿化也与土壤中的碳源有关。合适的碳氮比是促进氮矿化的重要因子。碳源过量通常导致矿化的氮被微生物固定。因此，有时人们也常用在厌氧条件下氮的净矿化作为一个指标。然而，利用氮的矿化积累作为指标也有其客观难度。首先一个问题是如何确定合适的矿化量？多少氮矿化是土壤质量的指标值？现有研究表明，不同类型土壤的矿化程度不同，种植的作物也直接影响到矿化能力，如豆科作物有固氮能力。所有这些都表明这一具体的指标值极难确定。另外，随着水体富营养化问题的全球化，氮的淋溶、径流损失成为关注的焦点。土壤中过多的氮将导致淋溶、径流损失的增加，也即增加水体富营养化的威胁。所以，从环境保护角度来说，相对低的土壤矿化氮含量较好，而对于农户来说，则是矿化氮越多越好。因此，合适的指标要考虑这两个方面的需求。同样，有机磷的矿化也是如此。

二、土壤酶

土壤酶是土壤中最活跃的组分之一，它参与土壤中各种生物化学过程，如腐殖质的分解与合成、动植物残体和微生物残体的分解，以及有机化合物的合成、水解与转化和土壤养分循环等。土壤酶大部分来源于土壤微生物，其次由植物(根系)及土壤动物(蚯蚓及蚁类等)分泌。

影响土壤生物的因子同样能影响土壤中酶的活性。1926 年，Waksman 与 Dubos 就提出用土壤过氧化氢酶活性作为土壤肥力的指标；1952 年，Hofmann 提出用土壤的酶活性作为衡量土壤的生物学活性和生产力的指标。对于土壤质量及土壤健康质量生物指示的研究，酶同样是优先考虑的指标之一。

由于土壤中的酶主要来自土壤微生物、动物和植物，所以土壤中酶的种类也极为丰富。土壤中的酶主要有四大类：氧化还原酶类、水解酶、转移酶和裂解酶，其中广谱酶活性不是一种酶的活性，而是一类酶的水解活性。表 2-7 为土壤酶及其生态功能。

表 2-7　土壤酶及其生态功能

酶的分类	常用的酶	功能
氧化还原酶类	脱氢酶	细胞的组成部分，有机质的氧化
	葡萄糖氧化酶	氧化葡萄糖
	过氧化物酶	从过氧化氢中释放氧
水解酶	磷酸酶	从有机质中分解出 PO_4^{3-}
	蛋白酶	水解蛋白质，与 N 循环有关
	硫酸酯酶	从有机质中分解出 SO_4^{2-}
	葡糖苷酶	释放葡萄糖为微生物提供能量
	脲酶	水解尿素中的 C—N 键
转移酶	葡聚糖蔗糖酶	水解蔗糖
裂解酶	酪氨酸脱羧酶	水解酪氨酸，与 N 矿化有关
广谱酶活性	荧光素二乙酸酯水解酶	提供基本的水解酶活性

(一)酶活性影响因素

(1)不同土壤类型　不同类型土壤的物理、化学及生物学性质不同,因而直接或间接地影响了各种酶的活性。一般来说,各种酶活性是与土壤黏粒含量及土壤有机质含量呈显著正相关的。

(2)剖面分布　一般来说,土壤酶在0～20 cm的表层土中活性最大,越往下活性越低。这与土壤有机质含量、土壤微生物、植物根系及土壤动物在土壤剖面中的分布是一致的。显然,0～20 cm的表土是人类耕种、施肥等各种农事管理活动的直接受益者,其土壤结构等各种土壤物理、化学及生物学性质都是最适宜生物的活动及酶活性的。反过来,各种生物活动也进一步优化这一层次土壤的各种性质,从而提高各种酶的活性。

(3)根际效应　根系生长及其相关的生理活动,使根附近0～4 mm的土层(称为根际)在物理、化学及生物学性质上都不同于土体。不仅微生物和原生动物有明显的根际效应,土壤酶也同样有明显的根际效应。在Raimbault的研究中,水稻根际N_2O还原酶活性可达到非根际土中的14倍。幼龄杉树林根际酸性磷酸酶及碱性磷酸酶活性分别是土体的1.91倍和2.01倍。不同作物根际土壤的酶活性有很大的差异,此外,同一植物的不同基因型之间的根际酶活性也不同。

(4)耕作制度　研究表明,间作的土壤中脲酶、脱氢酶、磷酸酶的活性显著高于单作土壤中的酶活性;多层次种植的土壤中脲酶、脱氢酶、磷酸酶的活性显著高于单层次种植的土壤中的酶活性;连作显著降低了土壤中淀粉酶、蛋白酶、酸性磷酸酶、果糖酶、多酚氧化酶及脲酶的活性。这与植物向土壤输入物质的种类与数量,以及这些种植制度对土壤性质的影响有关。间作相对于单作,多层次种植相对于单层次种植,向土壤输入物质的种类和数量均要更多,同时更有利于土壤的良性发育,因此土壤酶活性较高。

连作障碍对土壤本身及土壤酶活性均是不利的。免耕地的酶活性,如酸性磷酸酶、碱性磷酸酶、芳基硫酸酯酶、转化酶、酰胺酶与脲酶集中在土壤0～7.5 cm表层,7.5～30 cm土层中的酶活性并不比犁耕地的高,甚至要低。并且,两种系统0～30 cm层次中这些酶活性是一样的,说明耕地仅仅是因为改变了土壤的层次而改变了酶活性在土层中的分布,酶活性总量并没改变。

(5)肥料种类　有研究表明,化肥的合理施用能有效提高土壤中酶活性,如施用氮肥NH_4NO_3后,土壤酸性磷酸酶活性提高6倍。有机肥的施用给各种土壤酶提供了底物,在不同程度上提高了转化酶、碱性磷酸酶和脲酶等土壤酶活性。据Martens等的研究表明,家禽粪、污泥、大麦秸秆及新鲜苜蓿这4种有机添加物中,大麦秸秆对土壤中酸性磷酸酶、碱性磷酸酶、芳基硫酸酯酶、β-葡糖苷酶、脱氢酶及脲酶活性增强效果是最好的,添加大麦秸秆的土壤中上述酶活性约是对照的2.36倍。Goyal的研究表明,有机、无机肥配施,能显著提高土壤中脲酶、碱性磷酸酶活性。

(6)水分管理　淹水土壤通气状况差,土壤与空气之间的气体交换受阻,土壤压降低,pH提高,土壤微生物种群比例发生变化,厌氧微生物比例加大,同时土壤中一些重金属,如铁、锰的溶解度提高,这些重金属可能是某些酶的激活剂或抑制剂。

(7)杀虫剂和除草剂等农用化学物质　应该说,合理使用杀虫剂和除草剂,不会对土壤的生化性质造成显著和持久的负面影响;往往是不合理施用,会造成这些有机物大量残留成为有机污染物。这些农用化学品因为结构与各种酶的天然底物相似,而成为竞争或非竞争性的抑制剂，与酶发生了可逆或者不可逆的反应，直接抑制了各种酶活性。值得注意的是，土壤酶活性对杀虫剂等药品的响应有一个滞后期，这似乎可以说明，这些药品的分解产物而非药品本身是酶的抑制剂。此外，酶活性下降后又会表现出上升的趋势。

(8)秸秆覆盖等栽培管理措施　秸秆覆盖在保温保湿的同时提供了丰富的底物，因而这些管理措施有利于土壤形成良好的生化性质，包括酶活性的提高。

(9)重金属　重金属对土壤酶活性的影响类似于杀虫剂等有机药品。重金属或封闭了酶的活性基团，或使酶蛋白变性，或改变了酶的构型，或与酶的金属离子激活剂竞争，进而直接影响各种酶的活性；也可通过对土壤微生物、土壤动物及植物的毒害而间接影响土壤中的酶活性。大多数重金属离子对酶活性都有明显的抑制效应，二者呈明显的正相关，但抑制效应与重金属离子种类、酶种类和土壤类型等均有一定关系。如张惠文等(2003)研究表明，施入浓度为300 mg/kg 的铜对土壤脱氢酶活性有较强烈的抑制作用。

(10)其他　由于污泥中通常含有重金属或其他有机污染物，会引起土壤污染，影响土壤微生物、作物的生长。因此，它也必然影响土壤中的酶活性。研究表明，污泥中 Cd、Cu、Ni、Zn 含量低时，蛋白酶活性有一定的激发；含量高时，则抑制了蛋白酶活性。添加重金属含量不同的污泥，种植作物后，土壤中脲酶活性上升；磷酸酶与 β-葡糖苷酶活性的变化不仅受污泥中重金属含量的影响，还受作物种类的影响。

(二)酶活性作为土壤健康质量指标

土壤酶活性作为潜在的土壤健康质量指标，有以下几个方面的有利因素。

(1)土壤质量的主要物理化学参数如有机质、pH、土壤结构、质地、微生物活性或微生物生物量与土壤酶活性密切相关。很多研究者对土壤酶活性进行测定后，对这些酶活性及各种土壤性质进行相关性分析，均发现某些酶活性与土壤理化特性(如黏粒含量、离子交换率、pH、有效性钾、交换性钾钠、有机质和总氮等)及其他生物学特性(如微生物碳氮、微生物量和呼吸熵等)高度相关。

(2)酶在剖面的垂直分布也与土壤的发育程度有关，与养分的垂直分布也一致。

(3)与土壤其他性质相比，土壤酶活性能在较短的时间内反映出外界变化对土壤质量的影响效应，通常能在 1～2 年内反映出农田管理措施对土壤质量的影响，而有机碳、pH 和土壤结构等指标或参数则很难在短期内变化。

(4)土壤酶活性是土壤的一个综合性生物学指标或参数。

(5)与土壤其他生物学指标，如土壤生物多样性指标、土壤动物指标等相比，土壤酶活性测定的方法、所需仪器设备相对简单易行，而且重复性好，样品分析处理工作量相对较小。因此，凭借这些优势，土壤酶学指标应该可以成为一个很好的土壤健康质量指标。

三、土壤动物

土壤动物包括小型区系动物(如原生动物和线虫)、中型区系动物(如蜱螨和跳虫)和大型区系动物(如蚯蚓和白蚁)等。影响土壤健康的因素同样影响到土壤动物，为此土壤动物也常被作为十壤健康质量的生物指标之一。土壤动物在土壤健康中具有重要作用，其存在数量和群落又极为普遍，目前其在土壤健康质量指标研究中最为广泛，被认为能相对有效地反映上壤健康质量的两个指标包括土壤节肢动物群落结构和蚯蚓。

(一)土壤节肢动物群落结构

土壤节肢动物属于无脊椎动物,这些动物形体有大有小,小的只有通过显微镜才能观察到,大的肉眼就能看到,如步甲等。在地球上,整个节肢动物族群包括了甲壳类、蜘蛛和昆虫等,种类约 100 万种,其中大部分为昆虫。节肢动物适应力极强,遍布生物圈各个角落。土壤节肢动物的种类极为丰富,到目前为止科学家也没能完全搞清楚其种类,同时对其生物功能及习性也不完全了解。表 2-8 为土壤无脊椎动物的形体分类及相应的生态功能。

表 2-8 土壤无脊椎动物的形体分类及相应的生态功能

群	形体分类	营养循环	土壤结构
小型区系动物	线虫	影响微生物群落数量;改变营养特性	通过与微生物的相互作用影响土壤团聚体结构
	原生动物		
中型区系动物	螨	调节微生物与微动物群的种类和数量;营养转换;植物残体的细化	产生动物粪便;产生生物孔穴;促进有机体的腐殖化
	跳虫		
	倍足动物		
大型区系动物	等足类	大块植物残体的细化;促进微生物活动	混合有机物和矿物颗粒;有机质和微生物的再分布;产生生物孔穴;促进有机质的腐殖化;产生动物粪便
	片脚类		
	多足类		
	蚯蚓		
	甲虫类		
	软体动物		

大量研究表明,农药能毒杀生活在土壤中的某些无脊椎动物,使其数量减少,甚至使其种群濒临灭绝。例如,使用有机磷杀虫剂杀螟松控制蝗虫,结果导致无脊椎动物的种类和数量明显减少。在我国,对土壤节肢动物也进行了大量的研究。不同土壤,不同植被类型,节肢动物的种群数量都有明显的差异,但基本上是以蜱螨类和弹尾类为优势种群,在菜园地、果园地中占到 90%以上。现有的关于土壤节肢动物的研究,基本上是从生物多样性角度开展的,相当于基本数据的积累,与土壤健康相关的研究并不多。由于这一类动物种类和数目巨大,作为土壤健康指标是一个不错的选择,但是不可能像生物多样性指数一样,调查所有的节肢动物作为指标。合适的方法是选择一种或两种动物作为指标,但目前还缺少这方面的深入研究。

(二)蚯蚓

通常认为,蚯蚓多的土壤是肥沃的土壤,是健康的土壤。2001 年,Lavelle 和 Spain 曾经指出,蚯蚓是陆地生态系统中重要的生态工程师。大量的研究已经表明,蚯蚓的存在能促进土壤微生物的活动和营养循环,从而促进植物的生长。蚯蚓的洞穴活动,有助于植物根系的生长及土壤结构的改良,从而提高土壤肥力和土壤健康质量。

蚯蚓容易收集,收集技术相对要求不高,可操作性能较好,而且蚯蚓对农艺措施及环境具有特定的反应特性,因此蚯蚓正被作为一个衡量土壤质量及指示土壤污染的生物指示物来研究。但是蚯蚓作为土壤质量的指示生物,一个明显的缺陷是并不是所有土壤都存在蚯蚓。在对蚯蚓的研究过程中发现，理想的蚯蚓生态环境中并不存在蚯蚓。究其原因可能包括：①其他肉食动物对其的掠夺性捕食；②群体恢复能力较弱；③迁移到合适生存环境的速度较慢。另外，由于目前对影响土壤蚯蚓种类和数量的因素尚不清楚，很难确定其是否真实反映土壤健康状况和指标。因此，要实际应用蚯蚓作为土壤健康质量指标还有很长的路要走。

四、土壤健康的指示植物

植物生长在土壤上，其根系直接在土壤中吸收养分和水分，土壤健康质量的好坏直接影响植物是否健康生长，尤其是根系是否健康生长。长期的进化使植物对不同健康状况的土壤在适应性方面发生变化，同时反映了一个基本的问题，即植物与土壤之间的长期协调与相互适应的关系。反过来，某些特定植物的存在，也表明了土壤“机体”的健康状况或者特定性质，如盐渍土壤上生长的盐生植物，能够反映盐渍土壤的健康情况。因此，用植物指示土壤质量或者健康质量的变化，成为土壤健康质量的主要研究内容。

(一)敏感植物

利用不同植物指示不同性质的土壤有着悠久的研究历史。因为在特定的土壤环境，如酸、碱性土壤以及重金属污染土壤条件下，许多植物不能生存，而某些特定植物则能生长良好。利用植物指示土壤状况并不是目前土壤质量研究中植物指示的重点，因为它不能反映同一土壤质量的变化。相反，植物的形态及生理的变化由于其敏感性和普遍性可能更适合作为土壤健康质量指标。如土壤不同营养元素的缺乏或过量会导致植物叶形以及颜色的变化，这就是早期植物营养研究中的叶色诊断。20 世纪七八十年代国内外学者对这方面都进行了大量的研究，并应用到生产实践中。近年来，叶片颜色的光谱特性，结合遥感技术，被应用到了土壤营养及产量诊断中。此外，重金属或农药的施用对植物直接产生损伤，其损伤程度与污染程度呈正相关，所以损伤程度也被广泛用作诊断污染土壤的指标。这些损伤包括叶片叶绿素减少、叶片变黄、叶面积变小、生物量减少、根系变小等。

(二)植物根

植物根系直接与土壤接触，是植物与土壤接触的直接载体。因此，根系的生长与其生长的土壤环境密切相关。营养缺乏或健康异常的土壤常导致植物根系生长的异常，如根冠比变大，根系生物量降低，根细小。重金属轻度污染也常导致根系产生类似的反应。实验室常用的方法是利用植物根尖对污染物的敏感性来分析土壤的污染，即生物分析法，如种子发芽试验、植物根的伸长试验和蚕豆根尖微核试验等。

(三)植物根际病原体

土传病原体直接威胁到植物的生长，因而，当其数量达到一定程度时，常被认为是土壤不健康的一种指示。因此，与其他生物指标相比，根际病原体数目常被用作不健康土壤的一个指标。利用植物病原体作为土壤健康质量的生物指标，主要集中在以下三个方面。

(1)病害的预测　这是最基本、最常用的功能。通过接种试验观察病原体的数量来推测下季作物发生病害的可能性及危害程度；在病害还没有显示明显的危害症状时，也可以用来分析上季作物发生病害的情况。

(2)指示土壤变化以及健康质量的状况　主要借助接种试验，观察不同土壤条件如 pH、施肥、耕作等对病原体的影响，从而达到指示土壤健康质量变化的目的。

(3)厩肥生产中的应用　家畜粪便常与秸秆等一起，通过堆肥生产生物有机肥。通常在这些原料中带有各种各样的病原体，堆肥过程中一个重要的环节是消灭病原体，常用而且最经济的方法是利用堆肥发酵过程中产生的高温来杀死病原体。生物有机肥质量监控标准体系中一个重要指标就是这些病原体的数量，这也是应用比较多的一个指标。

在一个特定的耕作系统中，土壤中的根际病原体受到许多人为因子的影响。这些因子包括肥料使用、农药使用、石灰应用、作物播种期、秸秆残留、轮作、土壤翻耕和土壤含水量等。这些措施一部分与土壤健康质量有关，另一部分与作物生产有关。只有当这些因素都适合病原体生长，而不利于植物健康生长时，这些病原体的危害才会达到最大程度。

第三章　作物安全与健康指标

作物安全和健康是土壤健康的最直接表现，也是产品安全的重要保证。只有健康的土壤才能产生健康的作物。

作物安全和健康首先表现在植物的生长状况和形态学指标，通过叶片颜色、形态和抗逆性等指标判定作物的健康水平；作物外在的形态表现是通过作物的营养水平决定的，作物的营养元素、供给能力和供应时期等是保证作物获得充足、平衡和稳定营养供应的重要内在因素。因此，本章主要介绍作物将来生长的形态学排定特征和健康作物的营养供应水平和能力。

第一节　作物生长和抗性指标

一、形态特征

如何判断植物是否健康成长？科学家们提出主要观察以下一些特征。

(1)抗撕力　每次将叶片以相同位置，握在拇指与食指之间，将叶片朝拇指的方向弯曲，尝试去将它撕裂，并且去感受它抗拒的强度。将新叶与老叶抗拒力的不同，作为老化程度的指标。

(2)定根力　试着将植物拔起，如果稳定不移表示它的根系在土壤中的发展相当稳固。

(3)根系　主根的数量不多，但是当土壤环境不利于植物生长，植物就会集中能量来发展少数的主根，它以探路的方式在土壤中摸索适合的生长环境，一旦找到，就会大量长出支根，吸取养分。如果植物的茎旁有一团输送养分的支根系，并且有一支强而有力的主根深植土中，就表示它的生长条件优厚。

(4)叶片色泽　比较同一种植物老叶新叶色泽的不同，可以知道这种植物在生长过程中颜色的变化。经验累积下来，叶片色泽可以成为了解植物生长的绝佳工具之一。

(5)叶片质地　养分充足的叶片，会有圆满平滑的组织结构，是柔软、坚韧、优雅而对称的。

(6)对称性　健康叶片应该左右平衡对称，不会扭曲，同时整株植物的叶片分布均衡，与邻近的植物对称生长。将老叶(过去)、新叶(现在)与快要发出来的叶芽(未来)比较，可以分析植物生长的方向，并从中分析植物需要的养分来确保植物的健康未来。

(7)完整性　植物的叶片上有绒毛或蜡状保护组织，在衰老或羸弱的叶片上，会发现绒毛稀疏，叶蜡消失，从而让病原菌、害虫有机可乘。叶片上的任何小缺陷均可以作为了解植物生长的依据。

(8)干与茎　植物的干与茎应该从端部到基部都是绿色，没有裂痕，没有硬皮，找不到病害的伤痕。以往所受到的压力或灾害，会使树皮硬化、茎柔弱易裂，健康的茎应该柔软而具弹性，老茎就经不起弯折，很容易断。

二、次生代谢物质

(一)抗性酶

植物的保护反应是复杂的新陈代谢结果，其生理反应是通过酶催化活动来实现的。自Fridovich提出生物超氧离子自由基学说以来，细胞保护性酶系统与植物抗病性的关系引起了人们的普遍关注。

许多学者对病原菌侵染植株后寄主细胞或组织中的各种生理生化代谢反应与植物抗病性的关系进行了研究。超氧化物歧化酶(superoxide dismutase，SOD)、过氧化物酶(peroxidase，POD)、过氧化氢酶(catalase，CAT)、多酚氧化酶(polyphenoloxidase，PPO)和苯丙氨酸解氨酶(phenylalanine ammonia lyase，PAL)等是植物体内重要的防御酶，参与活性氧清除及酚类、木质素和植保素等抗病相关物质的合成，能抵御活性氧及氧自由基对细胞膜系统的伤害，增强植物对病害的抵抗能力。

植物在逆境下会诱导体内活性氧(reactive oxygen species，ROS)的积累，激发植物的抗病反应，但活性氧的积累可导致膜脂过氧化而使膜系统受损，从而引起植物体内发生一系列的生理生化反应，致使植物组织受到伤害。植物体内存在活性氧清除系统，SOD是植物体内防御活性氧毒性的保护酶，它能清除超氧化物阴离子自由基，提高植物抗逆性。POD和CAT是植物体内重要的活性氧清除酶类，其作用是将H_2O_2降解成为无毒害的H_2O和O_2，因此这些酶系统就构成了植物在逆境中的保护体系，维持体内的活性氧代谢平衡，保护膜结构，从而使植物能在一定程度上忍耐、减缓或抵抗逆境胁迫。作为植物体内存在的清除活性氧自由基的2种重要酶，SOD和POD的活性高低能反映出植物体内自由基清除或抗氧化能力的强弱，可作为植物抗逆性的指标。

苯丙氨酸解氨酶(phenylalanine ammonia lyase，PAL)是苯丙烷类代谢途径的关键酶，它的活性与酚类化合物的合成密切相关。酚类物质本身具有抗生素的性质，由酚类物质氧化而成的醌类物质是潜在的抗病因子。PAL是植保素、木质素和酚类化合物合成的关键酶和限速酶，当植物被诱导后，PAL活性明显增强，与木质素含量增加趋势吻合，并与系统获得抗性存在相关性。

多酚氧化酶(polyphenoloxidase，PPO)是一类广泛分布于植物体内、能催化多酚类氧化成醌类的质体金属酶，能直接以O_2为氧化底物将酚氧化成醌，从而抑制病虫害的侵染。多酚氧化酶不仅参与了酚类物质的氧化，同时也参与了木质素的形成。木质素一方面增加了细胞壁抗病原物的穿透压力；另一方面限制真菌酶和毒素的扩散，也对病原菌从寄主获得水和营养物质的路径起到限制作用。

(二)抗性物质

植物次生代谢是由初生代谢派生而来的一类特殊代谢过程，是植物在长期进化中与环境相互作用的结果。大部分的植物次生物质都是植保素，能够增强植物对病虫害的抵抗力，其中萜类、酚类、木质素、生物碱等在植物抗蚜反应中有着重要作用。次生代谢物的许多成分能直接作用于害虫，如柠烯、蒎烯、香叶烯等对有些害虫可引起忌避或抗生作用，能影响害虫的生长发育。次生代谢物也有间接防御的功能，植物在遭受植食性昆虫的攻击后，整个植株能够释放出大量的、区别于周围环境并有一定特异性的次生代谢物，寄生物寻找寄主或捕食者寻找猎物时能够检测和利用次生代谢物提供的信息发现目标。还有研究表明，植食性昆虫对损伤植物的取食选择性和产卵选择性下降，发育速率减慢、存活率降低及繁殖期缩短、繁殖量减少。禾谷类作物中与抗麦蚜有关的次生物质主要有吲哚生物碱、酚类、类黄酮、环氧戊酸等。作物健康生长和抵御外界不良环境条件，受到多种因素的影响，综合起来包括土壤的供肥能力和水平、营养元素的种类和需求、健康状态等。

第二节　作物营养指标

一、作物营养种类

作物营养需求，是指作物要达到一定的目标产量所需要的养分总量。养分正常供应是作物优质高产的基础。供应的养分主要来自土壤本身的有效养分和施肥提供的养分。

植物正常生长发育所需要的营养元素有必需元素和有益元素之分。必需元素中又有大量（亦称常量）元素和微量元素之分。必需元素指植物正常生长发育所必需而不能用其他元素代替的植物营养元素，共 17 种。根据植物需要量的多少，必需元素又分为大量元素和微量元素。大量元素有碳（C）、氢（H）、氧（O）、氮（N）、磷（P）、硫（S）、钾（K）、镁（Mg）、钙（Ca）；微量元素有铁（Fe）、锰（Mn）、锌（Zn）、铜（Cu）、硼（B）、钼（Mo）、氯（Cl）。有益元素指在 17 种必需营养元素之外的虽非植物必需但对一些植物生长具有良好作用的元素，主要有硅（Si）、钠（Na）、钴（Co）、硒（Se）、铝（Al）等。

植物必需元素的 3 条标准：①植物缺少它就不能完成生活周期中的营养生长和生殖生长阶段；②对某一元素来说，这种缺乏是专一的，只有供给该元素才能使缺乏得到改善；③元素必须直接参与植物的营养，而与改善外界的一些不适合的微生物或化学的条件不同。

作物的养分需求确定需要借助一系列的试验来完成。通常情况下是设计不同的养分用量，通过比较作物在不同季节和土壤类型对施肥处理的反应，确定每种养分施用量。合理施肥必须根据作物的营养特点、土壤、气候等因素，最大限度地满足作物对各种养分的需求。作物的营养特点是合理施肥的最重要依据。在不同的生长时期，作物的营养特点不同，对养分的需求也不同。根据不同作物类型和生育时期，通过施肥有效地调节养分，满足植物营养需求，才能达到优质高产的目的。大多数作物苗期吸收养分较少，随后增多，临近收获时又减少。植物对各种营养元素的需求量尽管不一样，但各种营养元素在植物的生命代谢中各自有不同的生理功能，相互间是同等重要且不可代替的。了解了各种元素的生理功能对于科学施肥、实现优质高产具有重要的意义。

（1）碳、氢、氧　3 种元素在植物体内含量量多，占植物干重的 90%以上，是植物有机体的主要组分，它们以各种碳水化合物，如纤维素、半纤维素和果胶质等形式存在，是细胞壁的组成物质。它们还可以构成植物体内的活性物质，如某些纤维素和植物激素。它们也是糖、脂肪、酸类化合物的组成成分。此外，氢和氧在植物体内生物氧化还原过程中也起到重要作用。由于碳、氢、氧主要来自空气中的二氧化碳和水，因此一般不考虑肥料的施用问题，但塑料大棚和温室要考虑施用 CO_2 肥。

（2）氮　氮是植物体内许多重要有机化合物的成分，在多方面影响着植物的代谢过程和生长发育。氮是蛋白质的主要成分，是植物细胞原生质组成中的基本物质，也是植物生命活动的基础。氮是叶绿素的组成成分，又是核酸的组成成分，植物体内各种生物酶也含有氮。此外，氮还是一些维生素(如维生素 B_1、维生素 B_2、维生素 B_6 等)和生物碱(如烟碱、茶碱)的成分。

(3)磷　磷是磷脂的组成元素，是生物膜的重要组成部分，也是植物体内许多有机化合物的组成成分。磷以多种方式参与植物体内的各种代谢过程，在植物生长发育中起着重要的作用。磷是核酸的主要组成部分，核酸存在于细胞核和原生质中，对植物生长发育和代谢均极为重要，是细胞分裂和根系生长不可缺少的。磷还是其他重要磷化合物，如三磷酸腺苷(ATP)，各种脱氢酶、氨基转移酶等的组成成分。磷具有提高植物抗逆性和适应外界环境能力的作用。

(4)钾　钾不是植物体内有机化合物的成分，主要呈离子状态存在于植物细胞液中。它是多种酶的活化剂，在代谢过程中起着重要作用，不仅可以促进光合作用，还可以促进氮代谢，提高植物对氮的吸收和利用。钾调节细胞的渗透压，调节植物生长和经济用水，增强植物的抗不良因素(旱、寒、病害、盐碱、倒伏)的能力。钾还可以改善农产品品质。

(5)钙、镁　钙能稳定生物膜结构，保持细胞完整性，在植物离子选择性吸收、生长、衰老、信息传递以及植物抗逆性方面有重要作用。镁是叶绿素的组成成分，叶绿素 a 和叶绿素 b 中均含有镁，对植物的光合作用、碳水化合物的代谢和呼吸作用具有重要意义。

(6)硫　硫是对农作物生长十分有益的元素，在植物新陈代谢中具有多种作用，尤其是在氨基酸蛋白质的形成过程中起重要的作用，并对作物蛋白质、油脂、维生素以及葡萄糖合成影响较大。此外，硫是合成某些纤维素和形成叶绿素所必需的成分。氮被植物吸收应以硫存在为前提。在某种情况下，硫对土壤吸收磷酸盐起重要作用。硫不仅可以提高蛋白质含量，改善饲料和谷类作物质量，增加维生素 A 含量及油类作物的油含量，而且还可以改善水果、蔬菜、甜菜等作物的品质，并能增强作物的御寒和抗旱能力。

(7)铁、硼、锰、铜、钼　铁是合成叶绿素所必需的，与光合作用有着密切的关系。硼能促进碳水化合物的正常运转，促进生殖器官的形成和发育，促进细胞分裂和细胞伸长，提高豆科植物的固氮能力。锰在植物体内的作用主要是通过对酶活性的影响来实现的，所以锰又叫催化元素。铜是植物体内许多氧化酶的成分，或是某些酶的活化剂，参与许多氧化还原反应，还参与光合作用，影响氮代谢，促进花器官的发育。锌是某些酶的成分或活化剂，它通过酶的作用对植物碳、氮代谢产生广泛的影响并参与光合作用，参与生长素合成，促进生殖器官发育和提高抗逆性。钼是固氮酶和硝酸还原酶的成分，氮代谢和豆科植物共生固氮均少不了钼，它还能促进光合作用。

(8)氯　氯参与植物光合作用，调节气孔的开闭，增强作物对某些病害的抑制能力。

二、作物营养需求

植物对营养需求有两个关键时期，即作物营养临界期和最大效率期。营养临界期和最大效率期均是施肥关键期，也是作物营养的关键期，保证这两个时期有足够的养分供应，对提高作物健康和产量具有重要作用。

1 植物营养临界期

这个时期是作物生长发育过程中，某种养分缺少或过多时对其影响最大的时期。作物在营养临界期对某种营养成分需求的绝对值虽然不多，但很迫切，如果该养分缺乏、过多或比例失调时，作物生长受损，即使以后供应这种养分或采取其他补救措施也难以纠正或者弥补。作物营养临界期，多出现在作物发育的转折期。一般情况下，各种作物的生长初期对外界环境条件较敏感，此时胚乳中贮存的养分已消耗殆尽，必须及时供给充足的养分才能维持幼苗的正常发育。掌握植物营养临界期，适时施用肥料，是使植物营养供应和健康生长发育的重要措施之一。

（1）氮素营养临界期　水稻的氮素临界期在三叶期和细穗分化期，小麦的氮素营养临界期在分蘖期和幼穗形成期。这个时期适量供给氮素，就能增加分蘖数，为形成大穗打下基础。缺氮会减少分蘖数和籽粒数，即使以后多补给氮素，也只能增加茎叶和提高粒重，而不能增穗、增粒。相反，氮素过多，则无效分蘖增加，造成穗中籽粒少或倒伏而减产。玉米的氮素营养临界期在穗分化期。此时缺氮或氮素过多，均会造成穗小而减产；而供给适量氮素则穗大、花多、籽粒也多。棉花的氮素营养临界期在现蕾初期。此时缺氮植株生长矮小，果枝短，并引起蕾铃脱落；氮素过多，易造成茎叶徒长，导致花蕾大量脱落。

（2）磷素营养临界期　冬小麦、水稻在分蘖始期，棉花、油菜在幼苗期，玉米在三叶期。此时缺磷，水稻和小麦根系细弱，分叶延迟或不分叶，容易形成“小老苗”；棉花叶片呈暗绿色，现蕾推迟，霜后花多；玉米基部叶片和叶鞘呈紫红色。作物苗期缺磷，生长受到抑制，会导致不同程度的减产。

（3）钾素的营养临界期　水稻在分蘖初期和幼穗形成期。分蘖期茎秆中含钾（K_2O）量在1％以下时，则分蘖停止。幼穗形成期如含钾（K_2O）量在1％以下，则每穗籽粒数量显著减少。

2. 营养最大效率期

植物营养最大效率期，在农业上也称作物营养最大效率期，是指植物生长阶段中所吸收的某种养分能发挥最大增产效能的时期。此时期一般出现在作物生长发育的旺盛期。这个时期根系吸收养分的能力最强，植株生长迅速，生长量大，需肥量多，因此为使作物高产，应及时补充养分。

各种作物的营养最大效率期并不一致。如甘薯在生长初期氮肥营养效果最好，而块根膨大时，磷、钾肥的效果最好。油菜的氮素最大效率期在开花期，因此应重视花期施肥。棉花氮、磷营养最大效率期均在花铃期。玉米氮肥最大效率期在喇叭口至抽穗初期。小麦氮肥最大效率期在拔节期和抽穗期。

施肥实践中，还要考虑作物吸收养分的连续性，应施足基肥，重视种肥和注意营养最大效率期适时追肥，发挥各种肥料的相联效应，为作物生长发育创造良好的营养条件。

三、作物营养与病虫害

1. 氮元素（N）

氮肥的过度施用会使作物的抗逆性降低，病虫为害严重，造成作物减产。这是因为大量施用氮肥常使细胞增长过大，细胞壁变薄，汁液多，植株柔软，易受病虫侵袭，诱发各种真菌病害，如小麦褐锈病、小麦赤霉病、小麦纹枯病、水稻纹枯病、白叶枯病、稻瘟病等。麦蚜偏好植物中的氮元素，在土壤含水量不高的情况下，小麦体内的水分含量降低，导致植株内部的营养成分浓度升高，氮素浓度升高，进而引起蚜虫数量上升。杜相革和辛苗（2018）研究表明，15 mmol/L和 20 mmol/L 两个高氮水平下，瓜蚜生殖力明显高于 5 mmol/L 和 10 mmol/L 两个低氮水平。其中 10 mmol/L 氮水平处理，蚜虫的内禀增长率、单雌平均每日产仔量、净增值率等最低，种群数量增加最缓慢。

同样在蔬菜生产中，氮肥水平高，可导致叶螨、蚜虫、粉虱等害虫的发生严重。研究结果表明,氮肥的施用有利于害虫对寄主作物的选择。施用氮肥有利于褐飞虱在水稻植株上取食和产卵,在高含氮量植株上褐飞虱的取食速度加快、蜜露分泌增多。长期连续取食含氮量高的稻株时,褐飞虱的种群参数显著增加;氮素供应水平对植食性昆虫寄主选择性、存活及生长发育均有促进作用,斑潜蝇、粉虱、蚜虫、甜菜夜蛾以及食心虫易在供应高氮的番茄、大叶戟、菊花、棉花以及玉米等植株上取食及产卵。植物叶片中总氮量随着施氮量的增加直线上升,而且虫卵的数量也随着叶片氮含量的升高上升。在高氮施肥情况下,亚洲玉米螟在玉米叶上的虫卵显著增多。

氮肥的施用也能对植食性昆虫生命参数产生显著的影响,目前主要观点认为高氮条件有利于植食性害虫的生长发育。在供应高氮的寄主植物上,棉蚜、水稻褐飞虱、大豆卷叶螟、斑潜蝇等植食性害虫表现出发育时间短、种群净增殖力和内禀增长率高,个体大、存活率高的特点。有试验发现氮肥能改变植物体内营养成分,降低了棉花对蚜虫的抵抗能力和番茄对鞘翅类、鳞翅类昆虫的抵抗力。此外,不管什么小麦品种,只要追施一定数量的氮肥对麦蚜的生长发育均具有促进作用,在一定范围内麦蚜种群数量随着小麦追施氮肥量的增加而上升。而食料中氮含量增加,有利于棉铃虫和棉蚜的生长发育。

不同氮水平通过改变叶片内游离氨基酸和可溶性糖的含量而影响蚜虫的繁殖和种群的增长。蚜虫的内禀增长率和单雌每日平均产仔量受氮水平影响,并随氮水平的升高而增加,说明氮水平直接影响蚜虫的生长发育;而 140 mg/L 氮水平处理,既能满足黄瓜营养需求,又能有效抑制蚜虫的繁殖,说明该氮水平是抑制蚜虫生长发育的临界水平。

2. 磷元素(P)

磷可促进糖合成纤维素,也是影响作物抗虫害的重要因素。磷元素也可以影响作物的抗蚜性。区焯林等通过比较不同施肥水平对青花菜桃蚜种群数量的影响发现,磷肥施用量越多,桃蚜种群数量越少,增施磷肥能够提高青花菜的抗蚜性;王大平等的研究结果表明,偏施磷肥对禾谷缢管蚜蜜露的分泌有一定的促进作用,而对麦长管蚜蜜露的分泌有一定的抑制效果,适当增施磷肥有利于控制麦长管蚜种群数量的迅速上升。

3. 钾元素(K)

钾参与了作物生长中几乎所有的生物物理和生物化学过程。通常营养充足的作物具有较强的抗病和抵抗环境胁迫的能力。缺钾与缺乏其他有关营养元素(特别是氮)相比,似乎更易促使作物感染病害。与氮相反,增施钾肥可提高作物的抗病性,特别是对真菌和细菌病害的抗性。这是因为钾不仅使细胞壁增厚,阻止或减少病菌的入侵,又能促进作物体内游离的氨基酸、单糖等低分子化合物转变为蛋白质、纤维素和淀粉等高分子物质。由于可溶性养分减少,可抑制病菌滋生。许多资料表明,充足的钾营养可降低玉米茎枯病、黑粉病、麦类赤霉病等的发病率和为害程度。

钾是植物所需的三大营养元素之一,且钾与植物抗不良环境的能力有关,因此被称为抗逆元素。钾在改善植物虫害发生及耐害性方面有着积极的作用。耐害性是反映植物抗虫性的一项重要指标,与虫害的寄主选择性、植株的抗生性有着密切的关系,在相同条件下钾对植株耐害性的影响很大。钾肥的施用可以影响害虫生命表的一些参数,多数研究认为钾肥的施用能抑制害虫的生长发育。通过小区大田试验,观察不同肥类及施肥量对棉株抗蚜和耐蚜力的影响,结果表明,增施钾肥对提高棉株的耐蚜力特别有效。钾肥施用量大不利于烟粉虱发育、存活和种群增殖;高钾营养可降低豆蚜、烟粉虱的生命表参数;含钾水平高的高粱幼苗能增强对麦二叉蚜的耐虫性；植物钾营养对鳞翅目昆虫也有不利影响，主要表现为降低体重、存活率、产卵量等；植物钾营养过高对斑潜蝇幼虫、蛹存活率及蛹和成虫的体形大小有副作用；钾与有翅蚜子代发育时间呈负相关。

此外，钾素对虫害寄主选择性的发生有抑制作用。戴小华等研究了不同浓度的氮、磷、钾营养液处理豇豆叶对美洲斑潜蝇寄主选择性的影响，结果表明，美洲斑潜蝇较喜欢选择低钾水平处理的植株，随着植株钾水平的提高，其选择性呈下降趋势；邹运鼎等人认为在中、高肥力条件下，小麦植株的含钾量是影响麦二叉蚜种群消长的主要因子之一。

4. 钙元素(Ca)

研究证明，由病原体攻击引起的细胞内 Ca^{2+} 浓度的急剧变化是植物免疫建立过程中必不可少的早期信号。Ca^{2+} 长期以来被认为是许多信号级联中的第二信使，其中就包括防御信号。如 Ca^{2+} 能增强番茄幼苗的抗病性，经过 7.5 mmol 的外源 Ca^{2+} 处理后的番茄，对灰霉病有稳定且持久的抗性。

5. 硅元素(Si)

硅是植物体组成的重要营养元素，对植物生长有促进作用，能提高作物品质与产量，缓解作物的生物和非生物胁迫，参与植物体内的代谢与生理活动，具体表现为增强作物对病虫害的抵抗力、缓解重金属离子毒害、提高作物的耐盐碱能力、维护植物细胞膜结构与功能的稳定性、提高其光合速率及根系活力、降低植物水分蒸腾等。

有研究探究了硅肥对 3 种类型的土壤中玉米种子萌发的影响，结果显示，在盐碱土中施用硅肥能显著提高玉米种子发芽率，还能缓解玉米生育前期受盐碱胁迫造成的伤害；在黑土和冲积土中施用硅肥，虽然不能改变玉米种子自身的发芽潜能，但能提高玉米种子活性，还能有效提高叶片的抗衰老能力。在黑土、冲积土和盐碱土中，能获得最高产量及最优产量构成因素硅肥的用量分别为 225 kg/hm^2、150 kg/hm^2 和 225 kg/hm^2。此外，硅能促进水稻的生育、提高产量、改善稻谷品质、增强抗病力。从某种意义上讲，能否给土壤及时补充足够的硅肥，已成为决定水稻单产能否再上新台阶的重要因素之一。

6. 铜元素(Cu)

铜是植物必需的微量营养元素，也是动物所需的矿质营养成分。因此，铜制剂的安全限度比其他常用的农化物质的限度要大得多。铜防治真菌病害的能力得益于铜离子对真菌病原的毒性作用。铜离子指可溶形式的铜，有单价(Cu^{+})和二价(Cu^{2+})，它们均可杀死细菌，且对藻类、地衣、软体动物有抑制作用。对于铜素杀菌剂的杀菌机理有以下三个方面的解释：一是铜离子进入病菌细胞使其蛋白质凝固或变性；二是铜离子与病原菌细胞的巯基(—SH)反应，从而破坏蛋白酶作用；三是铜离子与病原菌细胞膜的正常离子起置换作用。铜离子作用于多种新陈代谢过程，因而作用谱广，几乎对所有的以细胞为构成单位的病原真菌和多种细菌有控制作用。

硫酸铜是制备其他含铜化合物的重要原料。硫酸铜中的铜离子可以使细菌、病毒中的活性蛋白质失活，失活后的细菌、病毒没有了生命力，从而达到了消毒的效果。硫酸铜与石灰乳混合可配制波尔多液，用作杀菌剂。传统波尔多液是历史最为悠久的杀菌剂，因其使用成本低廉受到广大农民的青睐，被广泛用于防治苹果、梨早期落叶病、炭疽病，梨黑星病，葡萄黑痘病、白腐病、霜霉病等多种真菌病害。此外，波尔多液还有增加果实抗破裂性、提高植株抗寒性等优点。但传统波尔多液也存在诸多缺陷，如制备方法烦琐，操作不便；药剂悬浮性能差，易堵塞喷头;药液呈碱性,不能与大多数有机农药混用;喷洒后在果实上有斑点残留,影响果实外观等。

新型波尔多液营养保护剂是近年来的研究热点与换代产品。其在传统波尔多液有效成分配比的基础上,配以载体填料和配方助剂,根据需要加入某些微量营养元素,加以浓缩、精制而研制开发的一种具有营养和杀菌双重功能的新型干悬浮剂。该制剂在植株表面附着时间长,不仅能增强其防病抑菌的效果,还可减少一定的喷药量及喷药次数,并且使用、运输及存储方便。此外,由于此类制剂中通常添加有少量微量元素,因此还可为作物的生长发育提供营养。

7. 其他营养元素

其他营养元素对虫害的发生也有着较大的影响。如 Mg 和 S 含量与蚜虫代数量和成虫寿命呈负相关。对禾谷缢管蚜不同小麦抗性品种几种化学物质的分析表明,高含量锌和植物总酚对降低蚜虫的繁殖率最有利,高含量锌可以提高若蚜的死亡率。

在小麦品种抗蚜性中,营养物质研究多集中在糖类和氨基酸。有研究表明,小麦体内糖含量与其禾谷缢管蚜抗性呈正相关,抗蚜品种内含糖量较高,如在小麦扬花到灌浆期,抗麦长管蚜品种比感蚜品种植株体内含有较多的可溶性糖和较少的游离氨基酸。氨基酸的种类和含量在作物抗蚜中发挥着重要作用,氨基酸平衡是植物抗桃蚜的重要因素,且糖和氨基酸之比与蚜虫的增长率呈负相关。冬小麦蚜虫数量与游离氨基酸和必需氨基酸成正比;刘绍友等在研究 16 个小麦品种抗麦长管蚜机制中发现,旗叶中缬氨酸、甘氨酸、异亮氨酸和酪氨酸含量越高,品种综合抗蚜性越强,而天冬氨酸、胱氨酸、赖氨酸和丙氨酸含量越高,品种综合抗生性越差。

第四章　农产品安全指标

农产品安全，指保证农产品的可靠性、使用性和内在价值，保证在生产、贮存、流通和使用过程中不对农产品造成危害。农产品安全既有等级、规格、品质等特性要求，也有对人、环境的危害等级水平的要求。本章对重金属指标、农药兽药残留指标和致病微生物指标进行了详细介绍。

第一节　农药残留指标

在农作物生产中防治病、虫、杂草为害时，农药是不可或缺的物质，它在农业增产方面发挥着关键作用。伴随着农业科技的快速发展，化学农药的品种越来越多，且化学农药已经成为农作物病虫害防治的一项主要手段。农药大致上可分为矿物源农药（无机农药）、生物源农药（天然有机物、抗生素、微生物等）及化学合成农药 3 种。

农药残留是指施用于作物上的农药，其中一部分附着于作物上，一部分散落在土壤、大气和水等环境中，环境残存农药中的一部分又会被植物吸收。残留农药直接通过植物果实或水、大气到达人、畜体内，或通过环境、食物链最终传递给人、畜。农残降解剂可以降解水果蔬菜表面的农药残留。

研究表明，农药残留在农作物中，人体吸收后长期沉积在人体内，会对人体器官造成破坏，降低人体免疫力，导致疾病产生。农药中毒的潜伏期大多在 30 min 以内，主要症状有头晕、头疼、恶心、呕吐、疲乏、食欲减退、视力模糊等，严重者可能伴有腹泻、肌肉颤动、精神恍惚、言语障碍等，更加严重者会出现昏迷、痉挛、大小便失禁、呼吸麻痹等。若农药在人体内的积累达到一定程度，将严重威胁生命安全。

一、检测依据

农药残留的评价采纳了不同农药的检测方法，目前不同检测方法还不能包含在一个检测标准中，表 4-1 将国家标准和行业标准检测方法进行整理，进一步说明农药残留对应的检测方法差异，便于在检测和评价中参考。

表 4-1　农药残留检测国家标准和行业标准

标准号	标准名称
GB 23200.2—2016	食品安全国家标准　除草剂残留量检测方法　第 2 部分：气相色谱-质谱法测定　粮谷及油籽中二苯醚类除草剂残留量
GB 23200.3—2016	食品安全国家标准　除草剂残留量检测方法　第 3 部分：液相色谱-质谱/质谱法测定　食品中环己酮类除草剂残留量

续表4-1

标准号	标准名称
GB 23200. 6—2016	食品安全国家标准　除草剂残留量检测方法　第6部分:液相色谱-质谱/质谱法测定　食品中杀草强残留量
GB 23200.8—2016	食品安全国家标准　水果和蔬菜中500种农药及相关化学品残留量的测定　气相色谱-质谱法
GB 23200.9—2016	食品安全国家标准　粮谷中475种农药及相关化学品残留量的测定　气相色谱-质谱法
GB 23200.11—2016	食品安全国家标准　桑枝、金银花、枸杞子和荷叶中413种农药及相关化学品残留量的测定　液相色谱-质谱法
GB 23200.13—2016	食品安全国家标准　茶叶中448种农药及相关化学品残留量的测定　液相色谱-质谱法
GB 23200.14—2016	食品安全国家标准　果蔬汁和果酒中512种农药及相关化学品残留量的测定　液相色谱-质谱法
GB 23200.15—2016	食品安全国家标准　食用菌中503种农药及相关化学品残留量的测定　气相色谱-质谱法
GB 23200.16—2016	食品安全国家标准　水果和蔬菜中乙烯利残留量的测定　气相色谱法
GB 23200.19—2016	食品安全国家标准　水果和蔬菜中阿维菌素残留量的测定　液相色谱法
GB 23200.20—2016	食品安全国家标准　食品中阿维菌素残留量的测定　液相色谱-质谱/质谱法
GB 23200.22—2016	食品安全国家标准　坚果及坚果制品中抑芽丹残留量的测定　液相色谱法
GB 23200.24—2016	食品安全国家标准　粮谷和大豆中11种除草剂残留量的测定　气相色谱-质谱法
GB 23200.29—2016	食品安全国家标准　水果和蔬菜中唑螨酯残留量的测定　液相色谱法
GB 23200.31—2016	食品安全国家标准　食品中丙炔氟草胺残留量的测定　气相色谱-质谱法
GB 23200.32—2016	食品安全国家标准　食品中丁酰肼残留量的测定　气相色谱-质谱法
GB 23200.33—2016	食品安全国家标准　食品中解草嗪、莎稗磷、二丙烯草胺等110种农药残留量的测定　气相色谱-质谱法
GB 23200.37—2016	食品安全国家标准　食品中烯啶虫胺、呋虫胺等20种农药残留量的测定　液相色谱-质谱/质谱法
GB 23200.38—2016	食品安全国家标准　植物源性食品中环己烯酮类除草剂残留量的测定　液相色谱-质谱/质谱法
GB 23200.39—2016	食品安全国家标准　食品中噻虫嗪及其代谢物噻虫胺残留量的测定　液相色谱-质谱/质谱法

续表4-1

标准号	标准名称
GB 23200.43—2016	食品安全国家标准　粮谷及油籽中二氯喹啉酸残留量的测定　气相色谱法
GB 23200.45—2016	食品安全国家标准　食品中除虫脲残留量的测定 液相色谱-质谱法
GB 23200.46—2016	食品安全国家标准　食品中嘧霉胺、嘧菌胺、腈菌唑、嘧菌酯残留量的测定　气相色谱法-质谱法
GB 23200.47—2016	食品安全国家标准　食品中四螨嗪残留量的测定　气相色谱-质谱法
GB 23200.49—2016	食品安全国家标准　食品中苯醚甲环唑残留量的测定　气相色谱-质谱法
GB 23200.50—2016	食品安全国家标准　食品中吡啶类农药残留量的测定　液相色谱-质谱/质谱法
GB 23200.53—2016	食品安全国家标准　食品中氟硅唑残留量的测定　气相色谱-质谱法
GB 23200.54—2016	食品安全国家标准　食品中甲氧基丙烯酸酯类杀菌剂残留量的测定　气相色谱-质谱法
GB 23200.56—2016	食品安全国家标准　食品中喹氧灵残留量的检测方法
GB 23200.57—2016	食品安全国家标准　食品中乙草胺残留量的检测方法
GB 23200.62—2016	食品安全国家标准　食品中氟烯草酸残留量的测定　气相色谱-质谱法
GB 23200.64—2016	食品安全国家标准　食品中吡丙醚残留量的测定　液相色谱-质谱/质谱法
GB 23200.65—2016	食品安全国家标准　食品中四氟醚唑残留量的检测方法
GB 23200.68—2016	食品安全国家标准　食品中啶酰菌胺残留量的测定　气相色谱-质谱法
GB 23200.69—2016	食品安全国家标准　食品中二硝基苯胺类农药残留量的测定　液相色谱-质谱/质谱法
GB 23200.70—2016	食品安全国家标准　食品中三氟羧草醚残留量的测定　液相色谱-质谱/质谱法
GB 23200.73—2016	食品安全国家标准　食品中鱼藤酮和印楝素残留量的测定　液相色谱-质谱/质谱法
GB 23200.74—2016	食品安全国家标准　食品中井冈霉素残留量的测定　液相色谱-质谱/质谱法
GB 23200.75—2016	食品安全国家标准　食品中氟啶虫酰胺残留量的检测方法
GB 23200.76—2016	食品安全国家标准　食品中氟苯虫酰胺残留量的测定　液相色谱-质谱/质谱法
GB 23200.83—2016	食品安全国家标准　食品中异稻瘟净残留量的检测方法
GB 23200.104—2016	食品安全国家标准　肉及肉制品中2甲4氯及2甲4氯丁酸残留量的测定　液相色谱-质谱法

续表4-1

标准号	标准名称
GB 23200.108—2018	食品安全国家标准　植物源性食品中草铵膦残留量的测定　液相色谱-质谱联用法
GB 23200.109—2018	食品安全国家标准　植物源性食品中二氯吡啶酸残留量的测定　液相色谱-质谱联用法
GB 23200.110—2018	食品安全国家标准　植物源性食品中氯吡脲残留量的测定　液相色谱-质谱联用法
GB 23200.111—2018	食品安全国家标准　植物源性食品中唑嘧磺草胺残留量的测定　液相色谱-质谱联用法
GB 23200.112—2018	食品安全国家标准　植物源性食品中 9 种氨基甲酸酯类农药及其代谢物残留量的测定　液相色谱-柱后衍生法
GB 23200.113—2018	食品安全国家标准　植物源性食品中 208 种农药及其代谢物残留量的测定　气相色谱-质谱联用法
GB 23200.115—2018	食品安全国家标准　鸡蛋中氟虫腈及其代谢物残留量的测定　液相色谱-质谱联用法
GB 29707—2013	食品安全国家标准　牛奶中双甲脒残留标志物残留量的测定　气相色谱法
GB 5009.36—2016	食品安全国家标准　食品中氰化物的测定
GB/T 5009.19—2008	食品中有机氯农药多组分残留量的测定
GB/T 5009.20—2003	食品中有机磷农药残留量的测定
GB/T 5009.21—2003	粮、油、菜中甲萘威残留量的测定
GB/T 5009.36—2003	粮食卫生标准的分析方法
GB/T 5009.102—2003	植物性食品中辛硫磷农药残留量的测定
GB/T 5009.104—2003	植物性食品中氨基甲酸酯类农药残留量的测定
GB/T 5009.105—2003	黄瓜中百菌清残留量的测定
GB/T 5009.107—2003	植物性食品中二嗪磷残留量的测定
GB/T 5009.113—2003	大米中杀虫环残留量的测定
GB/T 5009.114—2003	大米中杀虫双残留量的测定
GB/T 5009.115—2003	稻谷中三环唑残留量的测定
GB/T 5009.126—2003	植物性食品中三唑酮残留量的测定
GB/T 5009.129—2003	水果中乙氧基喹残留量的测定
GB/T 5009.130—2003	大豆及谷物中氟磺胺草醚残留量的测定
GB/T 5009.131—2003	植物性食品中亚胺硫磷残留量的测定
GB/T 5009.132—2003	食品中莠去津残留量的测定

续表4-1

标准号	标准名称
GB/T 5009.133—2003	粮食中绿麦隆残留量的测定
GB/T 5009.134—2003	大米中禾草敌残留量的测定
GB/T 5009.135—2003	植物性食品中灭幼脲残留量的测定
GB/T 5009.136—2003	植物性食品中五氯硝基苯残留量的测定
GB/T 5009.142—2003	植物性食品中吡氟禾草灵、精吡氟禾草灵残留量的测定
GB/T 5009.143—2003	蔬菜、水果、食用油中双甲脒残留量的测定
GB/T 5009.144—2003	植物性食品中甲基异柳磷残留量的测定
GB/T 5009.145—2003	植物性食品中有机磷和氨基甲酸酯类农药多种残留的测定
GB/T 5009.146—2003	植物性食品中有机氯和拟除虫菊酯类农药多种残留量的测定
GB/T 5009.147—2003	植物性食品中除虫脲残留量的测定
GB/T 5009.155—2003	大米中稻瘟灵残留量的测定
GB/T 5009.160—2003	水果中单甲脒残留量的测定
GB/T 5009.161—2003	动物性食品中有机磷农药多组分残留量的测定
GB/T 5009.162—2003	动物性食品中有机氯农药和拟除虫菊酯农药多组分残留量的测定
GB/T 5009.164—2003	大米中丁草胺残留量的测定
GB/T 5009.165—2003	粮食中2,4-滴丁酯残留量的测定
GB/T 5009.172—2003	大豆、花生、豆油、花生油中的氟乐灵残留量的测定
GB/T 5009.174—2003	花生、大豆中异丙甲草胺残留量的测定
GB/T 5009.175—2003	粮食和蔬菜中2,4-滴残留量的测定
GB/T 5009.176—2003	茶叶、水果、食用植物油中三氯杀螨醇残留量的测定
GB/T 5009.177—2003	大米中敌稗残留量的测定
GB/T 5009.180—2003	稻谷、花生仁中恶草酮残留量的测定
GB/T 5009.184—2003	粮食、蔬菜中噻嗪酮残留量的测定
GB/T 5009.200 2003	小麦中野燕枯残留量的测定
GB/T 5009.201—2003	梨中烯唑醇残留量的测定
GB/T 5009.218—2008	水果和蔬菜中多种农药残留量的测定
GB/T 5009.219—2008	粮谷中矮壮素残留量的测定
GB/T 5009.220—2008	粮谷中敌菌灵残留量的测定
GB/T 5009.221—2008	粮谷中敌草快残留量的测定
GB/T 14553—2003	粮食、水果和蔬菜中有机磷农药测定的气相色谱法
GB/T 14929.2—1994	花生仁、棉籽油、花生油中涕灭威残留量测定方法
GB/T 19650—2006	动物肌肉中478种农药及相关化学品残留量的测定 气相色谱-质谱法

续表4-1

标准号	标准名称
GB/T 20769—2008	水果和蔬菜中450种农药及相关化学品残留量的测定　液相色谱-串联质谱法
GB/T 20770—2008	粮谷中486种农药及相关化学品残留量的测定　液相色谱-串联质谱法
GB/T 20771—2006	蜂蜜中486种农药及相关化学品残留量的测定　液相色谱-串联质谱法
GB/T 20772—2008	动物肌肉中461种农药及相关化学品残留量的测定　液相色谱-串联质谱法
GB/T 22243—2008	大米、蔬菜、水果中氯氟吡氧乙酸残留量的测定　液相色谱-串联质谱法
GB/T 22979—2008	牛奶和奶粉中啶酰菌胺残留量的测定　气相色谱-质谱法
GB/T 23204—2008	茶叶中519种农药及相关化学品残留量的测定　气相色谱-质谱法
GB/T 23210—2008	牛奶和和奶粉中511种农药及相关化学品残留量的测定　气相色谱-质谱法
GB/T 23211—2008	牛奶和奶粉中493种农药及相关化学品残留量的测定　液相色谱-串联质谱法
GB/T 23376—2009	茶叶中农药多残留测定　气相色谱/质谱法
GB/T 23379—2009	水果、蔬菜及茶叶中吡虫啉残留的测定　高效液相色谱法
GB/T 23584—2009	水果、蔬菜中啶虫脒残留量的测定　液相色谱-串联质谱法
GB/T 23750—2009	植物性产品中草甘膦残留量的测定　气相色谱-质谱法
GB/T 23816—2009	大豆中三嗪类除草剂残留量的测定
GB/T 23818—2009	大豆中咪唑啉酮类除草剂残留量的测定
GB/T 25222—2010	粮油检验　粮食中磷化物残留量的测定　分光光度法
NY/T 761—2008	蔬菜和水果中有机磷、有机氯、拟除虫菊酯和氨基甲酸酯类农药多残留的测定
NY/T 1096—2006	食品中草甘膦残留量测定
NY/T 1277—2007	蔬菜中异菌脲残留量的测定　高效液相色谱法
NY/T 1379—2007	蔬菜中334种农药多残留的测定　气相色谱质谱法和液相色谱质谱法
NY/T 1434—2007	蔬菜中2、4-D等13种除草剂多残留的测定　液相色谱质谱法
NY/T 1453—2007	蔬菜及水果中多菌灵等16种农药残留测定　液相色谱-质谱-质谱联用法
NY/T 1455—2007	水果中腈菌唑残留量的测定　气相色谱法
NY/T 1456—2007	水果中咪鲜胺残留量的测定　气相色谱法
NY/T 1616—2008	土壤中9种磺酰脲类除草剂残留量的测定　液相色谱-质谱法
NY/T 1652—2008	蔬菜、水果中克螨特残留量的测定　气相色谱法
NY/T 1679—2009	植物性食品中氨基甲酸酯类农药残留的测定　液相色谱-串联质谱法

续表4-1

标准号	标准名称
NY/T 1680—2009	蔬菜水果中多菌灵等4种苯并咪唑类农药残留量的测定　高效液相色谱法
NY/T 1720—2009	水果、蔬菜中杀铃脲等七种苯甲酰脲类农药残留量的测定　高效液相色谱法
NY/T 1722—2009	蔬菜中敌菌灵残留量的测定　高效液相色谱法
NY/T 1725—2009	蔬菜中灭蝇胺残留量的测定　高效液相色谱法
NY/T 2820—2015	植物性食品中抑食肼、虫酰肼、甲氧虫酰肼、呋喃虫酰肼和环虫酰肼5种双酰肼类农药残留量的同时测定　液相色谱-质谱联用法

二、安全指标

《食品安全国家标准　食品中农药最大残留限量》(GB 2763—2021)是目前我国统一规定食品中农药最大残留限量的强制性国家标准。2019版该标准在涵盖的农药残留限量数量上首次超过国际食品法典委员会(CAC)，标志着我国农药残留标准制订迈上了新台阶，将对我国规范科学合理用药、加强农产品质量安全监管、促进农产品国际贸易健康发展发挥着重要作用。2021版适应食物安全由重视数量转向数量、结构、质量并重，是落实习近平总书记在“四个最严”首先强调最严谨的标准，标准内容的不断更新是确保“舌尖上的安全”的一项重大举措。

(一)食品安全标准发展和变化

2009年，《中华人民共和国食品安全法》发布实施后，为解决我国原有农药最大残留限量标准的重复、交叉、过时等问题，2010年原农业部开始对已发布的农药最大残留限量国家标准和行业标准进行清理规范，并于2012年统一发布《食品安全国家标准　食品中农药最大残留限量》(GB 2763—2012)，规定了阿维菌素等322种农药2 293项农药最大残留限量标准。此后，该标准又历经多次修订。

2014年发布GB 2763—2014，规定了2,4-D等387种农药3 650项最大残留限量标准；2016年发布GB 2763—2016，规定了2,4-D等433种农药4 140项最大残留限量标准；2018年又补充发布了《食品安全国家标准　食品中百草枯等43种农药最大残留限量》(GB 2763.1—2018)，增加了百草枯等43种农药302项最大残留限量标准，与GB 2763—2016配套使用。

2019年8月15日，农业农村部与国家卫生健康委员会和国家市场监督管理总局三部委联合发布《食品安全国家标准　食品中农药最大残留限量》(GB 2763—2019)，规定了2,4-D等483种农药在356种(类)食品中7 107项残留限量标准，该标准代替了GB 2763—2016和GB 2763.1—2018。

2021年3月3日，农业农村部、国家卫生健康委、市场监管总局三部委联合发布《食品安全国家标准　食品中农药最大残留限量》(GB 2763—2021)，于9月3日正式实施。该标准规定了食品中564种农药(批准登记农药428种、禁限用农药49种、我国禁用农药外的尚未登记农药87种)的10 092项最大残留限量；推荐了194个配套的残留检测方法；规定了用于制订农药最大残留限量的 376 种(类)食品;规定了豁免制订食品中最大残留限量的 44 个农药名单。

(二)GB 2763—2021 标准解析

1. GB 2763—2021 的变化

1)农药品种的变化

农药品种共增加 2,4-D 丁酸、2 甲 4 氯丁酸等 81 种。其中 42 种农药已在我国批准登记,涉及限量标准 162 项;39 种农药尚未在我国取得登记。农药最大残留限量增加 2 985 项。蔬菜、水果的限量数量增长明显,共占限量总数的 50%以上。增加食品组限量 1 453 项,占新增限量总数的 48.68%。食品组限量的增加,扩大了禁限用农药的判定依据,解决了部分禁限用农药无依据判定的现象。另外,对于一些没有品种限量值的可按照食品类别判定,扩大了标准的应用范围。

禁限用农药修订限量实现相应食品类别全覆盖,未登记农药制订限量实现植物源性食品类别全覆盖,限量值按照检测方法的定量限设定。规定了甲胺磷等 29 种禁用农药 792 项限量标准;规定了氧乐果等 20 种限用农药 345 项限量标准;修订了胺苯磺隆等 16 种禁限用农药的限量值,为违法违规使用禁限农药监管提供充分的判定依据。

实现了 12 类植物源性农产品的全覆盖,特色小宗作物的限量更是显著增加。新增阿维菌素等 67 种农药在人参、枸杞等特色小宗作物上 589 项限量。解决特色小宗作物“无药可用、无标可依”的难题,大力保障特色产业健康发展。表 4-2 为植物源农药在不同作物上的农药残留限量。

表 4-2 植物源农药在不同作物上的农药残留限量

生物农药	作物	最大残留限量/(mg/kg)
除虫菊	谷物\稻谷	0.3
	谷物\小麦	0.3
	谷物\玉米	0.3
	谷物\高粱	0.3
	谷物\粟	0.3
	谷物\杂粮类	0.1
	油料和油脂\花生仁	0.5
	蔬菜\结球甘蓝	1
	蔬菜\花椰菜	1
	蔬菜\青花菜	1
	蔬菜\芥蓝	2
	蔬菜\菠菜	5
	蔬菜\普通白菜	5
	蔬菜\茼蒿	5
	蔬菜\叶用莴苣	5
	蔬菜\油麦菜	1
	蔬菜\萝卜叶	1
	蔬菜\芜菁叶	1

续表4-2

生物农药	作物	最大残留限量/(mg/kg)
除虫菊	蔬菜\芹菜	1
	蔬菜\茴香	1
	蔬菜\大白菜	1
	蔬菜\茄果类蔬菜	0.05
	蔬菜\根茎类和薯芋类蔬菜(萝卜、胡萝卜、芜菁除外)	0.05
	蔬菜\萝卜	1
	蔬菜\胡萝卜	1
	蔬菜\芜菁	1
	水果\柑橘类水果	0.05
	水果\枸杞(鲜)	0.5
	干制水果	0.2
	坚果	0.5
	调味料\叶类调味料	1
	调味料\干辣椒	0.5
	药用植物\枸杞(干)	0.5
苦参碱	蔬菜\结球甘蓝	5*
	蔬菜\黄瓜	5*
	水果\柑	1*
	水果\橘	1*
	水果\橙	1*
	水果\梨	5*
印楝素	蔬菜\结球甘蓝	0.1
	饮料类\茶叶	1
鱼藤酮	蔬菜\结球甘蓝	0.5
烟碱	油料和油脂\棉籽	0.05
	蔬菜\结球甘蓝	0.2
	水果\柑	0.2
	水果\橘	0.2
	水果\橙	0.2
乙蒜素	谷物\稻谷	0.05
	谷物\糙米	0.05
	油料和油脂\棉籽	0.05
	油料和油脂\大豆	0.1*
	蔬菜\黄瓜	0.1*
	蔬菜\菜用大豆	0.1*
	水果\苹果	0.2*

续表4-2

生物农药	作物	最大残留限量/(mg/kg)
春雷霉素	谷物\糙米	0.1*
	蔬菜\番茄	0.05
	蔬菜\辣椒	0.1*
	蔬菜\黄瓜	0.2*
	水果\柑	0.1*
	水果\橘	0.1*
	水果\橙	0.1*
	水果\桃	1*
	水果\猕猴桃	2*
	水果\荔枝	0.05
	水果\西瓜	0.1*

* 代表临时标准值

2)农药最大残留限量值的变化

修订194项农药最大残留限量值。因我国禁限用农药政策，修订毒死蜱、乐果、三氯杀螨醇、三唑磷、克百威、乙酰甲胺磷等13种禁限用农药138项农药最大残留限量；依据原食品法典委员会转化后获得新的残留试验数据，修订了苯醚甲环唑、吡虫啉、啶虫脒、多菌灵、二甲戊灵、甲氨基阿维菌素苯甲酸盐、灭多威等21种农药的28项农药最大残留限量；由于残留物定义规范统一，修订多菌灵、2,4-D和2,4-D钠盐、福美锌等11种农药的26项农药最大残留限量。

3)农药残留限量标准的变化

《食品安全国家标准食品中农药最大残留限量》(GB 2763—2021)推荐194个配套检测方法标准。新增推荐7个配套检测方法标准为GB 23200.116、GB 23200.117、NY/T 1721、SN/T 1971、SN/T 4066、SN/T4591、SN/T 4655，修订2个检测方法为SN 0654、SN/T 1605，删除2个检测方法为GB/T 5009.110、GB 23200.72，有效解决了部分农药残留标准“有限量、无方法”的问题。

4)残留物定义和每日允许摄入量(ADI)的变化

修订2,4-D异辛酯、三唑醇、氟噻草胺等12种农药残留物定义，修订丁苯吗啉、氟苯脲、喹禾灵和精喹禾灵4种农药每日允许摄入量，充分体现了膳食风险评估数据的科学性。

5)食品类别和名称的变化

根据产品形态、用途等相关因素，增加小麦全粉、苹果干、茉莉花、蒌叶、鸡脂肪等20种食品名称；修订15种食品名称，如原属水果的莲子修改为莲子(鲜)、小茴香修改为茴香、热带和亚热带水果修改为热带和亚热带类水果等；调整食品类别，如将枸杞(干)由干制水果调整为药用植物。

6)残留限量类别的变化

根据有无配套检测方法的情况，增加相应检测方法，调整2甲4氯(钠)等17种农药的176项临时限量为正式限量；因没有配套检测方法，调整噻草酮等3种农药的19项正式限量为临时限量。

与2019版指标相比，农药最大残留限量发生变化的重点指标和对应品种：①增加品种限量值，如三氯杀螨醇、异菌脲、腐霉利等；②增加对某一类别中的具体品种的限量值较多，如氯虫苯甲酰胺对叶菜类蔬菜中的油麦菜、瓜类蔬菜中的丝瓜、苦瓜等单独规定；吡唑醚菊酯对鳞茎类蔬菜中的洋葱、韭菜，茄果类蔬菜中的甜椒、黄秋葵、瓜类水果中的甜瓜等单独规定。③增加类别限量值，如三唑磷2019版仅规定结球甘蓝、节瓜限量值，但新标准涵盖所有蔬菜限量值；增加二甲戊灵在柑橘类水果中限量值（2019版未做规定）等。④调整限量值（提高/降低），提高残留限量值，具体见表4-3。

表4-3 GB 2763—2021与GB 2763—2019版标准中农药残留限值的变化 mg/kg

农药	作物	2019版	2021版
多菌灵	猕猴桃	0.5	5
	芒果	0.5	2
	杨梅	3	10
	番木瓜	0.3	1.0
啶虫脒	食荚豌豆	0.3	1.0
	西葫芦	0.2	0.3
吡虫啉	抱子甘蓝	1.0	0.5
	食荚豌豆	5	0.5
氯虫苯甲酰胺	萝卜叶	40	10
	萝卜	0.5	0.2

2. GB 2763—2021的创新点

1）基本覆盖我国批准使用的农药品种，解决了历史遗留的“有农药登记、无限量标准”的监管难题。

目前，我国已批准使用600多种农药有效成分，GB 2763—2021规定了564种农药的最大残留限量标准，豁免了44种低风险农药制订最大残留限量标准。GB 2763—2021未涉及的登记品种主要有两类：一类是用于非食用作物的农药，如卫生用农药、杀鼠剂等，无须制订最大残留限量标准；另一类是安全风险低的生物类农药，如生物化学农药、微生物农药、植物源农药，有待于进一步风险评估后逐步列入豁免制订限量标准名单。因此，基本覆盖了我国批准使用的农药品种，解决了历史遗留的食用农产品上农药登记“无标可依”的监管问题，将有力地促进农药科学规范使用，切实保障食用农产品质量安全。

2）标准制订更加严格，突出了高风险的禁限用农药

坚持用最严标尺科学设定限量，确保广大人民群众“舌尖上的安全”。重点突出高风险的禁限用农药监管，按照检测方法可以进行准确定性和定量测定的最低水平来设定限量，限量趋于严格。对比国际标准，与CAC标准重叠2 941项（农药和食品种类相同），其中严于食品法典委员会标准257项，相同的有2 402项，限量值等同于或严于国际食品法典标准的数量超过90%。

3）特色小宗作物的限量标准显著增加

特色小宗作物用农药登记是一个国际性难题，由于农药市场小、回报低等原因，企业主动

申请农药登记的积极性不足，导致无合法药可用、无限量标准可依的问题突出。作为产业扶贫的重要支柱之一，农业农村部高度重视特色小宗作物，近年来结合实际生产用药需求，通过国家政策引导、地方政府和行业协会带动、企业联合参与等形式，多措并举推动了特色小宗作物的农药登记和标准制订工作，取得显著成效，新增人参、杨梅、枣等 119 种特色小宗作物上限量标准。解决特色小宗作物"无药可用、无标可依"难题的工作机制基本形成，一些区域性集中种植、产业规模大的特色作物用药短缺问题得到初步缓解。

4）动物源性食品的限量标准有了突破性增长

畜禽类动物通过饲料摄入的农药残留可能在体内积累，并导致农药残留在畜禽产品中。规定了 109 种农药在肉、蛋、奶等 27 种居民日常消费的动物源性食品中 703 项最大残留限量，这标志着我国农药残留标准制订工作，从以植物源性食品为主向动物源性食品拓展。

5）进口食品农产品中农药品种数量显著增长

随着我国进口农产品消费量持续增长，监管需求不断增加。针对进口农产品中可能含有我国未登记农药的情况，通过评估转化国际食品法典标准等方法，制订了 77 种未在我国批准使用农药的 1 109 项残留限量标准，为更好地把牢食品安全的"国门关"提供了技术依据，有利于保障我国人民群众的消费安全。

6）配套检测方法更加完善

GB 2763—2021 在规范性引用文件中进一步明确了标准使用者应在配套方法中选择满足限量值检测要求的方法进行检测。同时，对于新发布实施的食品安全国家标准（GB 23200 系列标准），直接明确了衔接机制，以便后续发布的方法标准及时应用到市场监管工作实际。

第二节 致病微生物指标

农产品中的致病微生物是伴随食品、食用农产品整个产供过程的关键潜在生物危害，在食品原料种养殖，食品加工、贮藏、运输、销售以及烹调等各个环节，都有可能对食品造成污染，甚至产生毒素造成食物中毒。致病微生物一方面通过污染食品、食用农产品，使其发生腐败、变质，直接损害产品品质，给产业造成巨大浪费和损失；另一方面以食品、食用农产品为载体或传播媒介，通过病原体直接或者代谢的毒素间接损害机体，引起肠胃损伤、器官衰竭乃至诱发癌症等疾病，是人类和动物日常疾病最主要诱因之一。因此，对食源致病微生物的安全有效防控，是保障食品、食用农产品质量安全的必要手段，直接关乎老百姓"舌尖上的安全"和食品、食用农产品产业的优质可持续发展。

一、致病微生物

食源致病微生物可分为食源致病病毒、食源致病细菌、食源致病真菌以及其他较为高等的食源致病病原虫等几大类型。食源致病病毒中比较典型的有诺如病毒（Norwalk viruses，NV）、甲型肝炎病毒（Hepatitis a virus，HAV）以及轮状病毒（Rotavirus，RV）等，均能引起急性肠胃炎，导致严重腹泻等症状；食源致病细菌中有出血性大肠埃希菌、沙门菌、空肠弯曲杆菌、志贺氏菌、圆孢子虫、隐孢子虫、蓝氏贾第鞭毛虫、假结核耶尔森菌，以及单核细胞增生李斯特菌等。其中危害最大、分布最广的是金黄色葡萄球菌（*Staphylococcus aureus*）和大肠杆菌（*Escherichia coli*），此外还有产剧毒的肉毒杆菌（*Clostridium botulinum*）和鼠伤寒沙门氏菌

(*Salmonella typhimurium*)等也是威胁食物质量安全较为严重的致病菌。

普通大肠杆菌是人和动物肠道的正常微生物,对人体无害。但有些特殊血清型的大肠杆菌可以导致严重的腹泻和败血症,称为致病性大肠杆菌。尤其是大肠杆菌O157:H7可引起腹痛、腹泻、出血性结肠炎,严重的导致溶血性尿毒综合征,可致死。大肠杆菌O157:H7是通过产生毒素,特别是志贺毒素引起人和动物发病的。致病性大肠杆菌在环境中广泛存在,常见的食品如肉类、奶和奶制品、水产品、蔬菜、豆制品,尤其是肉类和凉拌菜易被污染。

沙门氏菌是导致食源性疾病(食物中毒)最多的一类致病性细菌,目前发现2 300多种血清型,其中引起人类食物中毒的主要包括伤寒沙门菌、猪霍乱沙门菌、肠炎沙门菌等。沙门菌随食物进入消化道,可在小肠、结肠内继续繁殖,并在肠毒素与内毒素参与下,引起肠黏膜充血、水肿、组织炎症,主要症状为急性肠胃炎,如呕吐、腹泻,伴有头痛、发热,严重者出现寒战、抽搐和昏迷。引起沙门菌食物中毒的食品以动物源性食品为主,但近年与蔬菜相关的报道也在增多。

李斯特菌中只有单核细胞增生李斯特菌引起人类食物中毒。该菌产生溶血素,能够破坏红细胞和人体吞噬细胞。初发症状为恶心、呕吐、头痛、发烧,类似感冒,严重引起脑膜炎和败血症。李斯特菌存在于冷冻食品、乳制品、水果和蔬菜中。

志贺菌是一类引起细菌性痢疾的致病菌。致病物质主要是内毒素,有的菌株也产生外毒素。内毒素作用于肠黏膜,使其通透性增高,促进内毒素的吸收,引起发热、神志障碍等。破坏肠黏膜,形成炎症,溃疡,呈现典型的脓血黏液便。内毒素还能作用于肠壁神经系统,使肠功能发生紊乱,肠蠕动失调和痉挛,尤其是直肠括约肌痉挛最明显,因而出现腹痛等症状。有些志贺菌还能产生外毒素,称志贺毒素,使蛋白质合成中断。生吃水果、蔬菜是志贺菌传播的重要途径之一。

食源致病真菌多数具有的共性危害特点是代谢真菌毒素,主要污染粮油等农作物及其产品,最为典型的有麦类作物中的脱氧雪腐镰刀菌烯醇(deoxynivalenol,DON,又称呕吐毒素)、油料作物中的黄曲霉毒素(Aflatoxins,AFT)以及玉米中的玉米赤霉烯酮(Zearalenone,又称F-2毒素)和伏马菌素(fumonisin,FB)等,均属剧毒高危致癌或致畸类生物毒素,严重危害人类和动物健康,也给粮油产业造成巨大的浪费和损失。此外,动物性食品中还有一些寄生性致病微生物如隐孢子虫(*Cryptosporidium parvum*)、贾第虫(*Giardiasis*)、旋毛虫(*Trichinella spiralis*)、痢疾阿米巴虫(*Entamoeba histolytica*)等,也能引起机体肠道疾病,甚至诱发脏器衰竭,导致致命风险。

二、传染途径

传染途径包括:①灌溉及其他生产和收获过程中用水带来的污染。②来自肥料和其他农业生产投入品的污染。③生产人员带入致病菌。④生产用具发生交叉污染带入致病菌。⑤家养和野生动物带入致病菌。⑥收获过程极易污染。⑦存储、运输过程发生的污染。

三、检测方法

提高致病微生物的检测技术,构建完善的预防应用体系,具有重要的社会意义。当前很多新型检测技术的应用,提高了检测的准确性,缩短了检测时间,通过实施集中式监管可以提高样本分布的均匀性。

1.免疫学分析方法

免疫学分析法主要是通过抗原抗体的特异性结合反应对各种微生物进行检测分析，是一种重要的食品检验技术。其中比较具有代表性的是酶联免疫吸附试验(enzyme linked immunosorbent assay，ELISA)。ELISA是在酶联免疫的基础上形成的一种新型的检测技术。其工作原理是先将抗原或者抗体吸附在固相载体的表面，然后加入酶标的抗体或抗原，让两者在固相载体表面上进行反应，形成免疫复合物。进行洗涤后，游离状态的酶标抗体会被清洗掉，而酶标的免疫复合物则不会被清洗掉。加入酶的底物并显色后，可以直接定性地进行测量或者测定。目前该技术已经成为一种最成熟、最广泛的新型微生物检测技术。

2.PCR技术

PCR(polymerase chain reaction)是一种聚合酶链式反应。PCR检测技术反应更加迅速，可以在极短的时间内将少量的DNA或者RNA基因片段扩增到几百万倍以上。当前该技术在食品检测中的应用比较成熟。

3.核酸探针技术

核酸探针指一种带有检测标记的已知核苷酸片段，能够直接与互补的核苷酸进行退火杂交，再通过特殊的方法被探知。核酸探针技术特异性强、灵敏度高，同时还兼备组织化学染色的可见性、定位性，特异地显示出细胞的DNA或RNA。随着该技术的成熟，目前已经广泛应用到肠道细菌的检测中。其敏感性与特异性是衡量检测方法是否适合的重要参考指标。寡核苷酸探针技术是一种具有快速性与高可靠性的探测技术，与PCR技术联用后，其检测精度可以达到10 CFU/mL。这一数值是其他检测技术精度的1～2倍，而地高辛酶联显色的方法可以让检测结果直接通过裸眼观察，因此应用范围较广。

4.阻抗法

阻抗法是指通过对微生物的代谢进行测量，引起培养基的电特性变化进而测定样品中的微生物含量。在检测过程中，微生物的体内代谢可以使培养基中的大分子底物，比如蛋白质、脂肪等，代谢为一些小分子产物，比如氨基酸、乳酸盐等。电活性物质会逐渐取代电惰性物质，增加培养基中的导电性，降低电阻抗。微生物阻抗检测法分为直接法与间接法两种，常用一对浸没在培养基上的反应物溶液电极来检测电阻变化。采用直接法进行检测时，金属电极需要浸没在有待测细菌的培养基中，并对电阻变化进行实时监控。活细胞所产生的离子代谢物质会改变电阻值的变化。而在间接法检测中，电极应该装设在独立溶液中(一般选择KOH溶液)，微生物产生的气体(如CO_2)会被溶液吸收，造成溶液电导能力的下降。但需要注意的一点是，在频率500～10 000 Hz外的区域不适宜使用阻抗检测法。

5.基因芯片技术

基因芯片技术是近几年新发展的一种基因检测高新技术。该技术综合了分子生物学、半导体、化学以及微电子学等多种科学技术，是一种综合度高的前沿科学技术。基因芯片技术也被称为DNA微探针阵列技术，是生物芯片技术中的一种。在实际检测时，将基因芯片技术与其他技术联合应用会得到更好的检测效果。在刘国川等的研究中，在检测水体微生物时，先浓缩富集再提取核酸，随后再通过基因芯片检测技术进行检测。与单独使用基因芯片技术相比，大幅缩短了检测时间，检出率提高了100倍；与其他检测技术相比，效率提高了3～5倍，而且可同时检测多种微生物。该技术的通量与灵敏度、特异性都较高，具有较高的技术保障，因此应用较广泛，可用于出入境检测、食品质量检测和某些突发安全事故处理等。

四、预防和控制措施

1. 防止来源于水的污染

保证灌溉用水符合微生物卫生指标的标准(GB 5084—2021,粪大肠菌≤40 000 MPN/L)。

降低土地中可能会污染水或可食用部分的微生物病原菌数量(处理手段包括日晒、熏蒸等)。

选择灌溉方式(滴灌、喷灌、漫灌、沟灌等)时,要考虑尽量使水不直接接触产品可食部分。

灌溉用水的储存环境不能被人和动物粪便污染。

尽量不要使用再生水。

储存和使用浇灌管道和滴灌管时,要减少昆虫、微生物等的污染。

水源应定期由相关部门进行测试,明确是否符合相关卫生标准。

最好在收获 5 d 前停止用水。

直接用于新鲜可食部分的用水,特别是在接近收获期使用的,应符合《生活饮用水卫生标准》(GB 5749—2022)。

2. 控制来自肥料等土壤改良剂的微生物污染

确保肥料的使用不会造成微生物病原菌的潜在危害。注意定时使用,安全存放,了解肥料来源,进行质量检测,对肥料运输等环节进行监测。

不使用未经处理的粪便作为肥料。

在堆肥过程中保证使用定量的时间(≥21 d)和温度(≥55 ℃),从而减少人类病原菌对堆肥的潜在污染。

确定停止使用肥料等土壤改良剂到收获期的时间间隔(≥30 d)。

防止堆肥对产品的污染。

最大限度地减少风吹或雾化导致的污染源(例如水或有机堆肥)接触产品。

接触肥料的设备用具不能接触果蔬等。

3. 防止收获过程带来的污染

减少或消除微生物病原体在机械收割设备表面的存在。

定期维修、消毒收割用具。收割或切割设备应该在使用前彻底清洗和消毒,切削刃应该保持光滑和锋利。

清洁收割设备,清洁时与其他设备分开以减少交叉感染。

履行在良好农业规范中列出的适宜预防性措施,以减少、控制或根除潜在的由人员在收割过程中造成的污染。

禁止在接近未收割产品的区域进食、饮水或抽烟,以降低污染隐患。

与产品的接触面都要有严格的卫生和消毒措施(例如,禁止触摸刀刃等直接切割部分)。

最大限度地去掉叶类蔬菜腐败部分,以减少微生物病原菌的存在风险。

手工收割时个人卫生是至关重要的。

包装袋或箱不宜过满,以避免在码放、搬运等过程中产生污染物的转移。

4. 防止贮存和运输过程中的污染

贮存、运输应使用不同的冷却和冷藏设施,各种设施的使用应有各自的卫生标准操作程序,以避免新的污染。

运输车应当清洁、卫生。叶类蔬菜不应使用携带过动物肥料或有机固体残余物的车辆，以免造成严重的交叉污染。

针对易腐产品，应该谨慎处理。机械破坏会影响产品质量，也会增加微生物污染，损坏的产品应该被丢弃。

鲜食或易腐产品应在整个供应链中保持1～5 ℃的最佳温度，尽量减少暴露于较高温度的时间，这样可以有效限制微生物增殖。

5. 做好清洁和卫生

简单使用的容器如纸箱等不要重复利用。

直接接触蔬菜的收获容器应是专用的。

容器应覆盖和存储在合适的地点，以防止可能的污染（例如，害虫、鸟、啮齿动物、灰尘、水等）。

直接接触土壤的容器不应堆放，以防止土壤和废弃物污染产品。

设备在不用时，应妥善保管。

收获设备，包括简单手持设备（如刀等）直接接触新鲜的绿叶蔬菜，应该每日清洗和消毒。

应使用干净水源清洗所有直接接触新鲜绿叶蔬菜的设备，包括机械、收获、运输设备、容器等。

生产者应保持个人健康和卫生。

第三节　重金属指标

重金属是指体积质量大于4 g/cm^{3}或5 g/cm^{3}的金属或其化合物。在自然环境污染研究中，常涉及的生物毒性较大的金属元素包括Cu、Pb、Zn、Cd、Cr、Hg及类金属As。这些元素危害极大，具备极强的迁移性、生物富集性、生物毒性及致畸、致癌、致突变效应，易对生态环境系统造成危害。同时，重金属在自然界中不能在微生物的帮助下自然降解，只能通过形态转化或迁移进行转移。这些有害元素还可通过以呼吸、饮食、生物链富集的方式进入人体累积毒素，危害生物的免疫系统，引发慢性中毒，因此对食品安全和人体健康存在威胁。重金属污染已成为当今社会最严重的环境污染问题之一。

环境中的重金属大多来自自然因素，比如土壤、岩石风化、火山爆发等，但近年来重金属污染加剧的原因主要是由于燃煤、采矿、金属冶炼、工业品制造、污水灌溉、滥用化肥、交通运输排放等各种人为因素。

一、重金属来源

污染物指的是食品在从生产（包括农作物种植、动物饲养和兽医用药）、加工、包装、贮存、运输、销售，直至食用等过程中产生的或由环境污染带入的、非有意加入的化学性危害物质。GB 2762—2017标准所规定的污染物是指除农药残留、兽药残留、生物毒素和放射性物质以外的污染物，包括重金属。

1. 土壤来源

土壤具有多种功能，这些功能对人类生存和生态环境保持起重要作用。土壤还和人体健康息息相关，健康的土壤是健康人体的一个重要保障。土壤可以通过多条途径影响人体健康，这些影响既有正面的，也有负面的；既有直接的，也有间接的。人体需要至少 20 种矿质元素、13 种维生素、9 种氨基酸和 2 种脂肪酸，人体所必需的矿质养分大部分来自土壤，土壤通过食物链向人体供应矿质营养；土壤中矿质养分缺乏也会导致人体养分缺乏；各种土壤中污染物可以通过食物链传递进入人体，影响人体健康。土壤中可能存在的污染物种类繁多，包括有机污染物、无机污染物、生物污染物、放射性核素等，这些污染物可通过多条途径进入人体，影响人体健康。

耕地土壤重金属污染物主要有镉、镍、砷、铜、汞、铅、铬、锌等。砷虽然不属于重金属，但由于其行为、来源、危害均与重金属相似，通常也被列为重金属考虑。土壤重金属污染不仅会引起生态环境质量恶化，还会通过食物链传递进入人体，危害人体健康。就重金属向农产品迁移行为而言，重金属可以划分为 4 类：第一类是在土壤中溶解迁移能力较弱的元素，它们在土壤中生物有效性较低，如银、金、三价铬、汞、锡等；第二类是在植物体内转运能力较弱的元素，如铝、汞、铅等，这些元素往往积累在根部，很少向植物地上部及可食部位转移；第三类是过量时会对植物生长造成明显毒害的元素，如铜、锰、锌等，对植物的毒害很大程度上会限制这些元素到达人们的餐桌；第四类是向农产品有较高迁移能力的元素，这些元素在对植物产生毒性之前可能就会对人体健康产生影响，如镉、硒、钼等。由于淹水稻田的厌氧条件和水稻对三价砷较强的吸收能力，稻米也会积累较高的砷，因此对于水稻而言，砷也归入第四类。根据这一概念，针对第二和第三类重金属，我们应该更多地关注其生态安全风险，而针对第四类重金属，我们应关注其对农产品安全以及人体健康的影响。我国的快速工业化导致了部分耕地土壤重金属污染严重，第四类重金属镉和砷处在我国耕地土壤污染物之前列，分别有 7％和 3％的耕地土壤点位镉、砷超标。土壤污染导致了农产品镉、砷超标问题严重，例如我国南方部分污染地区，稻米镉含量超标高达 60％～80％，砷超标高达 40％～50％。因此，镉、砷已经成为威胁我国农产品安全最突出的两个污染元素。

土壤污染是导致农产品镉、砷含量超标的一个重要原因，解析并阻断污染源是当务之急。此外，土壤条件、田间管理措施、作物种类和栽培品种也是影响农产品镉、砷积累的重要因素。例如，土壤酸化可导致土壤镉有效性大幅度提高，是我国南方稻米镉含量超标的一个重要原因，施用石灰将土壤 pH 提高至 6.5 以上是降低稻米镉含量的有效措施。稻田淹水导致土壤中的铁氧化物还原溶解，吸附态砷释放到溶液中，并且五价砷还原为有效性更高的三价砷，这些过程是水稻吸收较多砷的重要原因。即使土壤砷含量在背景值范围内，稻米砷含量仍然可能超标。旱作或干湿交替是降低稻米砷含量的有效措施，但是会导致镉含量增加。如何解决稻田砷、镉调控之间的矛盾，达到同时阻控水稻对这两种有害元素的积累，仍需进一步的研究。水稻品种间镉、砷积累能力差异很大，通过多年多点筛选可以得到一些较为稳定的低积累品种。从长远的角度看，需要通过分子遗传分析挖掘低积累的优异等位基因，在育种过程中将这些等位基因导入新品种。近年来，对植物吸收与转运重金属的分子机制研究已经取得了突出进展，为通过生物技术降低农产品重金属含量开辟了道路。例如，Tang 等采用 CRISPR/Cas9 技术编辑水稻 *OsNramp*5 基因，创制了低镉杂交水稻材料。采用转基因技术过量表达水稻本身的 *OsHMA*3 基因，可以大幅度降低稻米镉含量，降幅达 90％以上。过量表达编码三价砷转运蛋白的 *OsNIP*1;1 或 *OsNIP*3;3 基因，也可显著降低稻米砷含量。如何高效移除土壤中的重金属，也是一个重要的研究方向。采用镉超积累植物可以在较短时间内将中轻度污染农田土壤镉含量降低到环境质量标准以内。

2. 灌溉水来源

农作物生长需要一定的水分，重金属元素分子量较小，会随着水分吸收进入农作物，进而影响人体健康。灌溉水一般为生活污水和处理过的工业废水，均含有一定量的重金属元素，污水灌溉已成为农业灌溉用水的重要组成部分。研究表明，污水灌溉使农产品中的重金属残留增加。

对于我国严重缺水的北方地区来说，污水灌溉已经有数十年的历史。随着污灌时间和污灌量在土壤中的不断累积，已经对作物、农产品及地下水造成了不同程度的污染，导致生态环境不断恶化，进而带来严重的卫生和健康问题，并会对当地的居民身体健康造成严重影响。近年来，这一现象已经引起了我国诸多学者的高度重视，有些国际组织和研究人员对此进行了研究。污灌区与对照区相比，恶性肿瘤等疾病的发病率显著升高。小麦比玉米更易吸收重金属元素，所以小麦对于污水中污染物的吸收能力强于玉米。

3. 农业投入品来源

现代农业生产一般都要使用化肥、农药、地膜等农业投入品，以提高农产品产量和品质。这些农业投入品主要作用为杀虫、杀菌、增加土壤肥力、改良土壤酸碱度等，但其中基本都含有一定量的重金属元素。农业投入品中的重金属通过土壤、灌溉水以及植物组织的直接吸收进入作物体内，长期不合理的使用会引起农产品重金属的富集。

农业投入品是重要的农业生产资料，其科学使用对农业的稳产、高产、优质发挥着重要作用。然而，若农业投入品使用不当，轻者造成农产品农药残留和重金属超标，重者作物受到药害、肥害，并破坏土壤结构，造成土壤污染、水源污染、空气污染甚至人、畜中毒，严重影响农产品的质量安全。因此，农业投入品的科学安全使用是保障农产品质量安全的重要环节，对改善生态环境，促进经济发展具有重要作用。

影响肥料中重金属含量的一个主要因素就是生产肥料的原料，其次就是肥料的生产工艺。如尿素是以液态 NH_3 和 CO_2 为原料生产的，同时其合成过程中也有部分重金属通过其他的渠道流失，这样就使得尿素中重金属含量比较低。同样的原因，氯化钾中重金属含量也比较低。普通的三元复合肥则是以氮、磷、钾为基础养分配制的复混肥，由于磷肥的混合会带入部分重金属，这样就使得其重金属含量要比单纯的尿素和氯化钾中重金属含量高。

有机肥料则是以禽畜粪便、动植物残体等富有有机质的副产品资源为主要原料，经发酵腐熟后制成。有机-无机复混肥料通常以禽畜粪便、动植物残体、供农田施用的各种腐熟的城镇生活垃圾等有机物料经过发酵处理，添加无机肥料制作而成的。然而，目前很多饲料厂和养殖场普遍使用含有 Cd、Pb、Zn、Cu 等重金属元素的饲料添加剂，导致生物体的重金属比较高。上述因素可导致有机肥料和有机-无机复混肥料原料的污染，最终导致肥料中的重金属含量较高。

制作过磷酸钙和钙镁磷肥均是以含有一定量重金属元素的磷矿石为原料。过磷酸钙是通过酸法使用硫酸、硝酸、盐酸或磷酸分解磷矿石而制成的。钙镁磷肥则是通过热法，在高温下加入硅石、白云石、焦炭等或不加入其他配料分解磷矿石而制成的。因为生产工艺不同，酸法会使磷矿石中的重金属同样被分解，而热法在锻炼过程中会挥发掉一部分重金属，导致过磷酸钙重金属含量大于钙镁磷肥。

调查市售常用肥料中主要重金属的含量，结果表明，肥料中 Cd、Pb、Cu、Zn 的含量范围分别为 0.02～6.56、0.07～35.93、0.11～164.95、0.75～459.87 mg/kg。有机肥中 Cd、Cu、Zn

含量最高，过磷酸钙中 Pb 含量最高，尿素和氯化钾中各重金属含量均较低。根据相关标准的限值，肥料中 Cd、Cu、Zn 的超标率分别为 24.1%、13.8%和 17.2%，Pb 均未超标。

各肥料中 Cd 含量高低顺序依次为：有机肥、过磷酸钙、有机-无机复混肥、三元复混肥、钙镁磷肥、氯化钾、尿素（表 4-4）。

表 4-4　各类肥料样品中 Cd 含量　　mg/kg

肥料种类	样品数个	范围值	平均值	限量标准值	超标样本数
尿素	6	0.02～0.05	0.03±0.01	≤0.3	0
氯化钾	6	0.02～0.10	0.05±0.03	≤0.3	0
过磷酸钙	3	0.37～1.04	0.63±0.36	≤0.3	3
三元复混肥	3	0.03～0.16	0.08±0.07	≤0.3	0
有机-无机复混肥	3	0.10～0.16	0.12±0.03	≤0.3	0
有机肥	5	1.70～6.56	4.78 ±2.04	≤3	4

Pb 的含量大小顺序为：过磷酸钙＞有机肥＞有机-无机复混肥＞钙镁磷肥＞三元复混肥＞氯化钾＞尿素（表 4-5）。

表 4-5　各类肥料样品中 Pb 含量　　mg/kg

肥料种类	样品数个	范围值	平均值	限量标准值	超标样本数
尿素	6	0.07～0.28	0.18±0.1	≤250	0
氯化钾	6	0.24～1.12	0.69±0.37	≤250	0
过磷酸钙	3	20.82～39.88	31.16±9.63	≤250	0
钙镁磷肥	3	0.65～6.68	3.52 ±3.03	≤250	0
三元复混肥	3	1.61～2.32	2.07 ±0.4	≤250	0
有机-无机复混肥	3	10.16～12.022	11.38 ±1.06	≤150	
有机肥	5	4.65～35.93	24.01±14.204	≤100	0

肥料样品 Cu 的含量从高到低分别为：有机肥＞过磷酸钙＞有机-无机复混肥＞三元复混肥＞钙镁磷肥＞氯化钾＞尿素（表 4-6）。

表 4-6　各类肥料样品中 Cu 含量　　mg/kg

肥料种类	样品数个	范围值	平均值	限量标准值	超标样本数
尿素	6	0.11～0.65	0.28±0.22	≤50	0
氯化钾	6	0.32～2.36	1.30±0.89	≤50	0
过磷酸钙	3	12.17～22.11	16.64±5.04	≤50	0
钙镁磷肥	3	2.61～7.61	4.93 ±2.73	≤50	0
三元复混肥	3	6.33～8.14	7.34 ±0.92	≤50	0
有机-无机复混肥	3	10.61～117.64	13.72 ±3.58	≤50	
有机肥	5	30.23～164.95	82.14±51.11	≤50	4

Zn 含量平均值大小排序为：有机肥＞有机-无机复混肥＞过磷酸钙＞二元复混肥＞钙镁磷肥＞氯化钾＞尿素（表 4-7）。

表 4-7 各类肥料样品中 Zn 含量 mg/kg

肥料种类	样品数个	范围值	平均值	限量标准值	超标样本数
尿素	6	0.75～4.065	2.34±1.25	≤200	0
氯化钾	6	1.19～9.99	4.47±3.42	≤200	
过磷酸钙	3	72.91～98.6	89.32±14.25	≤200	0
钙镁磷肥	3	7.33～14.95	11.17 ±3.81	≤200	0
三元复混肥	3	13.31～32.64	21.10 ±10.20	≤200	0
有机-无机复混肥	3	94.80～96.05	95.38 ±0.65	≤200	0
有机肥	5	228.41～459.87	314.86±95.09	≤200	5

4.大气沉降来源

大气沉降也对农产品重金属污染具有一定的作用。大气中的重金属主要来源于工业生产排放的废气、汽车尾气以及高速公路上汽车轮胎因磨损而产生的粉尘。大气沉降主要通过空气对流、雨水沉降以及自然沉降进入农作物和农田土壤,通过接触和植物生长进入农作物细胞。在工厂周边及公路两侧的农田受污染尤为严重。

大气降尘中大量颗粒物累积在植物表面不仅会堵塞叶片气孔,颗粒物中的有害物质还会造成生理伤害。已有研究表明工业区附近大气降尘中重金属对周边小麦的污染贡献率可高达90%。在印度降雨匮乏地区,大气沉降已成为当地蔬菜中 Cd 等重金属的主要来源。随着与道路或工厂等污染源的距离增加,大气沉降对茶叶中 Pb、Cd、Cr 含量的影响明显减小。程珂等研究表明,大气沉降和土壤扬尘对天津城郊蔬菜基地所种植的蔬菜中 As、Pb、Cr、Cd 的贡献率分别为 83.7%、72.8%、71.0%和 33.7%。

蔬菜和作物可从受污染土壤中或大气污染沉降中吸收重金属,并在植株体内逐渐累积,长期摄入会对人体健康产生巨大危害。不同种类蔬菜对重金属的吸附程度也有所差异,叶菜类蔬菜可食部分重金属含量一般高于根茎类或茄果类,同一种蔬菜根部的重金属含量一般也高于茎叶部分。Sharma 等利用重金属污染指数(HPI)对印度瓦拉纳西的蔬菜进行评价,指出大气沉降对蔬菜重金属含量有明显贡献,蔬菜中 Cu 和 Pb 对当地居民有暴露风险。株洲市不同功能区蔬菜重金属危害指数(HI)均大于 10,工业区甚至大于 100,食用受重金属污染的蔬菜会对当地成年人产生严重的健康危害。城市交通主干道两侧蔬菜重金属含量较高,与土壤的关系可能不大,更多的是由于叶面吸附了汽车尾气和道路扬尘中的细微颗粒所致。

二、重金属危害

《食品安全国家标准 食品中污染物限量》(GB 2762—2017)列出了可能对公众健康构成较大风险的污染物,制订限量值的食品是消费者膳食暴露风险较高的食品。

本标准对于食品中铅、镉、汞、砷、锡、镍、铬、亚硝酸盐、硝酸盐、苯并[a]芘、N-二甲基亚硝胺、多氯联苯、3-氯-1,2-丙二醇的限量指标进行了规定。该标准中的可食用部分是指食品原料经过机械手段(如谷物碾磨、水果剥皮、坚果去壳、肉去骨、鱼去刺、贝去壳等)去除非食用部分后,所得到的用于食用的部分。非食用部分的去除不可采用任何非机械手段(如粗制植物油精炼过程)。用相同的食品原料生产不同产品时,可食用部分的量依生产工艺不同而异。如用麦类加工麦片和全麦粉时,可食用部分按 100%计算;加工小麦粉时,可食用部分按出粉率折算。

这有利于重点加强食品可食用部分加工过程管理，防止和减少污染，提高了标准的针对性；同时可食用部分客观反映了居民膳食消费实际情况，提高了标准的科学性和可操作性。

1. 铅(Pb)

铅是一种对人体危害极大的有毒重金属，铅及其化合物进入机体后将对神经、造血、消化、肾脏、心血管和内分泌等多个系统造成危害，若含量过高则会引起铅中毒。FAO、WHO、JECFA 2010 年取消了铅的 PTWI(暂定每周耐受摄入量)，建议成员国努力降低食物中铅的含量，保障本国居民健康。

根据我国食品铅污染监测和总膳食调查数据，开展风险评估并修订标准，严格限定了谷物及其制品、蔬菜及其制品、水果及其制品、食用菌及其制品、豆类及其制品、藻类及其制品、坚果及籽类、肉及肉制品、水产动物及其制品、乳及乳制品、蛋及蛋制品、油脂及其制品、调味品、食糖及淀粉糖、淀粉及淀粉制品、焙烤食品、饮料类、酒类等食品中铅的限量。

2. 镉(Cd)

镉是一种对人体有毒有害的元素，大米是我国居民膳食镉的主要来源，控制大米镉含量几乎能控制我国居民 1/2 的镉膳食暴露。镉在人体滞留周期长(可达 10～30 年)，主要在肾脏和骨骼中积累。长期镉摄入会导致严重的健康问题。例如，高镉的摄入会导致肾功能受损、骨质疏松以及癌症发病率升高等健康问题。镉对人体毒害最为严重的疾病要数“痛痛病”。20 世纪四五十年代，日本富山县神通川流域曾发生一种疾病(“痛痛病”)。患者症状有全身发生骨痛、神经痛现象，行动困难，甚至呼吸都会导致疼痛，患病后期，患者骨骼软化，四肢弯曲，脊椎变形，骨质疏松，极容易导致骨折。“痛痛病”病因是由于当地居民长期食用镉污染大米而导致的镉慢性中毒。此病一旦发生，尚无有效的治疗方法。“痛痛病”也被日本定为第一号环境公害事件。日本神通川流域发生的“痛痛病”具有以下特征：土壤镉有效性高、患者以大米为主食、患者主要为生育多胎的妇女。大米中铁、锌、钙等人体必需的矿质营养相比其他粮食比较缺乏，而生育多胎的妇女又特别容易缺乏这些矿质营养，可能导致妇女对镉的吸收效率增加，因而容易受镉的毒害。

国际癌症研究机构(IARC)将镉归为人类致癌物；美国毒物和疾病登记署(ATSDR)将镉列为第 7 位危害人体健康的物质；联合国粮农组织、世界卫生组织联合食品添加剂专家委员会(JECFA)于 2010 年将镉的 PTWI(暂定每周耐受摄入量)改为 PTMI(暂定每月耐受摄入量)并调低数值。在 2005 年发布的污染物限量标准中，我国大米镉限量严于 CAC 和部分国家规定，根据现有研究结果，现标准维持了原标准的限量规定。参照 CAC 标准，结合我国主要消费食品及镉污染特点，设置谷物及其制品、蔬菜及其制品、新鲜水果、食用菌及其制品、豆类、花生、肉及肉制品、水产动物及其制品、蛋及蛋制品、调味品、饮用水等相关食品镉限量要求。

3. 汞(Hg)

汞是自然生成的元素，见于空气、水和土壤中。通过食物链，汞污染水源中的鱼体内甲基汞浓度可提高上万倍。汞在细菌作用下生成甲基汞，很容易被皮肤以及呼吸道和消化道吸收，在生物体内累积，这是因为甲基汞易溶于脂类，其分子结构中的碳-汞键不易切断，在体内不易分解，是高神经毒剂，多在脑部积累。甲基汞中毒导致了日本水俣病。2017 年 10 月 27 日，世界卫生组织国际癌症研究机构公布致癌物清单，汞和无机汞化合物在 3 类致癌物清单中。

4. 镍(Ni)

镍及其盐类的毒性较低，但由于它本身具有生物化学活性，故能激活或抑制一系列的酶

（精氨酸酶、羧化酶、酸性磷酸酶和脱羧酶）而产生毒性。镍可引起接触性皮炎。直接进入血流的镍盐毒性较高，胶体镍或氯化镍毒性较大，可引起中枢性循环和呼吸紊乱，使心肌、脑、肺和肾出现水肿、出血和变性。吸入镍及氧化镍粉尘，会损害肺部，对皮肤和黏膜有强烈刺激作用，出现“镍痒症”或“镍疥”。大量口服时会出现呕吐、腹泻、急性肠胃炎和齿龈炎，长期接触能使头发变白。长期接触低浓度羰基镍，可能会全身中毒，使肺、肝、脑等损害，并可能使肺癌、胃癌、副鼻窦癌的发病率和死亡率增高。轻化植物油的加工助剂常会残留镍。

5. 铬（Cr）

铬是人体必需的微量元素。三价铬是对人体有益的元素，而六价铬是有毒的，六价铬比三价铬毒性高 100 倍，并易被人体吸收且在体内蓄积，但三价铬和六价铬可以相互转化。摄入极限量的铬酸或铬酸盐后，六价铬可以通过消化道、呼吸道、皮肤和黏膜侵入人体，对肝、肾等内脏器官和 DNA 造成损伤，在人体内蓄积具有致癌性并可能诱发基因突变。

三、安全指标

限值是指污染物在食品原料和（或）食品成品可食用部分中允许的最大含量水平。GB 2762—2017 标准无论是否制定污染物限量，食品生产和加工者均应采取控制措施，使食品中污染物的含量达到最低水平。当某种污染物限量应用于某一食品类别（名称）时，则该食品类别（名称）内的所有类别食品均适用，有特别规定的除外。限量指标对制品有要求的情况下，其中干制品中污染物限量以相应新鲜食品中污染物限量结合其脱水率或浓缩率折算。脱水率或浓缩率可通过对食品的分析、生产者提供的信息以及其他可获得的数据信息等确定。有特别规定的除外，表 4-8 至表 4-12 为上述 5 种常见重金属元素在作物内的限值。

1. 铅（Pb）

表 4-8 产品铅限量指标

作物类别（名称）	限量（以 Pb 计）/（mg/kg）
谷物及部分制品（稻谷以糙米计）	0.2
蔬菜	
新鲜蔬菜（芸薹类蔬菜、叶菜蔬菜、豆类蔬菜、薯类除外）	0.1
芸薹类蔬菜、叶菜蔬菜	0.3
豆类蔬菜、薯类	0.2
水果及其制品	
新鲜水果（浆果和其他小粒水果除外）	0.1
浆果和其他小粒水果	0.2
食用菌及其制品	1.0
豆类	0.2
藻类及其制品（螺旋藻及其制品除外）	1.0（干重计）
螺旋藻及其制品	2.0（干重计）
坚果及籽类（咖啡豆除外）	0.2
咖啡豆	0.5

续表4-8

作物类别(名称)	限量(以 Pb 计)/(mg/kg)
茶叶	5.0
干菊花	5.0
苦丁茶	2.0

2. 镉(Cd)

表 4-9　产品镉限量指标

作物类别(名称)	限量(以 Cd 计)/(mg/kg)
谷物及其制品	
谷物(稻谷除外)	0.1
谷物碾磨加工品(糙米、大米除外)	0.1
稻谷、糙米、大米	0.2
蔬菜及其制品	
新鲜蔬菜(叶菜蔬菜、豆类蔬菜、块根和块茎蔬菜、茎类蔬菜、黄花菜除外)	0.05
叶类蔬菜	0.2
豆类蔬菜、块根和块茎蔬菜、茎类蔬菜(芹菜除外)	0.1
芹菜、黄花菜	0.2
新鲜水果	0.05
食用菌及其制品	
新鲜食用菌(香菇和姬松茸除外)	0.2
香菇	0.5
食用菌制品(姬松茸制品除外)	0.5
豆类	0.2
花生	0.5

3. 汞(Hg)

表 4 10　产品汞限量指标

作物类别(名称)	限量(以 Hg 计)/(mg/kg)	
	总汞	甲基汞
谷物及其制品		
稻谷、糙米、大米、玉米、玉米面(渣、片)、小麦、小麦粉	0.02	—
蔬菜及其制品		
新鲜蔬菜	0.01	—
食用菌及其制品	0.1	—

4. 镍(Ni)

表 4-11 产品镍限量指标

作物类别(名称)	限量(以 Ni 计)/(mg/kg)
氢化植物油及氢化植物油为主的产品	1.0

5. 铬(Cr)

表 4-12 产品铬限量指标

作物类别(名称)	限量(以 Cr 计)/(mg/kg)
谷物及其制品	
谷物	1.0
谷物碾磨加工品	1.0
蔬菜及其制品	
新鲜蔬菜	0.5
豆类	1.0

四、控制方法

1. 加强环境整治力度,减少重金属污染源

农业生产环境对农产品的质量具有极为重要的作用,灌溉水、农田土壤及空气环境质量均会影响农产品重金属残留。鉴于生活污水经污水处理厂处理后基本均能达标,所以整治灌溉水水质主要是着力于工业排污的管理。农田土壤污染主要应重视废弃物和市政污泥的处置,其中城市垃圾和渗滤液的处理,以及工业废渣的处置应格外重视。

2. 改良种植管理方式,避免重金属污染加剧

要控制农产品重金属含量,应抓好生产过程中的各个环节。要严格控制农业投入品的质量和数量,坚持科学有效的施肥原则,避免盲目滥用农药或化肥。提高农业执法力度,规范管理,从源头上控制农药和化肥等农业投入品的质量。有条件的地区应向农民宣传推广进行免费产地环境检测。

3. 科学治理重金属污染,有效解决重金属污染问题

治理重金属污染,主要是要做好土壤重金属污染修复。土壤修复主要是利用微生物的作用,结合化学和物理手段进行生态修复。对农田而言,主要采取改变农田耕作管理制度,利用某些特殊植物将土壤中的重金属吸收移除。根据使用需要和农田实际情况有针对性地选择土壤重金属修复方法,兼顾效率和经济,科学治理重金属污染,解决较为严重的重金属污染问题,是农业环境修复的重要课题。

4. 完善检验检测体系,加强农产品质量监督

目前,我国对农产品及其产地环境、农业投入品的检测体系还不完善。首先,检测标准体系有待发展。目前,我国农业相关的标准体系普遍存在和其他部门标准的交叉重叠,或更新不及时,不便于操作,因此社会接受度不高。其次,农产品质量检测能力较弱。当前,我国农产品

检测主要是采用农贸市场快速检测和省市监测相结合的方式。但主要以农产品终端产品为主，鲜少在产前和产中过程的监测。此做法只看结果，不看过程，容易有检测范围外投入品使用的风险。最后，应创造有效的农产品质量监管模式。加强农产品可追溯管理模式，一旦出现农产品质量问题，严肃查处，向公众曝光，强化农产品生产者对农产品质量的重视，提高农产品质量安全水平。

第四节　大气污染物

大气污染的致害因素主要是存在于大气中的有毒有害气体，常见的有二氧化硫、硫化氢、氯化氢、氟化物，以及由秸秆焚烧产生的二氧化碳、一氧化碳、甲烷、氮氯化物、卤素化合物及气溶胶等。有毒有害气体严重扰乱大气构成，影响全球气候，并可导致局部地区和区域尺度空气质量退化。大气污染物质可以通过植物地上部分的呼吸作用进入植物体内，对植物造成伤害。

大气污染对植物的致害症状主要体现在地上部分，特别是功能叶片上，一般对地下部分没有伤害。常见症状为叶片褪绿、变色、斑点坏死，整叶坏死等。植物叶片也能从大气中吸收一些重金属元素，并主要积累于叶部，也有少量转移到果实中。

SO_2 素有“大气污染元凶”之称，是各种含硫的石油及煤燃烧时的主要产物之一。SO_2 危害作物的机理主要是由于它是一种还原性很强的酸性气体，在雨天可以与水形成酸雨，使土壤酸化，不利于作物萌发、生长，还能使某些碱性农药失效，甚至转变成对作物有害的成分。当气态 SO_2 由叶面气孔进入叶肉细胞后，可以直接变成毒性很大的 H_2SO_3，使叶绿素变成脱镁叶绿素，使作物的光合作用降低。SO_2 还可造成细胞生物膜选择性的破坏，SO_2 渗入细胞后会刺激乙烯和乙烷的产生，导致膜的脂肪层被氧化。

氟化物气体对作物的危害不容忽视。冶金、化工和建材厂等是值得重视的氟污染源。氟能取代酶蛋白中的金属元素，或与 Ca^{2+}、Mg^{2+} 等形成络合物，使酶失去活性。氟化物抑制作用的有效形态是氟化氢，而氟化氢会抑制原叶绿素与叶绿素 a、叶绿素 b 的形成，破坏叶片的结构。氟中毒的症状是叶片退绿泛黄，并在叶片尖部和叶片边缘出现浅褐红色坏死区，最终导致叶片脱落。

废气中含有大量的氮氧化物(如 NO 和 NO_2 等)，这些氮氧化物可以通过还原反应大量破坏臭氧分子，从而造成臭氧层的破坏。NO_2 能溶于水，通过叶面气孔进入细胞间隙时，易被叶肉细胞吸收，叶面产生不规则的白色或黄褐色的坏死小斑点。高浓度 NO_2 使果树大量落叶和落果。此外，这些氮氧化物作为一次污染物，在阳光的作用下发生化学反应，生成臭氧、硝酸过氧化乙酰(PAN)、醛、酮和酸等二次污染物，参与光化学反应过程的一次污染物和二次污染物的混合物所形成的烟雾被称为光化学烟雾。其中硝酸过氧化乙酰会导致作物叶片下表皮光滑，呈银色或青铜色，抑制幼叶生长，变成小型的畸形叶。而臭氧(O_3)是一种氧化能力极强的物质，其浓度升高对植物光合作用和叶片生理生化指标都会造成不良影响。随着 O_3 熏蒸浓度和时间的增加，水稻和冬小麦叶片产生明显的伤害症状，同时硝酸还原酶活性降低，非酶物质含量(丙二醛、脯氨酸、GSH、GSSG、AsA、可溶性蛋白含量等)发生不同程度的变化。此外，O_3 对作物生长具有抑制作用，可导致株高降低，并引发叶绿素含量及光合效率降低。

我国于 1988 年到 2015 年执行了《保护农作物的大气污染物最高允许浓度》(GB 9137—1988)，其中规定了 SO_2、氟化物在保护具有重要经济价值的作物(如蔬菜、果树、桑茶和牧草等)时的最高允许浓度值,但此标准自 2016 年 1 月 1 日起废止,而此后我国也未再出台与作物健康相关的大气污染物标准。

大气污染事故的田间分布完全受到当时的风向和风速制约。大气污染事故的发生范围一般距离较近,在事故发生地附近一定会有大气或固体废物污染源的存在。虽然空气质量和大气污染物的含量容易检测,但是一旦发生大气污染,种植在土地中无法移动的作物很难避开。因此,为了能安全健康生产作物,建议从源头上预防此类污染,即尽量避免在大气污染源,如秸秆焚烧处、化工厂、冶炼厂等附近种植作物,以减少大气污染物对作物的负面影响。此外,植树造林也可以作为一种保护农作物的选项,其不仅能涵养水源,调节气候,同时也可以作为净化大自然的巨大系统。据报道,一公顷阔叶林每天能吸收 1 000 kg CO_2,放出 750 kg 的 O_2。1 kg 柳杉叶(干重)每月能吸收 3 g SO_2,油茶、拐枣等植物能吸收氟化物。森林还具有过滤空气和吸附粉尘的能力,如每公顷山毛榉林阻滞粉尘 68 t,云杉林可以阻滞粉尘 32 t,松林则为 36 t,因此,森林和绿化面积较大的地方,空气含尘量比非森林区要低 2%,飘尘量减少一半。

第五章　农业生态健康技术

农业生态系统健康是指农业生态系统免受发生“失调综合征”、处理胁迫的状态和满足持续生产农产品的能力。农业生态健康与土壤质量、水质以及人类健康都密不可分。大力推广建设健康的绿色生态农业保障了农产品安全，同时增进人类健康，保证了社会稳定。

建立环境友好型健康农业有助于保持农业生态系统的自然资源。农业生态系统健康技术从致力于整个系统几乎达到完全循环和对环境影响尽可能小的生态农业到综合农业，直至包括一系列以特定系统组分为中心的特殊措施。目前，农业生态系统健康技术主要涉及和关注农业生态系统中生态环境保护和建设技术、多样化多样性的种植技术、减肥减药技术、节水灌溉技术，以及病虫害综合管理技术。这包括综合植物保护以及土壤保护和土壤肥力促进与保持的各种方法，保护性土壤耕作和直接播种、轮作和间作等农耕和农艺技术，归结到农业生态系统的产出，落实到与食品安全密切相关的绿色食品和有机产品。

第一节　生态环境建设

我国现阶段的农业现代化建设已经取得了突出成绩，农村经济实现了快速发展。但是在农业现代化建设的进程中，随着农村经济的快速发展，也对农村的生态环境造成一定的负面影响。同时，随着人们对生态环境意识的提升，生态环境保护的理念也得到了关注。在中国特色社会主义市场经济的影响下，我国的城市化进程不断加快，城市经济也在快速增长。但农村经济发展相对较为缓慢，依旧以耕种劳作为主。在现阶段的我国农村，生活垃圾、农药等污染依旧不受重视，环境污染问题也日益加重。农业现代化建设技术的应用不仅可以帮助农村居民完善相关的农业基础设施，而且还可以实现对作物垃圾的处理、农药的合理应用等。农村建设技术与生态环境密不可分，因而我们应加强现代化建设和农村生态环境的协调发展，最大限度地实现对农村生态环境的保护。

一、评价指标

生态环境评价是一个综合、整体的概念，蕴含着社会、经济、自然复合生态的内容，强调实现人与自然共同演进、和谐发展、共生共荣，是可持续发展模式。生态环境的评价指标体系见表 5-1。

表 5-1　生态环境的评价指标体系

生态可持续发展程度	生态水平	人均耕地面积；人均生活用水量；绿化覆盖率
	环境恶化水平	化肥使用强度；农药使用强度；受灾面积；废水排放量
	环境保护水平	水土流失治理面积；保护区面积

对生态环境实施可靠有效、简单易行、便于广泛应用的评价，可以将理论与实际联系起来，达到为国家或区域环境管理和决策提供科学依据的目的。

环境评价指标设计：

（1）生态评价指标体系的建立主要依赖于环境影响因素，它们直接影响到生态化的等级；

（2）指标体系的框架要反映生态系统的整体，对体系中的具体指标则要求准确地反映环境的实际情况；

（3）生态环境本身的复杂性决定了生态评价是一个综合众多因素的过程，为此将层次分析法应用到评价中，是较为简单实用和可行的方法；

（4）依据各地区实际情况，按照不同区域中生态综合指数和生态化等级的相互关系，设计量化评价标准，采用综合评价方法对数据资料进行综合性分析。

（5）综合考虑环境评价因素后，确定环境评价指标体系。

二、技术措施

开展有利于生态环境保护和农业可持续发展的技术，这些技术措施包括：培育、选用抗性作物品种；利用秸秆还田，施用绿肥，种植豆科植物等措施培肥土壤，保持养分循环；采取农业的、物理的和生物的措施防治病虫草害；采用合理的耕种措施，如轮作、休耕等，保护环境、防止水土流失，同时保持生产体系及周围环境的基因多样性；杜绝或减少农产品中有害化学物质的残留，生产出健康有益的安全产品。实现农业增效、农民增收，推动农业向优质、高效、安全和可持续的方向发展。

1. 控制污染源

减少或禁止使用化学合成的农药、化肥、生长调节剂、饲料添加剂等物质，杜绝化学合成产品对土壤、水源和产品的污染，将农业生产方式逐步转为一种环境保护措施。

2. 降解污染物

保护生态环境虽然重视本底环境指标，但在有较轻污染的地区开发绿色有机产品，再经过转换期的改造，使环境条件达到生产有机产品的环境要求，远比仅仅是利用和保护现有的环境条件更有意义。

3. 畜禽粪便与农村环境

应通过适当的耕作与栽培措施维持和提高土壤肥力。其中以施用有机肥作为土壤培肥的主要手段。充分、合理地利用有机肥，可解决畜禽粪便对农村环境的污染问题。

4. 秸秆综合利用

提倡利用秸秆还田来保持和增加土壤有机质含量，将禁止焚烧的指令性行为逐步转变成为变废为宝的自觉行为；在种养结合的农场，用秸秆充当饲料，使其过腹还田，既发展了养殖业，又综合利用了农田废弃物，充分体现了经济与环保理念的有机结合。

以前，一般在小麦或者玉米秸秆收割完后，农民大多通过焚烧处理秸秆，这样可以给土地施肥，并且在耕地或播种的时候也更为方便。但是焚烧秸秆不仅是破坏空气质量，浪费资源，还存在火灾隐患。秸秆可以发酵产生沼气，还可以保留许多有机物和有益菌群，直接焚烧浪费了这些资源。直接将秸秆粉碎还田的方式也是比较主流的方法之一，但是容易给害虫、病毒、有害真菌和有害细菌提供良好的越冬环境，加重来年的病虫草害。因而，科学、高效地利用这些枯枝落叶、农作物废料，减少对农业生产的影响，需要更为深入的研究和普及。

农作物秸秆残茬覆盖能减少土壤风蚀、水蚀，保墒，减少土壤径流，为农民省时、减少作业量。残茬的保留主要有 3 种耕作模式，但皆在播种后将 30％的农作物残茬留于地表。

(1)免耕耕作　最大限度地不动土，并且在播种时条带扰动不超过 1/3 行宽。

(2)留茬耕作　在播种前和播种时，进行全行宽扰动，但有 30％的留茬覆盖量。

(3)垄作耕作　整行中耕，形成 10～15 cm 的垄，秸秆残茬留于垄沟。

美国的农田耕作模式非常系统。美国保护性耕作技术信息中心(CTIC)的数据显示，早在 2002 年美国免耕土地就高达 2 228 万 m^2，这为留茬的推广提供了依据和案例。

5. 生态环境保护

建立良好的生态环境和保持生态平衡，有利于水土保持，蓄水保肥。

6. 生物多样性和遗传多样性的保护

通过多样化种植、保护天敌栖息地和设置有效隔离带等措施，增加和保护有机生产体系的生物多样性；通过多品种的合理种植，保护有机生产体系的遗传多样性。无论是生物多样性和遗传多样性，其生物物种的来源必须是传统品种和自然杂交的改良品种，禁止使用转基因品种和转基因产物。

7. 促进生态系统平衡

首先，生态平衡是动态的平衡，不是静止的平衡。生态平衡是生物与生物、生物与环境之间辩证发展的产物。不同发展阶段有不同发展阶段的平衡生态系统，不同地区有不同地区的处于平衡的生态系统。另外，任何一个生态系统都有它的弹性或可塑性，即生态系统内的某一环节，在允许限度内发生变化，系统可以进行自我调节，保持相对稳定状态。因此，生态平衡是指生态系统总体而言的。如果超出生态系统所允许的限度，自我调节就不能再起作用，而引起系统的改变，甚至破坏系统的平衡。此外，生态系统中的生物也可以通过本身的变化来适应变化的环境，这就是生物的适应性。总之，生态平衡是动态的、发展的、相对的、暂时的，而不是静态的、不变的、绝对的、永久的。

其次，生态系统具有自我调节平衡的能力。生态系统之所以能够保持平衡状态，主要是由于它内部具有自动调节能力，以保持自身的相对稳定性。这种调节能力有赖于组成成分的多样性和能量流动、物质循环途径的复杂性。一般来说，系统组成成分多样化，能量流动和物质循环途径复杂的生态系统，比较容易保持稳定。因为系统的一部分发生功能障碍，可以被不同部分的调节所补偿。例如，一个复杂的生态系统，天敌可以阻止任何一个种群达到过大的数量，以致扰乱了平衡。相反，简单的生态系统通常是比较脆弱的。但是，复杂的生态系统的自动调节能力也是有限度的。如果超出这个限度，调节就不再起作用，生态平衡就会遭到破坏。这个界限就是生态系统所能承受的外界干扰或压力的极限，称之为阈值。生态系统的稳定性，就决定于它的阈值和负载能力的大小。这一基本原理，限制着对生态系统的干扰程度。

最后，生态平衡根据人类的需求而变化。生态平衡对人类来说并不总是有利的，需要建立人工生态系统以满足人类的需要。人工生态系统的平衡也必须与人类的生产和生活相适应，满足人类的多种需求，例如，通过兴修水利，打破旱田农田生态系统的低水平输入输出的平衡状态，建立高水平的平衡状态。

三、实施案例

(一)有机农业

有机农业对环境的作用主要体现在以下几方面。

(1)化肥和农药等污染源的全面控制,避免了化学物质对环境的输入和污染;

(2)在有轻度污染的城郊结合处改造环境,使环境达到有机食品的生产要求,可以达到降解污染物的目的;

(3)充分利用畜禽粪便,防止面源污染,净化农村环境;

(4)综合利用秸秆来保持和增加土壤有机质,在种养结合的农场还可以通过秸秆过腹还田发展养殖业并综合利用农田废弃物;

(5)建立良好的生态环境和保持生态平衡,有利于水土保持和蓄水保肥;

(6)有机农业实施的过程本身就是不断改善生态环境的过程;

(7)通过对有机农场的基地建设,提高林木的覆盖率和生物的多样性。

其中,在生态敏感和脆弱地区发展有机农业生产可以加快这些地区的生态治理和恢复,特别是对防止水土流失和保护生物多样性具有重要意义。30 年的实践表明,在常规农业生产地区开展有机农业转换,可以使农业环境污染得到有效控制,天敌数量和生物多样性也能迅速增加,农业生产环境污染可以得到有效的恢复和改善,土地、水资源、植被和动物界所受到的破坏与损害的程度将减轻。有机产品生命周期中的环境保护措施见表 5-2。

表 5-2 有机产品生命周期中的环境保护措施

生命周期阶段		评价内容
有机生产计划		全过程有机生产总体设计和实施方案
资源获取	种植	生产单元及周边环境,灌溉水、土壤、空气,缓冲带,污染风险和环境保护等
	养殖	养殖场及周边环境,畜禽饮用水及污染风险控制等
	处理/加工	处理场所/加工厂及周边环境,处理/加工用设备设施,加工用水,虫鼠害防治措施,污染风险控制等
生产	种植	投入品的控制,包括病虫草害防治物质、土壤培肥和改良物质、种子和植物繁殖材料、包装材料(适用时)等
	养殖	投入品的控制,包括饲料和饲料添加剂、兽药和疫苗、包装材料(适用时)等
	加工	投入品的控制,包括配料的使用、加工工艺控制、清洁和消毒物质、包装材料等
销售	储存	单独储存,避免产品受到污染
	运输	单独运输,避免产品受到污染
	销售	符合有机产品认证标识的使用要求
价值评估		有机产品的经济、生态和社会价值
环境保护		污水和废弃物的处理,地膜/棚膜/防虫网等的回收、重复利用和再生

(二)绿色农业

根据国务院关于《关于建立统一的绿色产品标准、认证、标识体系的意见》(国办发〔2016〕86号)文件,建立以"环保、节能、节水、循环、低碳、再生、有机等"产品整合为绿色产品,并实施国家统一的绿色产品生产体系,绿色产品评价范围逐步覆盖生态环境影响大、消费需求旺、产业关联性强、社会关注度高、国际贸易量大的产品领域及类别。其目的在于健全绿色市场体系,增加绿色产品供给,是生态文明体制改革的重要组成部分。建立统一的绿色产品标准、认证、标识体系,是推动绿色低碳循环发展、培育绿色市场的必然要求,是加强供给侧结构性改革、提升绿色产品供给质量和效率的重要举措,是引导产业转型升级、提升中国制造竞争力的紧迫任务,是引领绿色消费、保障和改善民生的有效途径,是履行国际减排承诺、提升我国参与全球治理制度性话语权的现实需要。

绿色产品基于全生命周期理念,绿色产品理念贯穿在资源获取、生产、销售、使用、处置等产品生命周期各阶段中,绿色产品内涵应兼顾资源能源消耗少、污染物排放低、低毒少害、易回收处理和再利用、健康安全和质量品质高等特征。绿色农业与生态环保的关系见表5-3。

表5-3　绿色农业与生态环保的关系

生命周期阶段	环境友好			资源节约				
	噪声	低碳	低毒低害	节水	循环利用	再利用	再生	节能
计划	—	√√√	√√√	√√√	√√	√√	√	√
资源获取	—	√√	√√√	√√	√√	√√	√	√
生产	√	√√	√√√	√√	√√√	√√√	√	√√
销售	√	√√	√√√	√	√√	√√	√	√√
消费	—	√√	√√√	√√	√√√	√√√	√	√√
环保	√	√√	√√	√√	√√√	√√√	√	√√

注:"√"表示一般了解、"√√"表示掌握、"√√√"表示熟练。

(三)景观都市农业

景观生态学是20世纪80年代以来崛起的新兴学科,是地学与生态学之间的一门交叉学科,覆盖了地理、生物、林业、农业、景观建筑与美学、区域规划和发展等诸多学科,它的发展和完善必然有赖于这些学科的发展和完善。景观生态学强调以生态环境为基础,以生物为中心,以人类为主导,正确处理天、地、人、文的相互关系,合理调控现有景观生态系统和规划设计与建造的景观生态系统。景观生态在现代农业中越发重要,特别是随着休闲农业的提出,景观生态成为农业、旅游业和服务业的纽带。景观生态学不仅仅关注景观土地的利用问题以及当地居民的短期利益,更强调其给人类带来的长期效益和可持续性。

都市农业于20世纪60年代兴起于发达国家,产生于工业化和城市化走向高度发达的过程之中。都市农业是都市经济发展到较高水平时,随着农村与城市、农业与非农产业等进一步融洽,为适应都市城乡一体化建设的需要,在都市区域范围内形成的具有紧密依托并服务于都市的、生产力水平较高的现代农业生产体系,是现代化农业在大中城市的表现形式。我国对都市农业的探索和实践始于20世纪90年代,在深圳、上海、北京等地均开展了广泛的研究和探讨,并已取得了许多成果,对指导我国都市农业的发展有着十分重要的意义。

都市农业服务于城市的核心需求,是处于经营有利位置的前沿农业。这是因为都市农业接近市场,可经济地利用交通、信息、能源等资源。经营都市农业不仅可以节省农产品上市成本,而且能比其他产地更快、更直接地获取市场销售信息以调整生产结构。此外,都市农业可以满足饭店、宾馆等一些特殊高档场所的需求,享受都市完备的基础设施带来的益处。更重要的是,都市农业贴近城市消费者,可以随时了解市民的消费心理和消费需求,引领生产新潮流。这种由城市需求决定农业的发展,体现了大都市对农业的依赖性,并进而实现相互依存、相互补充、相互促进的一体化关系。

都市农业是城乡边界模糊地区的农业。都市农业既可以布局于大都市城区里的农业工厂中,也可以布局在大都市建设间隙(如城市庭院、屋顶阳台、立体围墙、屋檐下)内,点缀市容的袖珍农业,又可以布局在近、远郊之间的高科技农业。都市农业依附于都市经济,是存在于城市内部或紧邻都市的农业。都市农业最容易受到城市开发、用水污染、光照不足等的影响。因此,都市农业又是最易遭破坏的前沿农业,是需要加以保护的农业。

都市农业是与工业融合过程中形成的发达农业形态。都市农业可实现生产、加工、销售一体化发展,城市工业装备的强大科技、经济辐射力和社会文化对农业渗透的同时,促进了工业与农业之间的融合。这种融合最终使农业摆脱自然环境的影响,并使农业生产方式实现工厂化,从而使农业与工业的本质区别最终模糊起来,达到高度发达的农业发展形态。

第二节　多样化种植

一、植被多样化

植被多样性是指植物在种类组成、空间格局、时间上的交错和重叠。植被多样性对害虫发生具有影响,对于其作用机理提出了三个假说:①关联抗性;②天敌假说;③资源集中假说。

(1)关联抗性　多种植物混栽在一起时,在各自原有的基础上将产生关联抗性。除了分类上的多样性,这些植物外在物理结构、化学环境、微生物等方面的复杂性可增加对害虫危害的防御和抵御,产生协同增效作用。当亲缘关系较远的植物在一起时受害程度低。

(2)天敌假说　该假说认为多样化的农田生态系统比单作系统具有更为丰富和多样的害虫天敌,因而具有更强的控害能力。就害虫治理而言,多样化的栖境为天敌提供了许多重要的纯作系统所不具备的辅助食物,从而减少了天敌迁出或绝灭的可能性。

(3)资源集中假说　该假说认为特定植物组合可能对植食者发现和利用寄主植物的能力有直接影响。其效应体现在两方面:一是这些植物组合体可能掩盖植食性昆虫赖以寻找寄主的视觉或嗅觉刺激信号,结果减少了害虫对寄主植物的侵害;二是这些植物组合体可能改变生境内的微环境和植食者的运动行为,致使它们从寄主植物上迁出增多,并导致寄主植物上的害虫数量减少。许多植食性昆虫尤其是寄主范围较窄的植食性昆虫更易发现并停留在范围大、密度高的单种植物上。相反,多样化的栽培使植食性害虫发现和利用寄主植物的能力受到影响。

模拟自然生态系统,增加种植作物多样性是促进作物健康的基本原则。多样化种植利用作物栽培方式的改变,能够增加生态系统的植物多样性,通过植物间的相克相生和天敌食物的数量变化，提供天敌替代性食物，增加天敌的种类和数量，增强天敌对害虫的自然控制能力。这是因为单一种植提供高度集中的资源与统一的生态条件，促使适合该环境的害虫迅速发展，而过于单一的环境因素不能提供丰富的可供天敌选择的食物及繁衍与栖息场所，以致天敌减少。有两种假说可解释多样化种植使害虫减少的现象。第一种假说是"天敌假说"，认为多样化种植能为天敌提供更好的生存条件，更多的花粉、花蜜和猎物，吸引天敌和增强它们的繁殖能力；增加植食性昆虫的多样性，以便在主要害虫减少时，可作为自然天敌的替代食源，而使其继续保留在本作物系统中，使该系统拥有更多的害虫捕食者和寄生者。第二种是"资源密度假说"，认为多样化种植同时包含有寄主与非寄主作物，使寄主作物在空间分布上不像单作那样密集，且多种作物具有不同的颜色、气味与高度，使得害虫很难在寄主作物上着落、停留与繁育后代，使专性寄生害虫减少。

当植食性昆虫的种类和数量达到一定密度时，才称其为害虫。真菌、细菌、病毒、叶螨和昆虫等生物在自然界无处不在，而在自然生态条件下，由于天敌的大量存在，这些生物一般无法大量繁殖。因此，只要它们不影响作物产量和品质就称不上是病虫害。一旦这些生物大量繁殖给作物带来危害，恰恰又说明我们在农业生产中存在失误。也就是说，病虫害的暴发往往是有机农业系统不完善的体现。而且人们发现，在自然生态条件下，最容易发病的往往是那些瘦弱的植株。就像人们生病与饮食、应激、气候等因素有关一样，病虫害的暴发往往与土壤、天敌、耕作措施乃至人类活动等密切相关。因此，如果暴发病虫害，首先要找出造成它暴发的原因。

作物多样化不仅有益于害虫防治，对作物病害与杂草的控制也同样有很大作用。多样化种植可以切断病原菌的食物链和营养供应，避免病原菌的过度积累而导致作物根部病害。同时，作物多样化有利于改善植物的营养水平，利用根系的深浅和对不同营养元素的需求程度，充分利用土壤中的营养。

二、生物多样性

生物多样性（biological diversity，biodiversity）是生物及其与环境形成的生态复合体以及与此相关的各种生态过程的总和，包括动物、植物、微生物和它们拥有的基因以及它们与其生存环境形成的复杂生态系统，是生命系统的基本特征。

1. 生物多样性评估标准

按照《关于发布全国生物物种资源调查相关技术规定（试行）的公告》（环境保护部公告2010年第27号）执行。生物多样性的标准评估标准如下。

生物多样性指数计算方法：

$$BI = R'_V \times 0.2 + R'_P \times 0.2 + D'_E \times 0.2 + E'_D \times 0.2 + R'_T \times 0.1 + (100 - E'_I) \times 0.1$$

式中：BI 为生物多样性指数；R'_V 为归一化后的野生动物丰富度；R'_P 为归一化后的野生维管束植物丰富度；D'_E 为归一化后的生态系统类型多样性；E'_D 为归一化后的物种特有性；R'_T 为归一化后的受威胁物种的丰富度；E'_I 为归一化后的外来物种入侵度。

2. 生物多样性分级

根据生物多样性指数（BI），将生物多样性状况分为四级，即：高、中、一般和低（表5-4）。

表 5-4 生物多样性状况的分级标准

生物多样性等级	生物多样性指数	生物多样性状况
高	$BI \geq 60$	物种高度丰富，特有属、种多，生态系统丰富多样
中	$30 \leq BI < 60$	物种较丰富，特有属、种较多，生态系统类型较多，局部地区生物多样性高度丰富
一般	$20 \leq BI < 30$	物种较少，特有属、种不多，局部地区生物多样性较丰富，但生物多样性总体水平一般
低	$BI < 20$	物种贫乏，生态系统类型单一、脆弱，生物多样性极低

三、技术措施

多样化种植包括：轮作、混作、间作、设置田间隔离带和种植非作物等多种形式，多样性种植包括时间与空间两种范围，时间上主要是指合理轮作与播种、收获时间的变化选择，空间上为多种作物及不同品种的复合种植，在田间地头有意识地设置昆虫栖息地带。

在农业生态系统中，单一的耕作方式已愈来愈不适应目前病虫害综合治理的要求。20 世纪 80 年代后，世界各国均力求从改善生态环境，增加植被多样性来控制农田生态系统中病虫害的发生。植被多样化的农田植食性昆虫普遍低于单一耕作区，捕食性天敌昆虫高于单一耕作区，寄生性天敌表现不一。基于对 150 名作者发表文章中涉及的 198 种植食性害虫的统计，植被多样化后，53%的植食性害虫的数量降低，18%的植食性害虫数量增加，9%的植食性害虫没有明显变化，20%的植食性害虫在不同年份或不同虫态表现出不同的反应。其原因，一是由于农田生态系统不稳定，人为干扰大；二是捕食性、寄生性昆虫对改善后的环境条件反应及作用机制不同。

田间栖息地带就是除了生产作物外，在田间地头栽培或保留一些其他植物，以便吸引天敌并为天敌提供栖息场所，特别是在作物换茬时，保证天敌有足够的食物来源。生产中具体有以下做法。

(1)种植开花植物带　开花植物能够提供良好的蜜源，吸引大量天敌和蜜蜂到田间，同时有利于美化田园环境，体现农业与自然的和谐发展，令身处其中的人赏心悦目。因此，可在作物栽培地块中空出一条种植开花植物，最好是多种开花植物混合种植。开花植物也可与生产用作物套种或作绿肥种植。有机农场常见的开花植物包括三叶草(白三叶、红三叶)、苕子、豌豆、芫荽、胡萝卜、向日葵等。

(2)田边草地和非作物的管理　田边草地是指田边地头，特别是机械化耕作的地块四周生长的草地，此处不方便机械作业，也无须耕作，每年只要刈割一两次即可。当农田内换茬时，天敌可暂时迁徙到田边草地。另外，有机农业也容忍农田内存在杂草，并不是见草就除。只要“杂草”不危害作物生长就不能称其为杂草，相反，它也可为天敌提供栖息地。

(3)树篱及防风林带　指种植在农场土地四周及内部(土地面积较大时)密密麻麻的树木带(包括灌木、乔木和藤本植物)。树篱及防风林带形成特殊的微环境，是有机农业吸引天敌的重要手段，可为各种昆虫、鸟类、爬行动物和其他小动物提供生活空间，从而提高农田内物种的多样性和活力。例如，步甲春季生活在树篱向阳的一面，天热时迁徙到树篱的北面；当作物达到一定密度，田间湿度升高，害虫增加时，步甲又迁徙到田间，猎食如金针虫、蛴螬、马铃薯甲虫幼虫等害虫。步甲最大活动半径可达 40 m。树篱一般应沿农场耕作形成的自然边界种植。最好栽植在土壤和灌溉条件较差、不适合农作物种植的地方。树种以适合当地气候和土壤条件为宜。为提高经济效益，可选择各种果树混合栽植，粗放管理。灌木应栽植在乔木两侧，树篱形成后从纵向看应中间高，两侧逐渐降低。每种病虫害对树种都有一定的选择性和转移性，栽植树篱时要考虑到树种与病虫害的关系，避免相同食料树种混栽。如避免苹果、梨、桃、李等混栽，可以减少后续防治梨小食心虫和桃蛀螟的许多麻烦。葡萄园不用刺槐作防风林，可避免扁平球坚蚧从刺槐向果园转移为害。在果园、棉田周围不种花椒树，以免蚜虫在寄主间相互转移，造成更大为害。树篱行间，合理种植灌木和绿肥作物，如紫穗槐、苜蓿等，一方面可改良土壤，增加肥源，起到屏障作用；另一方面，为害虫天敌创造了栖息、繁殖的有利条件。

四、实施案例(果园生草)

果园植被多样化是控制果树害虫的有效途径，具有生长周期长、稳定性高的特点。对荒废果园、生草园和生产园捕食性天敌的研究表明，捕食性天敌的数量变化为：荒废果园＞生草园＞生产园。果园生草可有效控制由于大量使用化学农药而造成猖獗的次生性害虫如木虱、叶螨、蚜虫、叶蝉的为害，地面蜘蛛对苹果食心虫也有一定的控制作用。任何一种植物都可作为覆盖作物。对覆盖作物的选择取决于当地气候条件，如植被的性状、生育期、天敌和害虫的种类。一般来说，在农业生态系中，杂草是防治的对象。但某些杂草在农业生态系中对维持生态系的平衡起着重要作用，如霍香蓟等杂草可单独利用，也可与其他作物配合。

生草技术的研究应用已在果园广泛开展。在我国清耕除草是传统果园管理的主要模式，导致果园行间地面裸露，不仅土壤有机质及各种养分含量低，坡度果园还形成程度不等的土壤侵蚀。在这种制度下，要施用较多量的氮肥，才能维持产量和树势。这不仅增加投入，而且果实色泽减退，糖分下降，味道变淡，质量显著变差。我国不少果园都在行间种过绿肥，这种做法有提高果品质量和增强树势的作用。但是，由于一年生绿肥每年都要进行播种和翻压作业，耗费较多的财力和人力，因而虽一再号召与推广，但始终未能形成一种稳定的果园土壤管理制度。

近年来，我国苹果栽培正向矮化密植方向发展，矮砧树根系较浅，对灾害性天气抵抗力较差。而行间生草果园，因果树根系与大气之间有生草层覆盖，抗旱、抗涝和抗高温能力均较强，成为矮化密植的必要条件。因此，果园生草制在我国果树生产上势在必行。它对加强果园管理，提高果品产量和质量都具有重要意义。在苹果园的果树行间种植覆盖作物，不但可以保持和增加土壤肥力，防止果园水土流失，还在控制果园杂草以及病虫害发生等方面有着积极作用。在苹果树行间种植紫花苜蓿和油菜，能够起到保护和增殖自然天敌，以生物控制苹果害螨的作用。

以夏至草和紫花苜蓿为种植覆盖作物为病虫害综合治理提供了一个新思路。如何更充分发挥覆盖作物对目标害虫的控害作用，首先应该明确，由于生态系中加入这一新成员，对原生态系捕食者-猎物，寄主-寄生物关系的影响。以叶螨为例，叶螨的天敌较多，常见种包括草蛉、小花蝽、捕食螨、食螨瓢虫、塔六点蓟马等，以前对这些天敌的研究，主要限于生物学、周年消长、食量测定和这些天敌的初步利用及捕食者-猎物，寄生物-寄主种群的研究，忽视了植物因子的作用。植物因子的重要性不仅体现在为天敌提供猎物、蜜源和适宜的小生境，还为天敌觅寻猎物提供信息联系，而化学信息对食物链中物质和能量的流动起着至关重要的作用。因为植被的结构(组成等)、外观(物候期等)、分布及所含的有益或有害的化学物质是引诱或驱逐天敌在寄主植物上留居的重要因素，天敌只有留居其上，在有替代猎物存在的条件下，才能建立并繁衍种群，为控制目标害虫提供天敌资源。此外，在其他条件相同的情况下，在植被多样化环境中，靠视觉或接触搜寻猎物的捕食性天敌对植食者种群的控制效果低于植被稀疏的简单系统，因为植被多样化，增加了叶面积。在果园中，由于覆盖作物和苹果树位于群落的上部，苹果的世界性重大害虫苹果食心虫幼虫，在寻找食物时以苹果表面的气味物质为线索。而很多植食性昆虫的寄生性和捕食性天敌，是通过植食性昆虫寄主植物的某些理化特性，如植物外观、挥发性物质对它们的感觉刺激来寻找寄主和捕食对象，例如草蛉可为棉株所散发的丁香烯所吸引，小花蝽可被玉米穗丝所散发的气味所引诱，从而找到其捕食对象蚜虫和玉米螟。此外，植物的化学物质可帮助捕食性天敌寻找猎物，如色氨酸对普通草蛉的引诱作用，龟纹瓢虫对桃蚜的水和乙醇提取物也有明显的趋向。这些植物、动物间的化学信息流，对自然界天敌的导向是十分明显的。

捕食性天敌利它素对天敌行为的影响，使人们由对天敌的被动(自然)利用变成主动利用，根据害虫发生程度，可改变天敌在农业生态系中数量分布。如在苜蓿地喷洒草蛉的化学行为物质，使在高空中迁飞的草蛉在挥发性气味的诱导下下降，并停留在处理区域内取食、产卵，大大提高了草蛉对害虫的控制能力。

第三节　减肥减药

一、化肥施用量和化学农药施用量

1. 化肥

2018 年全国农用化肥施用量 5 653 万 t，其中氮肥产量 265.43 万 t，总量比 2015 年减少 369 万 t，下降 6.1%。每公顷化肥施用量达 531.9 kg，约是世界平均水平的 3.9 倍(麻坤等，2018)。传统施肥下，氮肥利用率 30%～35%，磷肥利用率 25%左右，钾肥利用率 40%左右。

当前我国化肥施用存在 4 个方面问题：一是亩均施用量偏高。我国农作物亩均化肥用量 21.9 kg，远高于世界平均水平(每亩 8 kg)，是美国的 2.6 倍，欧盟的 2.5 倍。二是施肥不均衡现象突出。东部经济发达地区、长江下游地区和城市郊区施肥量偏高，蔬菜、果树等附加值高的经济园艺作物过量施肥普遍。三是有机肥资源利用率低。我国有机肥资源总养分 7 000 多万 t，实际利用率不足 40%。其中，畜禽粪便养分还田率为 50%左右，农作物秸秆养分还田率为 35%左右。四是施肥结构不平衡。重化肥、轻有机肥，重大量元素肥料、轻中微量元素肥料，重氮肥、轻磷钾肥的“三重三轻”问题突出。传统人工施肥方式仍然占主导地位，化肥撒施、表施现象比较普遍，机械施肥仅占主要农作物种植面积的 30%左右。

2. 农药

农药是指用于预防、控制危害农业、林业的病、虫、草、鼠和其他有害生物以及有目的地调节植物、昆虫生长的化学合成或者来源于生物、其他天然物质的一种物质或者几种物质的混合物及其制剂。

粮食安全仍然是进入21世纪后摆在人类面前的突出问题。要解决好世界粮食安全问题，就必须采取各种手段来提高单位面积产量，以确保农业丰收，农药则是其中十分重要的环节。据统计，全世界农业病虫草害种类有10余万种，全世界每年有10亿t左右的庄稼毁于病虫害，由病、虫、草、鼠害等造成的作物减产幅度达20%～30%。在绿色可持续发展成为今后主攻方向的时代背景下，加快淘汰高毒、高风险农药，推广和普及高效、低毒、安全、环保的农药已成为我国农业发展的必然趋势。近年来，《国家禁用和限用农药目录》《食品安全国家标准食品中农药最大残留限量》和《种植业生产使用低毒低残留农药主要品种名录》等针对高毒、高风险农药管理的相关制度陆续出台，有效引导低毒、高效、低残留农药投放市场，规定禁限用农药品种范围，将高毒、低效、高残留农药淘汰出市场。同时，原农业部还出台了对低毒农药使用的补贴政策，引导种植户科学合理使用农药、化肥。在农药登记环节，对于影响环境安全和危及农产品安全的农药品种，实行一票否决制。未来，在高效新农药大量出现、施药技术进步及环保要求更加严格的背景下，农药剂型的发展将趋向精细化、环保化，水乳剂、水分散粒剂、水悬乳剂、微乳剂、可溶性粉剂、微胶囊等新型农药剂型将逐步兴起。

2018年全国农药使用量150万t，比2015年减少28万t，下降15.7%，连续4年实现零增长。

据联合国粮农组织报告，全球每年估计发生100万～500万起农药中毒事件。农田喷粉剂时，仅有约10%的农药吸附于农作物；喷施液剂时，仅有约20%吸附于农作物，其余部分有40%～60%降落于地面、5%飘浮于空气中，落于地面上的化学农药又会随降雨形成的地表径流而流入水域，或下渗进入土壤或经过土壤下渗至地下水域。

化学农药大量使用，一方面杀死了许多非靶标生物，破坏了生态系统的平衡；另一方面又通过食物链的富集和放大作用，给人类和高等动物造成严重的危害。长期使用化学农药，带来了很多的负面影响：第一，致使靶标有害生物的抗药性发展，防治效果大幅度下降，甚至无效；第二，不合理使用化学农药，导致自然界中大量天敌昆虫及有益昆虫被灭杀，易引发主要害虫的再猖獗，次要害虫的大发生；第三，农药对环境的污染日趋严重，特别是农产品的污染，严重威胁着民众的身体健康，已成为目前最主要的污染源。如何减少化学农药使用和提高化学农药杀虫防病效率、减轻其对环境和人类的危害不仅是农业生产中的重要问题，也是环境保护的重要问题，更是持续发展的重要问题。

二、化肥和农药在环境中传递和富集

(一)化肥

化肥施用不合理问题与我国粮食增产压力大、耕地基础地力低、耕地利用强度高、农户生产规模小等相关，也与肥料生产经营脱离农业需求、肥料品种结构不合理、施肥技术落后、肥料管理制度不健全等相关。过量施肥、盲目施肥不仅增加农业生产成本、浪费资源，也造成耕地板结、土壤酸化。实施化肥使用量零增长行动，是推进农业“转方式、调结构”的重大措施，也是促进节本增效、节能减排的现实需要，对保障国家粮食安全、农产品质量安全和农业生态安全具有十分重要的意义。

(二)农药

长期以来,化学农药在农业生产中发挥了积极的作用,在植物病虫害综合防治中占有重要地位。尤其是近些年来,农药的发展突飞猛进,其品种不断增加,使用范围不断扩大,大量的有毒物质进入土壤、水质、大气及植物体内等,通过生物富集和食物链造成了在生物体内较高的残留,微量积累又可能造成各种慢性毒害(如致癌、致畸、致突变等)。农药残留积累的增加,病虫抗药性指数级上升,迫使农药越用越多,因此,环境的污染愈加严重,形成了积重难返的恶性循环。

农药施用后,部分会残留在作物上,可能附着在作物体表,也可能渗透进植物表皮蜡质层或组织内部,也可能被作物吸收输导,分布在植物各部分及汁液中。作物与食品中的农药残留,一方面来自施药后对作物或食品的直接污染,另一方面来自作物从污染环境中对农药的吸收以及食物链与生物富集。生物富集,就是指生物体从生活环境中能不断地吸收低剂量的农药,并逐渐在其体内积累的现象。食物链是指生物体食入有残留农药的作物或生物体后,农药在生物体间不断转移的现象。生物富集与食物链可使农药的残留浓度提高数百倍至数万倍。

在田间喷药时,大部分农药散落在田间,有些残存在土壤中,有些被冲刷至池塘、湖泊、河流中,这样就造成自然环境的污染。同时,由于有些农药性质较稳定不易降解,在土壤中可以残存数年。在被农药污染的土壤中栽种作物时,残存的农药又将被作物吸收。农药在环境中的行为轨迹包括在土壤、水和空气中,当然最主要的还是残存于土壤。农药在土壤中的行为可大致分为吸附、降解(包括化学降解、光解、水解、微生物降解等)、挥发。这些过程在土壤中相互制约、相互影响,而决定这些过程的主要因素是土壤的组成成分,如土壤的有机质含量几乎影响上述所有的过程,土壤的物理性质则影响农药在土壤中的扩散等。

目前对农药的研究只是集中于某一单一过程,如微生物降解、水解、光解等,并没有结合其他过程进行研究,而在农药迁移转化的过程中,这些过程会互相影响。早期研究也已证明了农药的扩散和吸附对其微生物降解有影响。目前研究农药的迁移转化主要以施入土壤中的农药为主,但农药迁移转化的中间产物可能与原来的农药有着截然不同的性质和结构(可能更具毒性或稳定性),且有的农药在酸性和碱性条件下的转化产物并不相同。在今后农药研究中,应把农药转化的中间产物作为农药迁移转化的一个重要参数来考虑。总之,无论是食品、作物还是环境,都有可能受到农药污染。关注农药污染不仅是食品安全、环境安全的研究课题,同时也是新农村建设、确保民众身体健康的重要课题。因此,减少化学农药使用是个紧迫而重要的问题,是关乎生态文明、生态宜居和人民幸福的重大战略问题。

三、减肥减药途径和方法

(一)减肥途径

(1)优化施肥结构　首先,合理规划氮、磷、钾和中微量元素等养分结构,基于传统3大营养元素的基础上,通过测土配方施肥技术,合理规划中量元素(钙、镁、硫、硅等)施用,由过去关注的氮磷钾平衡逐步过渡到全元素的平衡,全面提升化肥的营养等级和平衡水平;其次是合理利用有机肥资源，提高畜禽粪便和农作物秸秆养分还田率，建立双循环机制（内循环和外循环）；种植养殖外循环达到60%以上，秸秆还田的内循环达到85%以上才能从根本上减少化肥施用量。

（2）优化施肥方式　通过测土配方施肥减少盲目施肥和过量施肥现象，借助数字技术、信息技术，机械施肥逐步取代传统施肥方式，逐步提升机械施肥比例，减少人为操作误差，提高施肥质量。为充分节约劳动力，提高肥料利用率，应大力推广和应用水肥一体化技术。在有条件的地区，结合节水灌溉，实施水肥一体化，充分体现肥料与水的耦合作用，提高肥料利用率。

（3）提高肥料利用率　提高肥料利用率是一个逐步发展的过程，它取决于肥料的种类、质量、施用方式等，因此可以从改善肥料、实施水肥一体化和增加土壤有机质含量等多方面来创造提高肥料利用率的先决条件，从而达到提高肥料利用率的目的。在一定时间内，肥料利用率应达到60%以上。

（二）减肥方法和案例

1.适合作物的需肥量和需肥规律

不同作物需肥量是不同的，这很容易理解，因为不同作物的长势（株高、大小等）差异很大，一棵大树和一株小草需要的肥料显然是不同的。因此，不同作物需要不同的施肥量；对于类似的作物，如水稻、小麦等，整体生物量差异不大，一般根据产量确定需要（消耗）的营养，确定施肥量。不同作物产量和施肥量可通过表5-5来测算。

表5-5　不同作物经济产量为100 kg(1)、1 000 kg(2)时的需肥量　　kg

作物种类	氮(N)	磷(P_2O_5)	钾(K_2O)
粮食、油料、棉麻：			
稻谷(1)	2.40	1.25	3.1
玉米(籽粒)(1)	2.60	0.90	2.10
甘薯(2)	3.50	1.75	5.50
大豆(籽粒)(1)	6.60	1.30	1.80
胡豆(籽粒)(1)	6.41	2.00	5.00
豌豆(籽粒)(1)	3.00	0.86	2.86
冬小麦(籽粒)(1)	3.00	1.25	2.50
马铃薯(2)	4.00	1.85	9.65
油菜籽(1)	5.80	2.50	4.30
花生果(1)	6.80	1.30	3.80
芝麻(1)	8.23	2.07	4.41
皮棉(1)	15.00	6.00	10.00

续表5-5

作物种类	氮(N)	磷(P_2O_5)	钾(K_2O)
蔬菜[2]：			
萝卜(鲜块根)	2.1～3.1	0.8～1.9	3.8～5.6
甘蓝(鲜茎叶)	3.1～4.8	0.9～1.2	4.5～5.4
菠菜(鲜茎叶)	2.1～3.5	0.6～1.1	3.0～5.3
茄子(鲜果)	2.6～3.0	0.7～1.0	3.1～5.5
胡萝卜(鲜块根)	2.4～4.3	0.7～1.7	5.7～11.7
芹菜(全株)	1.8～2.0	0.7～0.9	3.8～4.0
番茄(鲜果)	2.2～2.8	0.50～0.80	4.2～4.80
黄瓜(鲜果)	2.8～3.2	1.0	4.0
南瓜(鲜果)	3.7～4.2	1.8～2.2	6.5～7.3
甜椒(鲜果)	3.5～5.4	0.8～1.3	5.5～7.2
冬瓜(鲜果)	1.3～2.8	0.6～1.2	1.5～3.0
西瓜(鲜果)	2.5～3.3	0.8～1.3	2.9～3.7
大白菜(全株)	1.77	0.81	3.73
花菜(鲜花球)	7.7～10.8	2.1～3.2	9.2～12.0
架豆(鲜果)	8.1	2.3	6.8
洋葱	2.7	1.2	2.3
大葱	3.0	1.2	4.0
水果[2]：			
柑橘	6.0	1.1	4.0
梨	4.7	2.3	4.8
苹果	3.0	0.8	3.2
桃	4.8	2.0	7.6
柿	5.9	1.4	5.4
葡萄	6.0	3.0	7.2
草莓(鲜果)	3.1～6.2	1.4～2.1	4.0～8.3

作物在不同时期所需肥料数量不同，例如对桃树对氮肥需求的研究表明，氮肥是桃树营养生长期的关键肥料(5—7月)，在桃树生长前期和后期对氮肥的需求量很小(8—10月)，因此，要在作物需要时提供足量肥料，而不能按照人的意识施肥。

不同作物品种对肥料的需求也不尽相同，桃树的早熟和晚熟品种的需肥变化特点在于晚熟品种有一个明显的营养生长期(5—8月)，果实发育较慢；早熟品种的营养生长期和果实发育期保持一致。

2. 提高肥料利用效率

在现有水平上减少化学肥料的使用，需要采取改善施肥技术和精准施肥等措施。首先应改善施肥技术，包括少量多次、肥水一体化等技术措施。少量多次是指根据作物的生长需要，确定施肥量，保证这些肥料能够满足作物需求，同时又不造成浪费，虽然是少量多次，但仍要总量控制，可以理解为总量控制下的一种施肥方案。作物对不同肥料和养分的需求量见表 5-6。

表 5-6 作物对不同肥料和养分的需求量

养分种类	低	中等	高
有机质/%	<1.0	1.0～2.0	>2.0
速效氮/(mg/kg)	<75	75～110	>110
速效磷/(mg/kg)	<20	20～50	>50
速效钾/(mg/kg)	<80	80～150	>150
交换 Ca/(mg/kg)	<400	400～600	>600
交换 Mg/(mg/kg)	<50	50～250	>250
速效 Zn/(mg/kg)	<1.0	1.0～2.0	>2.0
速效 B/(mg/kg)	<0.5	0.5～1.5	>1.5
速效 Fe/(mg/kg)	<5	5～20	>20
速效 Mn/(mg/kg)	<5	5～10	>10
速效 Mo/(mg/kg)	<0.15	0.15～0.2	>0.2

所谓“精准施肥”包括两个精准：一是明确作物的需肥时间，二是确定作物的需肥量。这就要借助于一些分析方法，比如常用的叶片分析和测土施肥等。叶片分析用来确定植物对营养的需求量和比例，测土施肥用来确定施肥的数量和比例。

3. 有机肥替代化肥

有机肥替代化肥是化肥减施的重要途径。有机肥的主要特点表现在营养全面、可优化土壤结构，使之疏松透气、蓄存多余肥力、提高化肥利用率、维持各元素比例平衡，保证源源不断地供应中微量元素、涵养有益微生物、活化土壤矿质元素等，由此可以看出，有机肥不仅自身可以提供作物生长的营养，同时它还可以激活化肥的活性，提高化肥的利用率。

施入有机肥是提高土壤质量的重要物质基础。土壤质量包括有机质含量、透气性、供肥保肥能力、涵养水源能力、理化性质、酶活力、微生物群落等。有机质含量是评价土壤肥力和质量的核心指标。目前我国桃园土壤有机质含量普遍偏低，仅有 1%左右，而日本果园达到 5%～7%。导致土壤有机质含量较低的主要原因是桃园的地面管理方式，如清耕、使用除草剂等耕作方式破坏了土壤结构。清耕的缺点主要表现在破坏果园土壤结构、耗费大量人工、浪费行间土地资源、浪费阳光、空气和水资源等；除草剂的危害主要表现在导致或加重流胶毒害根系，导致树势衰退，产量品质下降。建园时使用除草剂，可导致死苗和建园失败，威胁果品安全和人类健康等。因此，在现代新型果园管理中，最显著和最有效的措施是果园生草，其作用和好处已经在前文介绍，除了对土壤管理的优势外，还有一个更加显著的特征就是降低劳动力成本，提高综合效益。

(三)减药途径

1. 培育抗病抗虫作物品种

选用抗病虫品种是防治病虫害最经济有效的方法,品种的合理布局,可减少病虫害的发生。例如,柑橘黄龙病发生区不适宜种植温柑,可选择橙类、南风蜜橘等;早稻要选择抗稻瘟病的品种,中稻要选择抗稻瘟病、稻曲病的品种,晚稻要选择抗稻曲病、南方黑条矮缩病的优良品种。

2. 改变作物栽培和管理方式

农药使用量增加和病虫害为害加重,在根本上与作物的栽培和管理方式密切相关。例如,果园不科学的修剪方式和果园环境的不利变化导致病虫害频发,从而使农药使用量逐渐加大,所以要彻底改变农药的使用现状,应该从栽培方式入手,在解决这些问题的基础上,配合指导措施,从而实现农药减量化的可持续发展。

3. 实施农药减量化的措施

农药减量化技术需建立在科学研究和实践基础之上,依靠科学技术来实现农药减量的最终目标。农药减量化途径主要包括技术途径、产品途径,机械途径、替代途径和生物途径等(表5-7)。

表 5-7 实施农药减量化途径

科学施药环节	减药途径				
	技术途径	产品途径	机械途径	替代途径	生物途径
农药种类	√	√		生物农药	
施药数量	√				生态防治
施药时期	√				生物防治
施药方法	√		√		

所谓技术途径就是改变施药技术,由过去传统的喷雾方式改为局部施药、生态施药等,从而减少对环境的污染和对天敌的杀伤;产品途径指对传统农药产品进行改造,推广和应用新产品和新的化合物,从而减轻环境污染和病虫害抗性发展,如纳米化的化学/植物源药剂具有良好的水溶性和水分散性,可以提升药剂到达靶标有害生物的递送效率,大幅度提升药剂的生物学活性,同时减低多种药剂的残留水平;机械途径主要是改进植保器械,在传统施药过程中,大家只顾于寻找特效药剂,往往忽略了施药器具的改进和优化,造成了“只关心子弹不关心枪”的局面;从替代途径来讲,主要是用生物农药,尤其是植物源农药和生化农药代替纯粹的化学农药,用多元的、多位点药剂代替单一位点的药剂,以避免产生抗药性;生物途径主要是指通过生物技术方法和生态学方法,实施减药或者不用农药的生产方式,充分利用生物界相克相生的原理以及各种预防措施,从而达到不施用化学农药的目的。

从减药角度出发,可选择合理的农药种类,即选择具有针对性强、专一性的、高效低毒的药剂。虽然现在食品安全关注的农药种类逐步科学化,从农药登记上来看,药剂种类跟作物形成相互一致的关系,而规避了原来农药种类与防治对象的对应关系,从而忽略了农药在不同作物上的安全间隔期。农药减量还可以通过施药技术的改进来实现，因为农药施用量取决于叶面积和雾化程度，现在推崇的是超低量喷雾，但是从农药的性质来讲，超低量喷雾可能不会产生更好的效果，因为药液的覆盖度和湿润时间不够。除了喷施单一药剂外，还要重视农药的科学混配，目前很多药剂均是混合使用，这使得很多农药具有相似性或相同的作用，从而增加了农药的施用剂量，导致产品农残超标和对环境的污染。适时施药是有效控制病虫害和减少用药次数的关键技术，核心是在正确的时间使用正确的药剂，杀灭害虫的同时减少用药次数；要掌握正确的时期，必须对防治对象的生物学习性非常了解，有助于做出正确的判定。施药方法也是借助技术途径和打药器械来实现的，也就是说，改变传统打药方式为生态用药、水肥药一体化、超微粉的喷粉等技术，在保证药效的同时，对环境的影响降到最小。

大部分化学农药的有效成分均为疏水性，限制了其细胞渗透性，进而降低了杀虫效率，纳米载体可以大幅改善农药的理化性质并递送农药进入害虫体内，实现增效减量作用。药剂型纳米载体可以通过分子间氢键、疏水作用、静电、范德华力等作用结合农药团粒，减小其在水溶液中的粒径，增强其植物内吸作用，提升其穿透害虫体壁能力，是农药纳米化增效的主要机理。如纳米载体可以通过氢键和范德华力结合植物诱抗剂壳聚糖，减小其粒径至 17.4 nm，复合体具有良好的环境稳定性，可以激活植物的胞吞信号通路，增强植物对壳聚糖的摄入，进而放大诱导的植物抗病反应，显著提升对田间马铃薯晚疫病的防效（图 5-1）。再如纳米载体可以装载呋虫胺，减小呋虫胺在植物叶片上的接触角，提高呋虫胺的植物内吸性能 1.45～1.53 倍，提升其对桃蚜的生物学活性。纳米化载体还可增强蛇床子素的植物内吸性能。但纳米化药剂生物降解速率更高，可以降低农残水平，对植物及非靶标天敌安全，提升其对桃蚜、二斑叶螨及白粉病的防效，具有一定的病虫兼防性能（图 5-2）。经验证，纳米载体能作为一种通用的农药助剂，减小溴虫腈、氯虫苯甲酰胺、茚虫威、阿维菌素等 30 余种药剂在水溶液中的粒径，不同程度提高病虫害的室内外防效。同时，该纳米载体具有较好的生物相容性，其对天敌异色瓢虫触杀和胃毒急性毒力的 LC_{50} 分别为 43.96 和 19.85 mg/mL，胃毒作用的 LC_{50} 是纳米载体工作浓度的 9 925 倍，表明纳米载体相对安全。

（四）减药方法

农药使用过量的主要原因有：过度依赖化防，忽视栽培与生态、生物/物理技术；没有测报，仅凭经验，"保险药"过量使用；迷雾器械落后，农药利用率低，劳力投入大等。对应的改进措施包括：理念转变为以生态防控为主，化防为辅；试验农业取代经验农业；应用机械化、智能化等新理念和新方法。

1. 强化生态防控，加强农艺和栽培措施

（1）清洁果园　减少病虫源和基数；

（2）改良土壤　生草，合理菌肥＋有机肥－化肥，减轻苦痘病，增加树体营养，减轻枝干病害。

2. 注重物理和生物防控措施的应用

（1）冬保护：推迟修剪，伤口喷施芽孢杆菌 GB1 生防菌剂；松尔膜＋适量药剂，预防冻害和高温，防控枝干病害；

（2）果实套袋防控桃小食心虫、轮纹病、炭疽病；

（3）释放捕食螨，减少杀螨剂使用，或全年不用杀螨剂；

（4）迷向丝防控桃小食心虫、梨小食心虫、卷叶蛾、潜叶蛾。

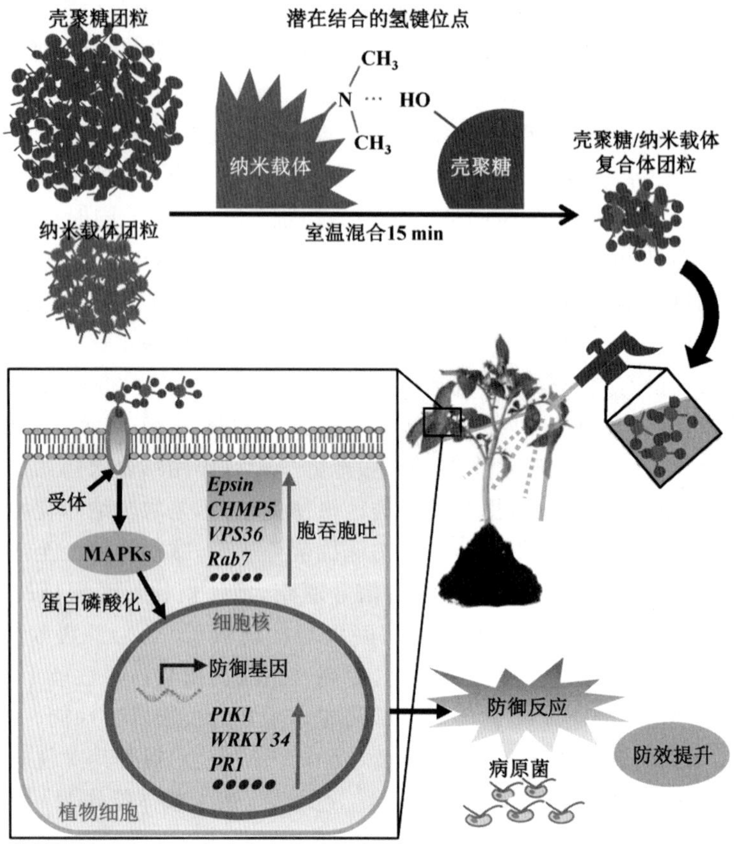

图 5-1 纳米载体实现壳聚糖纳米化并放大植物防御反应

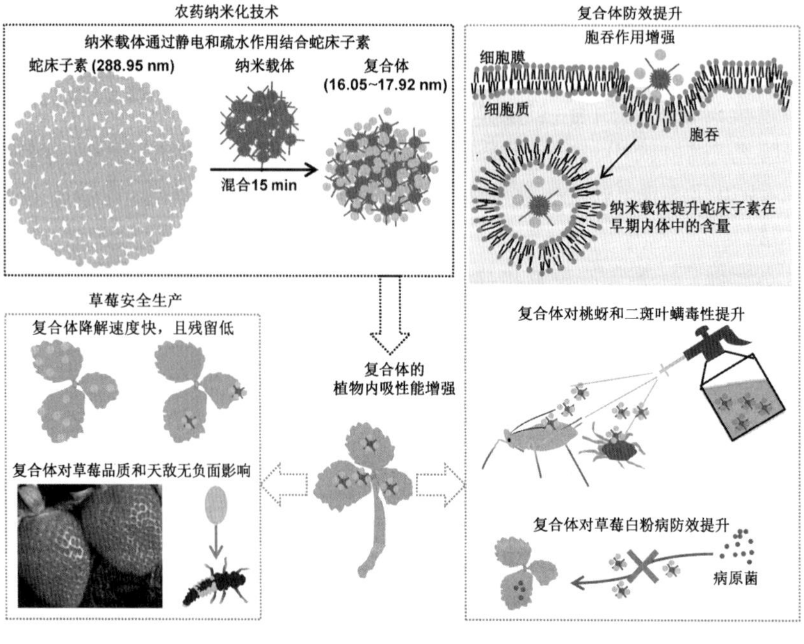

图 5-2 纳米化蛇床子素病虫兼防示意图

3. 加强测报，精准施药

(1)注重秋季和春季的枝干病害防控；

(2)生长早期，依据害虫世代整齐条件注重虫害防控；

(3)生长后期：鉴于雨季高温高湿型病害的暴发，注重病害防控。

4. 建立主要病虫害的优化防治模式

(五)实施案例

1. 桃小食心虫减药防治模式

桃小食心虫是苹果生产的重要害虫，一年发生 2 代，始发期在 5 月底，第一代在 5 月底至 6 月底，发生高峰在 6 月中旬，第二代发生高峰期在 8 月中旬。根据桃小食心虫发生规律、苹果发育和时间确定不同的绿色防控技术(表 5-8)。

表 5-8　苹果园桃小食心虫绿色防控技术

时间	果树发育期	防控技术
2—3 月	休眠期	深翻树盘、促进越冬幼虫死亡
3—4 月	萌芽—开花期前	
4 月中—5 月上	开花期	树冠下覆膜，阻止成虫飞出 地面喷药，防治越冬幼虫化蛹
5 月中—6 月上	幼果期	果实套袋 诱杀成虫
6 月中—9 月上	果实膨大—成熟期	防治树上喷药，预防和防治幼虫，减少蛀果率
9 月中—10 月中	成熟采收期	
11 月—翌年 1 月	落叶休眠期	清园、清除僵果等

2. 苹果全爪螨减药防治模式

苹果树主要的害螨有山楂叶螨和苹果全爪螨，二者发生期基本吻合，有些年份和地区混合发生，叶螨主要为害叶片，在树皮或枝条上以成虫或者卵越冬，春季果树萌芽后开始为害，第一次发生盛期在 5—6 月，第二次发生盛期在 8—9 月。根据叶螨发生规律、果树发育期确定不同的绿色防控技术(表 5-9)。

表 5-9　苹果园山楂叶螨和苹果全爪螨绿色防控技术

时间	果树发育期	防控技术
2—3 月	休眠期	喷施石硫合剂，杀灭越冬成虫和越冬卵
3—4 月	萌芽—开花期前	花后 3～5 d，第二次喷药，是防治叶螨的关键时期
4 月中—5 月上	开花期	
5 月中—6 月上	幼果期	
6 月中—9 月上	果实膨大—成熟期	6 月中旬叶螨发生高峰；8 月发生高峰，在高峰期前进行 2～3 次药剂
9 月中—10 月中	成熟采收期	
11 月—翌年 1 月	落叶休眠期	清园、刮树皮等

3. 梨小食心虫减药防治模式

梨小食心虫春季主要为害桃梢、夏季为害梨果，发生初期在4—5月，为害桃梢的时间在5月，7—8月为害果实，根据梨小食心虫发生规律、果树发育期确定不同的绿色防控措施（表5-10）。

表5-10 苹果园桃小食心虫绿色防控技术

时间	果树发育期	防控技术
2—3月	休眠期	田园卫生和清园、杀灭越冬害虫
3—4月	萌芽—开花前	
4月中—5月上	开花期	诱杀成虫 及时剪除被害严重梢
5月中—6月上	幼果期	果实套袋
6月中—9月上	果实膨大—成熟期	树上喷药，预防和防治幼虫发生，减少蛀果率；重点是3～4代幼虫
9月中—10月中	成熟采收期	诱杀越冬成虫
11月—翌年1月	落叶休眠期	清园

4. 苹果蚜虫减药防治模式

苹果树上的蚜虫有苹果绣线菊蚜和苹果瘤蚜，苹果绣线菊蚜为害苹果嫩梢和叶片，瘤蚜主要为害叶片，造成叶片纵卷。蚜虫为害主要在5—6月，叶螨发生之前，秋季有少量的蚜虫发生，根据蚜虫发生规律、果树发育期确定不同的绿色防控技术（表5-11）。

表5-11 苹果园蚜虫绿色防控技术

时间	果树发育期	防控技术
2—3月	休眠期	石硫合剂
3—4月	萌芽—开花前	喷施铲除性药剂，灭杀越冬虫卵
4月中—5月上	开花期	蚜虫发生严重，在花后喷药
5月中—6月上	幼果期	适当喷药防治，保护天敌，根据发生情况，连续喷药2～3次
6月中—9月上	果实膨大—成熟期	
9月中—10月中	成熟采收期	
11月—翌年1月	落叶休眠期	

第四节　节 水 灌 溉

一、水资源

水是人类宝贵的、不可替代的自然资源。联合国有关机构指出“水将成为世界上最严重的资源问题”“缺水问题将严重制约21世纪经济和社会发展并可能导致国家间的冲突”。我国也早就认识到缺水已成为制约社会进步和经济发展的瓶颈问题。随着我国经济持续的发展和人民生活水平的提高，对水量的需求越来越大，对水质的要求越来越高，而水资源的不足，时空分布的不均，加上超限度的开采，无节制的浪费，随意地污染，使本来紧张的水资源供需矛盾更加尖锐。因此，为了我国经济可持续发展，解决水资源问题的需求是非常迫切的。

节水灌溉技术能够发挥水资源的最大化价值，对农业发展具有非常重要的意义。当前我国农业水资源匮乏，特别是属于半干旱大陆性气候的西北地区，年均降雨量较少，同时部分地区光热资源充足，这便加快了地表水蒸发速度，致使农业用水还没有到达作物根系便已经蒸发消散，导致农作物很难获取有效的涵养水资源；同时，灌溉方式不科学、欠缺合理性，常常采用传统浇灌方式，造成水资源浪费。农田灌溉管理基本采用的是粗放型管理方式，缺少节水灌溉意识。由于农业灌溉管理体制不健全、不完善，管理人员素质低、灌溉设备欠缺等，导致水资源的利用效率大幅度下降。在灌溉期间依旧采用“大水漫灌式”，这加剧了水资源短缺的情况，导致农业开发区灌溉水利用率不断下降，无法达到节水目标。

立足于我国水资源分配不均匀以及水资源短缺等实际问题，实施农业节水灌溉已迫在眉睫。节水灌溉通过运用最低限度的水量来获得最高产量以及经济效益。比如，在我国农业灌溉用水期间，损失的大部分水都能通过节水措施来充分利用，灌溉水利用率便会随之提升，同时灌溉面积也会增长。节水灌溉不仅能够提升我国的粮食产量，同时还能够有效地缓解我国水资源短缺情况，在带动我国农业发展方面有着积极作用。

二、节水途径

1. 利用天然降水技术

提升农业地区天然降水利用效率，最大限度地减少农作物灌溉次数以及定额等，是最经济、最合理的节水灌溉方式。为了更好地利用天然降水技术，相关部门可以在农业开发区植树造林，以此来增加作物吸收的水分，并提升作物涵养水资源的能力，最终确保土壤及空气中存在大量水分，达到节水灌溉目标。在干旱季节，可利用简易滴灌和微喷技术对农作物进行灌溉，从而确保作物在生长期间得到充足的水分供给。此外，将天然降水以及地表水一并利用，可提升水源的调节能力，并且在不影响农民生产生活的前提下，有效提升水资源储蓄能力，增加农作物地下水的入渗补给。

2. 利用农业自动化灌溉技术

在现代农业体系当中，计算机技术已广泛应用于农业节水灌溉，并取得了一定的成效，在实现节约水资源目标的同时，在很大程度上提升了农业的经济效益与环境效益。在干旱地区，农业灌溉用水占据了大部分用水量，田间灌溉期间必须采用先进的节水灌溉技术，以此来确保水资源的有效利用。须采用先进的喷灌以及滴灌、微喷灌技术等来节约水资源。此外，节水也直接或间接地保护了自然资源。通过改进灌溉技术，不仅能够减少水的使用量，还能够降低土壤盐渍化的风险。

三、实施案例

（一）设施节水

在北京的有机苹果、有机梨、有机樱桃和有机葡萄基地实施设施节水技术，该技术包括“滴灌、微喷设施”“生态矿质水发生器净化与活化水质”等设施节水措施，达到节水、提高果品品质的目标，构建适合生态涵养区有机果园的高效设施节水和生物节水技术体系。通过灌溉设施节水，对果园土壤保水能力、果树生长、树体营养以及果实品质的检测和分析，以滴灌、微喷为设施节水措施，果园全年最佳灌溉量控制在 100～120 m^3，节约亩用水量 80～100 m^3 后，对果树生长、果实产量及品质无显著影响。

具体指标和分析包括以下几个。

(1)矿化水微喷节水灌溉能改善果园土壤理化性质，增强蓄水保墒能力：年灌溉 80 m^3，土壤容重低于常规灌溉，满足 1.00～1.30 g/cm^3 的果树适宜生长范围，其中矿化水 80 $m^3/667\ m^2$ 处理中土壤容重最低。

(2)矿化水微喷节水灌溉，果园土壤细菌数量高于常规灌溉，80～100 $m^3/667\ m^2$ 土壤细菌数量显著增加。

(3)矿化水微喷节水灌溉，果树春梢长度显著高于常规灌溉，春梢长度随矿化水施用量的增加而增加，矿化水 100 $m^3/667\ m^2$ 处理组的春梢长度最长，比对照组增加约 20.28%；果树叶片钙、镁等矿质营养元素含量显著高于常规灌溉。

(4)矿化水微喷节水灌溉，果实单果重、含糖量、硬度均较常规灌溉有所提高，矿化水 100 $m^3/667\ m^2$ 所产果实维生素 C 含量高于其他灌溉方式。

（二）生物生态节水

果园生物覆盖、施用生物动力有机肥、土壤调控素等技术措施可提高土壤保墒蓄水及果树抗旱能力，达到节水、提高果品品质的效果，构建适合生态涵养区有机果园的高效设施节水和生物节水技术体系。

1.果园生草

以基地自然生草为基础，选择周边清耕果园为对照，5 月检测果园土壤不同深度土壤含水量，雨季检测地表径流量。试验证明，果园生草保水效果显著，旱季生草果园土壤含水量显著高于清耕果园，且土壤各层含水量均匀；雨季生草果园地表径流量及净流率显著低于清耕果园，保水效果显著。

2.有机肥水耦合

生物动力有机肥与普通水耦合：设置处理包括 500 $kg/667\ m^2$ 生物有机肥＋100 $m^3/667\ m^2$ 普通水(500F＋P)、1 000 $kg/667\ m^2$ 生物有机肥＋100 $m^3/667\ m^2$ 普通水(1 000F＋P)、

2 000 kg/667 m^2 生物有机肥＋100 m^3/667 m^2 普通水(2 000F＋P)，对照组不施用生物有机肥，每亩施用 100 m^3 普通水(0F＋P)。生物有机肥与矿化水耦合：设置处理包括 500 kg/667 m^2 生物有机肥＋80 m^3/667 m^2 矿化水(500F＋K)、1 000 kg/667 m^2 生物有机肥＋80 m^3/667 m^2 矿化水(1 000F＋K)、2 000 kg/667 m^2 生物有机肥＋80 m^3/667 m^2 矿化水(2 000F＋K)，对照组不施用生物有机肥，每亩施用 80 m^3 矿化水(0F＋K)。灌溉方式均为微喷灌，生物有机肥于 3 月一次性施用。果园浇水于每年 3 月上中旬、5 月上旬、7 月中下旬、11 月上旬，结合土壤实际状况，按各处理不同水质及水量依次施用。每年 5—9 月各月中旬采用五点法取样。500 kg、1 000 kg、2 000 kg 生物有机肥处理组土壤含水率分别为 19.84%、20.46%、21.73%，均高于对照组的 18.41%，并且随施肥量的增加依次增加。

研究结果表明，500 kg、1 000 kg、2 000 kg 生物有机肥处理组土壤含水率分别为 20.46%、20.77%、22.81%，均高于对照组的 19.84%，并且随施肥量的增加依次增加。

3. 液体生物水溶碳肥

在年微喷节水灌溉 100 m^3/667 m^2 普通水的基础上，设置 3 个生物调控素(水溶性有机碳)处理：20 kg/667 m^2 水溶性有机碳肥(20F)、30 kg/667 m^2 水溶性有机碳肥(30F)、40 kg/667 m^2 水溶性有机碳肥(40F)，对照组不施用水溶性有机碳肥，每亩只施用 100 m^3 普通水(0F＋P)。每亩施用 20 kg、30 kg、40 kg 水溶性有机碳肥处理组的土壤含水率分别为 21.15%、19.00%、20.00%，均高于对照组的 18.31%。证明施用水溶性有机碳肥能提高土壤保水能力。

本研究从降低成本、轻简农业的角度出发，构建了年施入矿化水微喷 80 m^3/667 m^2 灌溉＋1 000 kg/667 m^2 生物动力有机肥＋30 kg/667 m^2 水溶性有机碳肥的有机果园节水、提质、增效技术体系。

第五节 绿色防控技术

我国有害生物可持续防控面临着几个重要问题：首先，缺乏对有害生物间歇性暴发成灾机制的了解，严重影响了测报准确性；多元生物和生态因子影响有害生物暴发成灾的机制尚不明确，严重制约了病虫害的有效防控；缺乏病虫抗性资源，特别是缺乏具有自主知识产权的抗性基因、免疫受体资源、天敌资源、绿色农药原创性分子靶标、重磅绿色农药品种等。

习近平总书记提出"绿水青山就是金山银山"的科学论断，生态文明建设备受重视。农业农村部不仅提出了"绿色植保、生态植保、全民植保"的要求，更提出了采取一切措施，减轻化肥和农药使用量的施政方针。国民也逐渐认识到食品和农产品安全对健康的影响。因此，在 2006 年，湖北襄樊全国植物保护会议提出了"绿色植保和公共植保" 理念。贯彻习近平新时代中国特色社会主义思想，落实创新驱动战略、乡村振兴战略和可持续发展战略，实现建设生态文明、建设美丽中国的战略任务，必须要大力发展有害生物绿色防控技术体系，助力实现农业绿色发展和农业农村现代化建设的目标。全面实现有害生物绿色防控必然要求减少化学农药使用，除了需要强调采用生态调控、生物防治、物理防治等环境友好型害虫防治措施，更重要的是需要加强对有害生物暴发成灾和种群形成机制、生态防控理论基础、植物免疫形成机制以及绿色农药创制等基础理论方面的创新研究，全面提升有害生物防控水平，发展有害生物绿色防控颠覆性技术，才能满足国家粮食安全、农产品质量安全、生态安全和生物安全的重大需求。

一、绿色防控的概念与内涵

（一）绿色防控概念

绿色防控是指在作物目标产量效益范围内，通过优化集成生物、生态、物理等技术，不用或者限量使用化学农药，达到安全控制有害生物的行为过程。绿色防控是综合防治的新体现形式，指以促进农作物安全生产，减少化学农药使用量为目标，采取生态控制、生物防治、物理防治等环境友好措施来控制有害生物的行为。

（二）绿色防控内涵

（1）尽量降低作物的经济损失风险（必要产量或效益）；

（2）尽量降低化学农药的安全风险，包括对生产者的暴露风险、消费者的食用风险和土壤、水源等的污染风险；

（3）尽量降低破坏生态的风险，抵御抗风险的能力和恢复能力，保持生态平衡和生物多样性的调控能力。

二、绿色防控的原则

实施绿色应坚持“五项原则”：

（1）安全性原则　农残不超标、水源不污染、人畜禽不中毒等。

（2）经济有效性原则　投入与效益协调。

（3）可持续控害原则　保持生态调控能力。

（4）可操作性原则　技术先进但流程不复杂。

（5）农药替代性原则　优先选择非化学措施。

三、绿色防控与综合治理的关系

绿色防控、综合治理和病虫害防治的共同点是控制病虫害，将病虫害控制在不造成经济危害水平以下，其目标是一致的。如果用台阶的形式表示 3 者的关系，可以理解为：病虫害防治目标单一，考核的方式也单一，就是防治效果与产量的关系，更进一步就是防治效果与经济效益的关系，是传统的“经济阈值”的范畴；综合治理是以病虫害防效为核心，在预期的防治效果下，采取多种方法，其目的是减少化学农药的使用，在这个过程中保护生态环境和生物多样性，强调系统内的协调和一致；绿色防控是以安全为核心，安全包括生产安全、产品安全和生态安全，概念和范围更加广泛，强调系统内的完整性和系统外的协调性。绿色防控与传统综合防治的区别见表 5-12。

表 5-12 绿色防控与传统综合防治的区别

技术模式	共同点	主要区别
绿色防控	控制病虫害	以安全为核心,兼顾产量效益和生态保护
综合防治	控制病虫害	以防效为核心,兼顾产量效益和生态保护
传统防治	控制病虫害	以产量效益为核心,很少考虑安全和生态保护

四、开展绿色防控意义

实施农作物有害生物绿色防控技术是保证粮食安全、农产品质量安全,生态安全,促进农业可持续发展的重要保障。我国有害生物多发,常见农作物病害 757 种、害虫 739 种、杂草 109 种、害鼠 42 种。它们分布范围广、成灾频率高、突发性强,每年都有重大病虫害发生流行,导致农作物减产、品质下降,给我国农业生产造成了重大损失。开展绿色防控可以有效满足目前农业发展的新要求,具体包括以下几方面。

1.是国家方针政策的要求

党的十七大和十七届三中全会提出:生态文明建设,粮食安全战略,发展优质、高产、高效、生态、环保农业,是发展现代农业、建设“资源节约、环境友好”两型农业,促进农业生产安全、农产品安全、农业生态安全和农业贸易安全的有效途径。

2.是国家植保政策的要求

贯彻绿色植保和公共植保理念。降低农药风险,实现农业生产安全、农产品质量安全和农业产业安全等“三大植保工作目标”。

3.是食品安全政策的要求

农药残留形势严峻,食品安全法规定生产环节由农业部门负责,建立责任追溯制度,使防控行为面临新的风险,促使技术革新。

4.是提高农产品市场竞争力的要求

出口技术壁垒,国内市场竞争提出新的要求。近年我国每年因农药残留造成农产品出口损失几百亿元,蔬菜、水果、茶叶农残超标事件频繁发生。

5.是解决病虫害防治问题的要求

(1)病虫害频繁发生,可持续控制的任务重;

(2)害虫抗药性加剧,抗性治理任务重;

(3)安全隐患突出,转变防控方式势在必行:每年生产性中毒 2.5 万例左右(有专家估计 5 万例以上),占整个农药中毒的 60%;另有畜禽蜂蚕中毒、水源污染等事故。

(4)生物多样性状况恶化:天敌被杀伤,生态平衡被破坏,生态服务能力不足。

总体而言,未来我国有害生物绿色防控不仅需要加强应用技术的研究和推广,而且更需要加强基础理论和方法的研究,最终在揭示生态系统多元生态因子复杂互作重要节点的基础上,形成对作物系统有害生物的整体生态调控技术与方法。

我国农作物有害生物种类多、危害重、发生规律复杂、防控难度大,相关理论和技术创新、防控体系构建与应用是保障农业安全生产的迫切需求。据统计,我国常见农作物病虫害近 1 700 种,每年均有重大虫害流行暴发,导致农作物大面积减产,甚至绝收,病虫危害导致农作物品质严重下降。为有效防治病虫危害，通常会过量滥用化学农药，由此带来了农药残留超标、环境污染、抗药性等一系列问题，严重影响着我国农产品质量安全、生态环境安全及农业的可持续发展。为避免过分依赖传统化学农药，保护生态环境，提高有害生物防治效果，急需大力发展有害生物绿色防控技术，促进传统化学防治理念向现代环境友好的绿色防控理念的转变，实现有害生物的可持续治理。

美国、欧盟等在农业害虫绿色防控技术的研发与产业化方面比较成熟，天敌昆虫与生物农药产品种类丰富、技术配套完整、产业化规模大，昆虫性诱剂、植物源引诱剂新产品日益增多，应用范围不断扩大。在"绿色植保"科学理念的倡导下，我国同样加快了有害生物绿色防控技术产品的研发，并在赤眼蜂、烟蚜茧蜂、苦参碱、苏云金芽孢杆菌、白僵菌等技术产品的研发和产业化中取得了一系列重大进展。2015 年，原农业部提出《到 2020 年农药使用量零增长行动方案》，实施农药减量控害，减轻农业面源污染，保护农田生态环境，促进生产与生态协调发展。环境友好的有害生物绿色防控正得到各级政府的关注，迎来了良好的发展机遇。

五、绿色防控面临的问题

（1）科技支撑能力不足　虽然我国在有害生物基础生物学、植物免疫调控、植物与有害生物互作、植物-有害生物-媒介生物-天敌等多界多元互作的基础研究方面取得了一些进展，但还不够深入，原创性的害虫绿色防控技术不多，相关科研工作立项碎片化，多为短期小项目，这种科研管理模式不能形成稳定的科研团队，也无法通过长期连续性科技攻关产生突破性成果。此外，科研单位普遍重视针对某一科学问题的基础或应用基础研究，忽视产品研发和生产应用过程的技术标准研究，相关企业科技创新能力弱，研发资金投入有限，难以胜任绿色防控产品的技术研发工作，大部分研究领域存在产学研脱节的现象。

（2）有限的有害生物绿色防控技术产业化程度低　国际大型农药公司通过收购生物科技公司纷纷进入绿色防控产业，利用他们的资金与技术优势改变了生物农药研发和市场推广的传统模式。和国外企业相比，国内公司生产规模小、技术含量低、产品成本高、效益差，缺乏资金进行技术更新和改造升级，目前的绿色防控产品在与化学农药市场竞争中处于弱势地位。

（3）欧美发达国家制定了严格的农药使用标准，而我国在管理法规方面还缺乏市场准入登记的标准体系。我国是以小规模农户分散种植为主体的农业生产模式，社会对绿色防控技术接受程度低，导致现阶段我国农业害虫绿色防控技术研发与产业化明显落后于国际先进水平。

六、绿色防控基础

（一）有害生物综合治理

我国的植保方针是"预防为主，综合防治"。"预防为主"是我国植保工作的指导思想。害虫防治方案的制订和实施、各类防治措施的综合运用、害虫防治技术水平的衡量，都可以从预防作用体现的程度作出评价。而要判断"预防为主"的体现程度，先要弄清"防"与"治"的区别界限："防"就是在害虫大量发生为害以前采取措施，使害虫种群数量较稳定地被抑制在造成作物损害的数量水平之下，体现在稳定、持久、经济、有效地控制害虫的发生以及避免或减少对生态环境的不良影响。而"治"则是要求在短期内控制害虫的为害，指采取措施控制害虫大量发生为害。

有害生物综合治理(integrated pest management,IPM)是指综合考虑生产者、社会和环境利益,在投入效益分析的基础上,从农田生态系统的整体性出发,协调应用农业、生物、化学和物理等多种有效防治技术,将有害生物控制在经济危害允许水平以下,以获得最佳的经济、生态、社会和安全效益。因此,综合防治应以预防为主作前提,创造不利于病虫害发生而有利于作物及有益生物生长繁殖的条件。在设计综合防治方案时,必须考虑所采取的各种防治措施对整个农业生态系统的影响,从全局观点(或生态观点)来理解方针。同时,应用综合观点,去认识各种防治措施各自的优点和局限性,任何一种方法都不是万能的,不可能期望单一的措施解决所有的问题,综合防治也不是各种措施的简单累积。必须因时、因地、因虫制宜,协调运用各项必要的防治措施,取长补短,充分发挥各项措施的最大威力,取得最好的防治效果。从经济观点和安全观点出发,综合防治的目的是控制害虫种群数量,防治害虫的目的是保护农业生产,使农产品的数量和质量不受影响,因此,我们把害虫压低至经济危害水平之下,这就达到了防治目的,而不是要求把害虫灭绝。从生态学观点出发,全面考虑生态平衡及社会安全、经济利益及防治效果,提出最合理及有益的治理措施;不重在消灭害虫,而重在对害虫数量的调节,达到不造成经济危害的地步,因此在防治方法中,强调利用自然调节因素,留下一部分害虫可能对自然平衡有利;协调使用各种防治方法,但尽量采取非化学的防治方法,化学防治法除非达到经济阈值时,一般不用。绿色防控是基于有害生物综合治理基础上的升级版,把对有害生物综合治理逐步转向兼顾环境安全、生态安全和产品安全的生态健康体系中来。

(二)技术和措施

1.农业防治

农业防治是病虫害防治的最基础措施,因为在病虫害防治中强调预防为主,农业措施大部分都建立在预防的基础之上,因此在病虫害防治过程中,具有广泛的用途。下面综合了已经成熟和可以在生产中实施的技术措施。

选育抗病虫品种是预防农作物病虫害比较经济有效的方法。生产实践证明,不仅不同寄主植物对病原微生物和害虫的抗性、耐害性不同,同种寄主植物不同品种、品系对各种病原微生物和害虫也具有不同的抗性和耐害性。

栽培方式的改变可以预防病虫害发生,既然是建立绿色防控体系,就应该从顶层设计,围绕着绿色防控的目标建立安全的体系,实现从生产安全到产品安全。栽培方式是病虫害控制的基础和根本,病虫害防治一定要建立在良好的栽培基础上,经过实践证明的轮作、间作、套种技术有利于提高生物多样性,有利于病虫害控制。在叶类蔬菜研究中,我们发现平高畦种植有利于降低地面和蔬菜根茎部的湿度和小环境,减少根茎腐病和蛞蝓的发生,适合作为一项改进技术在绿色和有机蔬菜种植中应用。

嫁接技术可有效地防止多种土传病害,克服设施连作障碍;能利用砧木强大的根系吸收更多的水分和养分;增强植株的抗逆性,起到促进生长、提高产量、改善品质的作用。果菜嫁接育苗逐步进入产业化,例如番茄砧木嫁接防治线虫、西瓜嫁接在葫芦砧木上可以预防西瓜枯萎病,黄瓜嫁接在云南黑籽南瓜上预防枯萎病;还有茄子、甜瓜、葡萄、板栗的嫁接等。

生草技术包括苹果园种植苜蓿防治叶螨;柑橘园套作藿香蓟控制柑橘叶螨为害等。生草技术作为一项土壤管理和病虫害控制技术得到普遍的认可,正在逐步推广应用。

病害农业防治措施见表5-13，害虫农业防治措施见表5-14。

表5-13 病害农业防治措施

农业措施	关键技术	实施要点	病害
品种	种子选择和本地育种	选择抗病品种	种传病害、根部病害、病毒病和叶部病害
育苗	育苗基质和营养	1.基质育苗或纸筒育苗； 2.基质配置和营养平衡； 3.根系发达，白根比例高； 4.漂浮育苗	立枯病、猝倒病
深耕、土壤消毒	蔬菜收获后及时深翻；高温季节暴晒	1.深耕40 cm，破坏土栖环境； 2.有机物+石灰，浇透水，膜覆盖； 3.秸秆、微生物菌剂在阳光作用下，产生二氧化碳，膜覆盖，持续40～60 d	土传病害
清洁田园	蔬菜收获后及时防治	1.集中深埋或作物发酵原料； 2.防治线虫； 3.疏松土壤	菌核病、叶斑病、霜霉病等
轮作	常年实施	1.制订轮作计划，同科不宜轮作； 2.与豆科、禾本科和菊科作物轮作； 3.2茬轮作一次	多种病害
间套种	驱避、招引或者诱集	1.选择对病虫害有诱集作用的作物，如万寿菊吸引线虫； 2.选择对天敌有吸引作用的作物，如油菜吸引瓢虫等； 3.种植葱蒜植物，驱避线虫	叶部病害
有机肥	作底肥和追肥	1.提高有机质，增强抗病抗虫能力； 2.提高土壤微生物数量，减少土壤病原菌	提高抗性和品质
栽培管理	平高畦栽培	1.高畦减少根茎部水分，抑制病害； 2.增加通透性，减少叶部病害； 3.保持土壤表面干燥，减少茎基腐病	根腐、茎基腐病、软腐病等
中耕除草	生长期防治	1.消除中间寄主； 2.通风透光	多种病害
覆盖地膜	生长期防治	1.减少土壤病害； 2.保墒，维持土壤的保湿能力； 3.抑制杂草	土传病害、杂草

表 5-14 害虫农业防治措施

农业措施	关键技术	实施要点	虫害
抗虫品种	种子和本地育种	选择蜡质厚、生长周期短的速生品种	蚜虫和蓟马
深耕晒垡	收获后，播种前防治	1. 深度：40 cm 左右； 2. 浇水：破坏蛹室； 3. 暴晒，破坏虫体含水量	鳞翅目害虫、蓟马、韭蛆、根螨、地下害虫
轮作	生长期防治	种植非十字花科蔬菜如菊苣等，防治黄条跳甲、小菜蛾等专一性食性害虫	黄条跳甲等多种害虫
间套作	生长期防治	1. 选择对病虫害有驱避作用的作物（如番茄与芹菜间作驱避粉虱）； 2. 选择害虫喜食的作物，如蛞蝓更喜欢快菜； 3. 叶类蔬菜间作茄子和烟草可以诱集白粉虱	白粉虱、蛞蝓
有机肥	作底肥和追肥	1. 有机肥应腐熟，减少韭菜根蛆等地下害虫； 2. 减少蚜虫、螨类和粉虱等害虫	蚜虫、螨类等
栽培模式	推拉模式	1. 根据害虫对食物和颜色的喜好性，建立诱集模式（拉）； 2. 根据害虫对食物和颜色的不喜好性，建立驱避模式（推）	西花蓟马、白粉虱
中耕除草	生长期防治	二斑叶螨杂食性，减少替代食物	二斑叶螨
清洁田园	蔬菜收获后防治	1. 彻底清洁田园； 2. 农田废弃物作为堆肥材料	蚜虫和螨类
生草技术	多年生的果园和茶园生草	1. 选择适宜的生草种类； 2. 合理的种植密度和比例； 3. 适时刈割，操控天敌	多种害虫

2. 物理防治措施

病害物理防治措施见表 5-15，害虫物理防治措施见表 5-16。

表 5-15 病害物理防治措施

措施	关键时期	技术要点	病害
温汤浸种	种子播种前	播种前将种子在 55 ℃温水中浸泡 30 min 后播种	链格孢叶斑病、镰孢菌和细菌土传病害
高温闷棚	6—9 月	1. 高温季节清除田间杂物及残株； 2. 深翻土壤后全田灌水，保证田间湿润； 3. 覆盖地膜及大棚膜，密闭棚室 15～20 d； 4. 揭膜通气，施用微生物菌剂，正常栽培	土传及气传病害

表 5-16　害虫物理防治措施

措施	技术要点	害虫种类	虫态
灯光诱杀	高度：1.5 m左右；开灯时间：傍晚到凌晨；季节：夏季	夜蛾、黄条跳甲、金龟子等	成虫
性诱剂诱杀	在雄成虫羽化后	夜蛾、小菜蛾等	雄成虫
黄板诱杀	1. 黄板颜色：黄色至橘黄色； 2. 数量：1块/10 m^2； 3. 方向：东西向； 4. 高度：蔬菜上方10 cm	有翅蚜虫、粉虱、潜叶蝇等	成虫
蓝板诱杀	1. 海蓝色蓝板效果好于其他颜色板； 2. 蓝板诱集剂效果更好； 3. 诱集剂以柠檬草油最佳	蓟马	成虫
糖醋液	1. 配比：糖∶醋∶酒∶水＝2∶1∶0.5∶10； 2. 高度：蔬菜上方20 cm； 3. 10～15 d更换一次	鳞翅目和鞘翅目害虫	成虫
诱饵	1. 啤酒诱杀蛞蝓； 2. 炒香的玉米、大豆粉诱杀蛞蝓和蝼蛄等； 3. 凌晨及时检出害虫； 4. 及时更换诱饵	蛞蝓、蝼蛄等	若虫、成虫
防虫网	在作物定植前使用；要求：严、网目适合，对于蓟马等使用密度大的防虫网	多种害虫	成虫

3. 生物防治措施

生物防治措施主要包括以虫治虫、以螨治虫、以菌治虫、以菌治菌、稻鸭或者稻蟹共育、果园养鸡等立体种养等技术，青蛙、蟾蜍、燕子、啄木鸟等天敌保护利用技术等。其主要措施是保护和利用自然界害虫的天敌，繁殖优势天敌以控制病虫草害。

以虫治虫技术是指利用捕食性有益生物（螳螂、草蛉、瓢虫、钝绥螨、蜘蛛等）和寄生性生物（寄生蜂、寄生蝇等）控制农作物虫害。如利用赤眼蜂防治玉米螟，利用七星瓢虫、异色瓢虫、烟盲蝽、小花蝽等防治蚜虫、粉虱、蓟马、介壳虫、叶螨等害虫，利用大红瓢虫防治柑橘吹绵蚧等害虫；利用丽蚜小蜂、蚜茧蜂、赤眼蜂分别防治粉虱、蚜虫及鳞翅类害虫等。

以螨治虫技术是指人工释放捕食螨来控制叶螨、锈壁虱、粉虱、蓟马等果蔬害虫。

以菌治虫技术主要指利用微生物（细菌、真菌、病毒）使害虫染病死亡。①细菌治虫。主要包括苏云金杆菌、球形芽孢杆菌、枯草芽孢杆菌、蜡质芽孢杆菌、地衣芽孢杆菌、多黏类芽孢杆菌、短稳杆菌等。②真菌治虫。主要包括金龟子绿僵菌、球孢白僵菌、淡紫拟青霉菌、厚孢轮枝菌等。应用较广泛的真菌制剂是白僵菌、淡紫拟青霉菌等。病原菌以孢子或菌丝体从昆虫体壁侵入体内，以虫体各种组织和体液为营养，随后虫体上长出菌丝，产生孢子，随风和水流进行传播；被真菌感染的害虫常出现食欲锐减、虫体萎缩，死亡后虫体僵硬，体表布满菌丝和孢子。真菌可有效控制鳞翅目、同翅目、膜翅目、直翅目等害虫。③病毒治虫。包括核型多角体病毒

(NPV,如斜纹夜蛾核型多角体病毒)、质型多角体病毒(CPV,如松毛虫质型多角体病毒等)、颗粒体病毒(GV,如菜青虫颗粒体病毒)3 类,主要感染鳞翅目、双翅目、膜翅目、鞘翅目害虫的幼虫。

以菌治菌技术主要指利用微生物(细菌、真菌)防控病原菌。①细菌杀菌。细菌杀菌剂种类较多,主要包括蜡样芽孢杆菌(*Bacillus cereus*)、地衣芽孢杆菌(*Bacillus licheniformis*)、枯草芽孢杆菌(*Bacillus subtilis*)、荧光假单胞菌(*Pseudomonas fluorescens*)及解淀粉芽孢杆菌(*Sphaerotheca amyloliquefaciens*)等,可防治多种根部和叶部病害。②真菌杀菌。通常是利用真菌的重寄生现象,一种真菌寄生于另外一种真菌,达到防治目的。已发现的重寄生真菌中,木霉(*Trichoderma* spp.)能寄生 18 个属 29 种植物病原菌,绿黏帚菌(*Gliocladium virens*)能寄生各种土传病害病原菌。木霉(*Trichoderma* sp.)和哈茨木霉(*Trichoderma harzianum*)防治对象包括腐霉菌、立枯丝核菌、镰刀菌、灰葡萄孢菌、黑根霉和柱孢霉等病原菌引起的植物病害灰霉病和纹枯病。寡雄腐霉(*Pythium oligadrum*)防治对象包括黑胫病、立枯病、晚疫病,可寄生于立枯丝核菌、终极腐霉(*Pythium ultimum*)、刺腐霉(*P. spinosum*)和畸雌腐霉(*P. irregulare*)。病害生物防治措施见表 5-17,害虫生物防治措施见表 5-18。

表 5-17　病害生物防治措施

生防菌种类		病害种类	关键时期	技术要点
生防真菌	木霉菌	根腐病、立枯病、猝倒病、枯萎病、褐腐病、灰霉病、菌核病等	发病前或发病初期	1. 光照:日光诱导后,产孢效果较好; 2. 湿度:木霉菌生命力在湿土中强于干土; 3. 温度:产孢最适温度为 25 ℃; 4. 不能与含铜药剂及防治真菌药剂混用
	淡紫拟青霉菌	枯萎病、根结线虫病等	播种前或发病前	1. 可进行拌种,对种子消毒; 2. 可处理苗床; 3. 将菌剂拌入育苗基质内处理基质; 4. 可施于种子或种苗根系附近; 5. 用水稀释成菌液灌根使用
生防细菌	芽孢杆菌	霜霉病、灰霉病、枯萎病、炭疽病、软腐病、线虫病等	发病前或发病初期	1. 与化学药剂进行复配使用可达到较好的防治效果; 2. 与其他微生物菌剂混用,能形成优势互补
	假单胞菌	枯萎病、病毒病、猝倒病、立枯病等	发病前或发病初期	1. 可进行种子处理; 2. 可与杀虫剂、杀菌剂混用
生防放线菌	链霉菌	霜霉病、灰霉病、黑腐病等	发病前或发病初期	注意与不同机制杀菌剂轮换使用

表 5-18 害虫生物防治措施

天敌类型	天敌种类	虫害种类	关键时期
捕食性天敌昆虫	异色瓢虫	蚜虫、介壳虫、螨类、小菜蛾卵、粉虱等	害虫发生初期
	大草蛉	蚜虫、粉虱、叶螨、蓟马、介壳虫、斑潜蝇幼虫和叶蝉等	害虫发生初期
	中华草蛉	同大草蛉	同大草蛉
	东亚小花蝽	蓟马、蚜虫、小型鳞翅目幼虫等	害虫发生初期
	烟盲蝽	粉虱、蚜虫及小型鳞翅目幼虫等	害虫发生初期
	蠋蝽	棉铃虫、甜菜夜蛾、小菜蛾、菜粉蝶等鳞翅目害虫	害虫发生初期
捕食螨	巴氏新小绥螨	蓟马、二斑叶螨、朱砂叶螨、粉虱	害虫低密度时或作物定植后不久释放
	胡瓜新小绥满	同巴氏新小绥螨	同巴氏新小绥螨
	加州新小绥螨	叶螨、蓟马、茶黄螨、粉虱	作物定植后
	剑毛帕厉螨	蕈蚊幼虫、蓟马、跳虫、腐食酪螨、线虫	新定植的作物；定植已经释放的作物
	津川钝绥螨	叶螨、粉虱、蓟马、跗线螨	害虫低密度时或作物定植后不久释放
	智利小植绥螨	二斑叶螨、朱砂叶螨	害虫发生初期
寄生性天敌	丽蚜小蜂	烟粉虱、白粉虱	当温室大棚中刚见到粉虱时或者作物定植 1 周后，开始释放丽蚜小蜂
	烟蚜茧蜂	桃蚜、萝卜蚜、甘蓝蚜、瓜蚜	害虫发生初期
	螟黄赤眼蜂	棉铃虫、甜菜夜蛾、菜粉蝶、小菜蛾等	害虫发生初期
	松毛虫赤眼蜂	同螟黄赤眼蜂	同螟黄赤眼蜂

七、绿色防控技术体系集成

绿色防控的基础是生物学、生态学和环境学，其目标是安全生产、安全产品、安全产业，因此按照绿色防控的概念和原理，将与绿色防控理念相同的技术进行组合，形成“一隔二驱三控四诱五防”的绿色防控技术体系。

（一）“一隔”

物理隔离技术，其方法包括：

（1）防虫网阻隔技术　防虫网是生产绿色有机蔬菜较好的覆盖材料，能够防止蚜虫、粉虱、斑潜蝇、夜蛾等多种害虫的入侵，预防病毒病发生，同时保护天敌。一般使用 20～30 目防虫网,可防止小菜蛾、菜青虫、斜纹夜蛾、蚜虫、潜叶蝇等害虫的侵入;水稻育秧期,覆盖50目防虫网,可预防飞虱、螟虫等害虫成虫侵入、产卵、为害和传毒,对预防南方水稻黑条矮缩病有较好效果。

(2)套袋技术　果实套袋具有防水、防虫、防病、防鸟、防农残、防日晒等功效。柑橘、梨树等果实套袋可预防吸果夜蛾为害,葡萄套袋可预防黑痘病、霜霉病为害。

(3)喷洒高脂膜技术　高脂膜为高级脂肪醇,本身不具杀菌作用,喷洒在植物表面,可形成一层肉眼看不见的单分子膜,保护作物不受外部病菌侵染,且透气透光,不影响作物生长,从而起到防病作用。高脂膜对农作物霜霉病、白粉病等多种真菌病害有较好的防治效果,因其利用物理作用防病,所以病菌不会产生抗药性。

(二)"二驱"

"二驱"指驱避植物、驱避物质及塑料薄膜和色带使用技术。

1.驱避植物

人类在与自然作斗争时,发现某些特定物质的挥发物对动物有驱避作用,这些物质就被称为驱避剂。许多天然香料有驱虫物质,如薰衣草或薰衣草油放在衣橱中可使衣物免受虫咬损坏,香茅、肉桂和丁香也有出色的驱虫性能。将肉桂油和丁香油混合作为驱虫使用,且对人安全无毒,在欧美民间已经有一百多年的历史。万寿菊散发一种刺鼻气味,一百多年前,欧美各国居民在花坛四周种植万寿菊以防动物和虫子入侵,现在民众喜欢在住宅窗口种植几枝万寿菊,当万寿菊长势茂盛时,整个夏季室内免受蚊虫骚扰。我国的香料工作者也发现了许多植物精油具有优异的驱虫效果。云南省内有一种野薄荷,民众曾把它当作野菜食用,也用来治疗疥疮、漆疮、痈疽等,并可作乌发剂用。将从这种野薄荷的茎叶中提取的一种具有清凉香气的精油少许涂抹于皮肤,就能有效地驱除蚊、蠓、蚋的叮咬。

广东、广西、福建等地大量种植柠檬桉树,当地人就摘取这种树的枝叶用来驱赶蚊虫。曾有报道,某地一个村子夏天没有蚊子,原因是村子到处都种着柠檬桉树。利用蒸馏法提取的柠檬桉油是一种调香师非常熟悉的香料,主要成分是香茅醛,含量比从香茅草提取的香茅油高一倍。香茅醛在酸性条件下转化成一种黏稠的混合物,这种混合物具有良好的驱蚊作用。柠檬桉油贮存一段时间后,里面也会慢慢产生这种混合物,可将它分离出来,用酒精稀释后涂抹于皮肤以防蚊虫叮咬。现今常用作防疫避蚊的天然精油有桂皮油、丁香油、冬青油、桉叶油、薄荷油、香柏油、薰衣草油、樟脑油、橄榄油、香茅油、柠檬桉油、柠檬油、茴香油、野菊花油等。桉油精已经被开发成为一种植物源杀虫剂。

2.驱避物质及塑料薄膜和色带

(1)竹醋液　竹提取物对蚜虫、玉米象和棉铃虫有显著抑制取食和驱避作用。徐学农使用竹醋液对西花蓟马进行处理,研究发现竹醋液对西花蓟马成虫有驱避作用。

(2)印楝素(Azadirachtin)　印楝素是一种从印楝种仁中提取的四环三萜类化合物,是一种具有潜力的植物源杀虫剂。印楝素对多数害虫具有驱避作用,相关研究发现印楝乳油对小菜蛾、斜纹夜蛾有明显的拒食作用和田间防效。乔凤霞发现,印楝素与印楝乳油均对西花蓟马具有一定的驱避作用;而印楝乳油的驱避效果更好一些,这可能与印楝乳油中的助剂有关,而印楝素纯品见光易分解,因此药效降低。

(3)蚊胺(DEET)　即待乙妥,又称敌避、敌避胺,是一种淡黄色的液油状物体,是常见的防蚊液成分,使用时喷洒于衣物,主要用于驱除蚊子。

(4)塑料薄膜和色带 利用昆虫对有色材料的忌避性进行防控。例如,利用蚜虫对银灰等光色的负趋向性,采用银灰色塑料薄膜、黑色塑料薄膜包裹覆盖或向农田和森林喷洒大白粉乳液等避蚜,以减少蚜虫为害。杨菁等发现银色带、银色棒、白色带、铝色带对迁飞有翅蚜的忌避率为30%~70%,其中以银色带的效果最好,3个生长季的忌避率分别超过对照区64.48%~72.4%,对病毒病的终花期病情更正防治率为57.66%,病情指数较对照区减少68.04%。

(三)"三控"

调控是核心,主要是通过影响病虫害生长发育的因素进行调控,按照"病三角"或"虫三角"的关系,创造不利于病虫害发生的环境、营养和天敌条件,综合利用作物品种栽培、环境的温湿度调控和天敌的相互作用,来协调控制病虫害的发生,达到通过生物(寄主)、生态(环境)和生防(天敌)控制病虫害的目的。

1.寄主植物调控

选择适宜的寄主植物与作物相互配合。不同的寄主植物对害虫的抗性、耐害性不同,就是同种寄主植物不同品种、品系对各种害虫均具有不同的抗性和耐害性,我们必须在生产实践中寻找、发现、利用这种抗逆性,来达到控制害虫的目的。根据植物抗性原理和病虫害对寄主植物的选择设置合理方案,培育或选育抗病虫作物品种,合理选择水旱轮作、间作、套作,果园生草、秸秆覆盖、嫁接防病、组培育苗等技术。

2.生态环境调控

空气湿度与作物光合作用和蒸腾作用有密切关系。当相对湿度过低时,作物会以关闭小气孔方式控制蒸腾量,这样就会增大二氧化碳的扩散阻力,这时作物会因吸收二氧化碳不足而减弱光合作用强度。如果湿度过低且气温过高,作物会大量失水而萎蔫,甚至死亡;但相对湿度过高,又会导致温室内病虫害的滋生和蔓延;如果湿度过高,同时气温又较低(达到露点),又会在温室维护结构和覆盖材料上凝结大量水滴,进一步助长了病害的繁殖和蔓延。一般大多数植物适宜的相对湿度在60%~85%,超过90%属于高湿环境,低于50%属于低湿环境,这两种情况均不利于植物生长发育,所以调控温室湿度具有重要意义。

设施内空气湿度是由土壤水分的蒸发和植物体内水分的蒸腾在设施密闭情况下形成的。湿度是表示空气潮湿程度的物理量,通常用绝对湿度和相对湿度表示。设施内作物由于生长势强,代谢旺盛,作物叶面积指数高,通过蒸腾作用释放出大量水蒸气,在密闭情况下会使棚室内水蒸气很快达到饱和,空气相对湿度比露地栽培高得多。高湿是设施湿度环境的突出特点。在白天通风换气时,水分移动的主要途径是土壤→作物→室内空气→外界空气。早晨或傍晚温室密闭时,外界气温低,引起室内空气骤冷而发生"雾"。

设施内空间由于受室外气候因子、室内调控方式、植物群体结构等因素的综合影响,必然存在着垂直温差和水平温差,也导致空气湿度分布的差异。在设施内部,其绝对湿度(指水汽压或含湿量)是基本相同的,但由于设施内部温度差异的存在,其相对湿度分布差异非常大,因此在冷的地方就会出现冷凝水。冷凝水的出现与积聚,会使设施作物的表面结露。结露是温室冬季的正常现象,也是诱发病害发生的关键因子。结露后,温室作物一些喜欢高湿的病害就开始活跃,由于病原菌孢子的形成、传播、发芽、侵染等阶段,均需要较高的空气湿度,因此,依靠调控结露点可以控制湿度,抑制病害发生。温室内高湿条件下的多发病害见表5-19。

表 5-19　温室内高湿条件下的多发病害

作物	多发病的种类
黄瓜	菌核病、灰霉病、霜霉病、疫病等
番茄	菌核病、灰霉病、条腐病、叶霉病等
青椒	灰霉病、菌核病、花叶病等
茄子	灰霉病、菌核病、花叶病等
草莓	芽枯病等

高湿的条件是病害发生的有利条件，但温度也是一些病害发生及流行的限制性条件。例如，白粉病最易发病的温度为 16～24 ℃，在 10～25 ℃均可发生，但能否流行，取决于湿度和寄主的长势。低湿可萌发，高湿萌发率明显提高。因此，雨后干燥或少雨，但田间湿度大，白粉病流行速度加快。较高的湿度有利于孢子萌发和侵入，高温干燥有利于分生孢子繁殖和病情扩展，尤其当高温干旱与高湿条件交替出现时，又有大量白粉菌源及感病的寄主时，此病即流行。

对害虫而言同样具有相似的结果。例如，蚜虫发生与温湿度关系极为密切，其喜干旱，温度 19～22 ℃有利于种群繁殖，由于其繁殖速度快，需要大量营养物质，对作物的危害也大，严重时还会分泌大量的蜜露。叶螨也是类似，其活动的最适温度为 25～35 ℃，最适相对湿度为 35%～55%，高温干燥，是其猖獗为害的主要条件，因此在西北干旱地区叶螨和蚜虫发生严重。

3. 生物天敌调控

生物天敌调控主要包括以虫治虫、以螨治虫、以菌治虫、以菌治菌、稻鸭或者稻蟹共育、果园养鸡等立体种养等技术，青蛙、蟾蜍、燕子、啄木鸟等天敌保护利用技术等。其主要措施是保护和利用自然界害虫的天敌，繁殖优势天敌以控制病虫草害。生物菌剂包括细菌菌剂、真菌菌剂、病毒菌剂。由于生物菌剂的专属性和对不同作物的防治对象不同，因此作为农药登记适合于不同的作物种类（表 5-20 至表 5-22）。

表 5-20　细菌菌剂种类及其农药登记的作物

农药种类	登记作物种类	登记作物
枯草芽孢杆菌	24	白菜、白术、草莓、大白菜、地黄、番茄、柑橘、黄瓜、辣椒、马铃薯、棉花、苹果树、茄子、人参、三七、水稻、甜瓜、西瓜、香蕉、小麦、烟草、玉米等
苏云金杆菌	37	白菜、茶树、大葱、大豆、番茄、甘蓝、甘薯、柑橘树、高粱、花椰菜、金银花、辣椒、梨树、芦笋、萝卜、马尾松、棉花、苹果树、水稻、桃树、烟草、杨梅树、玉米、枣树、茭白、枇杷树、豇豆等
荧光假单胞杆菌	6	番茄、番茄(大棚)、黄瓜、水稻、小麦、烟草

表 5-21　真菌菌剂种类及其农药登记的作物

农药种类	登记作物种类	登记作物
淡紫拟青霉	4	草坪、番茄、番茄(苗期)、柑橘树
哈茨木霉菌	4	番茄、观赏百合(温室)、葡萄、人参
球孢白僵菌	18	茶树、番茄、甘蓝、花生、韭菜、辣椒、马铃薯、棉花、水稻、松树、小白菜、小麦、玉米等
木霉菌	9	草莓、番茄、黄瓜、辣椒、马铃薯、葡萄、小麦、烟草等
金龟子绿僵菌	11	大白菜、花生、杧果树、苹果树、水稻、烟草、玉米、豇豆等

表 5-22　病毒种类及其农药登记的作物

农药种类	登记作物种类	登记作物
甜菜夜蛾核型多角体病毒	9	扁豆、菜豆、地黄、番茄、甘蓝、辣椒、茄子、十字花科蔬菜、豇豆
斜纹夜蛾核型多角体病毒	3	十字花科蔬菜、烟草等
菜青虫颗粒体病毒	2	十字花科蔬菜等
小菜蛾颗粒体病毒	1	十字花科蔬菜

(四)“四诱”

1. 光诱

昆虫光趋性是指昆虫通过其视觉器官(复眼和单眼)中的感光细胞对特定范围光谱产生感应而表现出定向活动的现象。多数种类的昆虫存在趋光行为,这对于寻找食物、交配和搜寻产卵场所等活动起着重要作用。光的本质是电磁波,当连续光谱通过光栅之后,各种波长的光因不同折射率发生方向上不同程度的偏折,在离开光栅时各自分散,形成光谱。不同昆虫对特定范围光谱的趋性有正负之分,趋向光为趋光性,避开光为避光性或负趋光性。了解昆虫对光的趋性有助于对昆虫的研究和管理,加以利用便可应用于标本采集、检查检疫、害虫治理、昆虫的监测和预报等。

光的波长和强度能影响昆虫的趋光行为,例如大草蛉[*Chrysopa pallens*(Ramber)]成虫随光强增大,其 ERG 值呈近线性增大,弱光时无趋光行为,趋光反应率随光强增大而增大,反应曲线近似“J”形(张海强等,2009)。温度是影响趋光行为的重要因素,在一定范围内温度越高趋性行为越强,当温度低于 20 ℃,光对蚱蝉丧失诱集作用。龟纹瓢虫[*Propylea japonica*(Thunberg)]成虫在 340～605 nm 波谱内其光谱趋光行为反应为多峰型,在 UV 波段(340 nm)峰值最高,趋光反应率达 21%,其他各峰依大小次序分别位于绿光 524 nm、蓝光 400～440 nm 和 483 nm 处(陈晓霞等,2009)。蓟马(*Caliothrips phaseoli*)对 UV-B($\lambda \leqslant$ 315 nm)有显著的趋性(Mazza et al., 2011)。

黑光灯属于较早应用的一类特殊气体放电灯,可以释放出紫光和紫外光,可引诱对 UV 光具趋性的昆虫,被广泛应用于调查农林业昆虫种类、分布区、发生范围、发生世代数、发生期、发生量、种群消长规律和防治效果监测等方面。高压汞灯集害虫诱杀、测报和种类调查于一体,以特制的高压汞灯作为光源,辐射出能被昆虫感知的黄橙色光谱。利用高压汞灯是综合防治棉铃虫的经济有效措施，有较高的推广应用价值。

频振灯突破了昆虫远距离无法感知光线的局限性，采用“近光远波”的方式对昆虫进行诱集，诱虫种类广泛，效果良好。研究表明，频振式诱虫灯可诱杀的昆虫种类极广，灯下害虫达5目10科18种，其中对鳞翅目和鞘翅目害虫的诱集效果最好，分别占害虫总数的70.4%、18.0%，主要种类有斜纹夜蛾、甜菜夜蛾、小菜蛾、金龟科昆虫等，对半翅目害虫、双翅目害虫诱集效果一般。此外，频振式诱虫灯对天敌也具有杀伤作用，其中影响最大的为膜翅目昆虫，占天敌总数的57.6%，灯下益虫主要有赤眼蜂、金小蜂、姬蜂科等天敌，其次为脉翅目、鞘翅目昆虫，分别占21.6%和18.4%，益害虫比为1∶9。

2.色诱

昆虫趋色性的本质是趋光性，不同波长的光及其组合显现出不同的颜色，不同种类甚至相同种类不同阶段的昆虫对不同颜色的趋性程度存在差异，所以防治日间活动的昆虫可以采用有色材料以达到诱集或驱避的效果。

色板防治害虫的研究和应用已非常普遍，人们通常利用不同的色彩板诱集或监测害虫。有些颜色具有广谱引诱作用，尤其是黄色对诸多昆虫均具有较强的引诱作用，利用黄板诱杀害虫是最常见的害虫防治手段。昆虫对某些较为接近的颜色具有显著的趋性，即在一定范围内的颜色都有引诱作用。例如，西花蓟马对天蓝、黄、褐、紫4种颜色色板的趋性研究结果表明，蓝色单一颜色色板对西花蓟马的诱集力显著高于其他3种颜色；颜色混配中，蓝∶黄＝5∶1，诱集到的西花蓟马数量大于蓝色单一颜色色板；田间可用蓝色单一颜色色板或是蓝∶黄＝5∶1搭配色对西花蓟马进行诱集。

不同种类昆虫具有不同的最优趋性颜色。李建宇等测定了10种不同色板对4种作物上8种害虫的引诱作用，得出黄色对桃蚜、桃小绿叶蝉、枇杷蚜虫、枇杷菱纹叶蝉和茶黑刺粉虱的引诱力均较其他色板的强；黄色和白色对黄曲条跳甲的引诱作用最强，而绿色对黄曲条跳甲也表现出一定的引诱作用；绿色对小菜蛾的引诱作用较强；10种色板对茶小绿叶蝉的引诱作用差异不显著。通过趋性试验得出黄色黏板在烟田引诱美洲斑潜叶蝇效果最好，绿、白、红、黑4种色板的诱虫效果依次降低。色板也可用来防治幼虫阶段具有趋色性的害虫，例如斜纹夜蛾一龄幼虫对叶绿色、绿色和橘黄色有很高的趋性，对深红色、深蓝色、灰色、橙色、白色和黑色的趋性无显著差异并且诱虫数量明显少于前3种颜色，所以采用绿色和黄色色板可以用来诱杀斜纹夜蛾的幼虫(Singh and Saxena,2004)。

采用将植物源挥发物融合在色板黏着胶内的方式，利用以羧甲基纤维素钠和甘油为主要原料配制的水溶性胶黏着剂，制作黄、蓝、绿3种黏板，以不加糖醋蒜液诱虫剂的黏板为对照，发现水溶性胶黏着剂色板对蔬菜地蚜总科(Aphidoidea)害虫、葱蓟马(*Thripstabaci lindeman*)、韭蛆(*Bradysia odoriphaga*)成虫等有很好的诱杀作用，添加葱蒜提取物后对葱蓟马的诱杀效果更好(任向辉和王运兵,2008)。

非常遗憾的是，长期以来，有色材料的应用一直没有统一的颜色表达模式，给信息交流和生产带来了巨大的困难。对于颜色表达模式中的参数与色板诱虫效果之间的相关性分析也较少。如果在应用方面建立统一的颜色表达模式(色谱)，对色板进行量化、规范化，有利于定量探明利用有色材料田间防治趋光害虫的内在规律性，以期定量、规范地采用颜色防治田间害虫。

3.性诱

昆虫信息素因其具有高灵敏度、防治效果好、对环境友好、不伤害天敌等特点，已成为害虫综合治理中绿色防控的重要支柱。昆虫性信息素所制成的性诱剂，更是运用在种群监测、大量诱捕、干扰交配、配合治虫等方面。

性信息素和性诱剂用于监测虫情。阎云花等的研究表明，在棉铃虫发生期使用性信息素进行测报的结果准确可靠，要比黑光灯诱蛾法简便、灵敏。美国白蛾性诱剂可以进行成虫的大量诱杀；使用性信息素防治苹果小卷蛾，也取得了不错的防治效果；烟草甲信息素、印度谷螟信息素、谷蠹信息素和斑皮蠹信息素均能诱杀相应的储粮害虫。

许多害虫求偶交配也是依赖性信息素相互联络进行的。如果将雌雄昆虫间的这种交流破坏，那么害虫将无法交配和繁殖后代。干扰破坏交配俗称“迷向法”，即在田里设置性信息素散发器，使性信息素的气味遍布各处，导致雄虫难分真假，无法确认雌虫位置。黎教良等在防治甘蔗条螟中，使用迷向法取得了成功。

将性信息素制成性诱剂，与不育剂、细菌等配合使用，对于防治虫害也具有积极意义。利用性信息素将害虫引诱到合适地点，使其与不育剂、细菌等接触后离开，放任其与其他个体接触、交配。这样，对其种群造成的损害要比当场灭杀更加严重。赵博光等以大袋蛾为试验昆虫，用性信息素加核型多角病毒制成的橡皮头诱芯进行了风洞和林间试验，并证明其具有实用价值。

信息素也可以与有色材料相结合使用。田间虫口密度较低时，可单独采用色板对田间害虫进行诱杀。鉴于色板的诱虫范围相对较小，害虫对色板的反射光无法感知，诱虫效果相对较差，最常见的解决方案是利用“诱芯”诱集目标害虫。“诱芯”对目标害虫具有强烈的吸引效应，其成分多是昆虫性信息素、植物源次生代谢物等挥发性物质，弥散在色板周围，通过昆虫化学生态学原理扩大并增强色板的诱虫性能。这种结合技术方便、简单并且效果显著，例如韩宝瑜等(2008)采用了茶毛虫[*Euproctis pseudoconspersa* (Strand)]性信息素和黄板联用的方法诱捕茶毛虫雄成虫，诱捕效率较单一使用色板有显著提高。

4.食诱

植食性害虫对植物的茎、叶、花、果实、花蜜等进行取食，以此满足生存繁衍。昆虫生长发育所消耗的物质，以及合成昆虫信息素所需的前体物质均来自食物。植食性昆虫有其特定的取食目标，这是大自然植物与昆虫长期协同进化的结果。

昆虫因拥有超强的感觉功能和不俗的活动能力，对植物的类型、生长期、器官等显现出选择偏好行为，而这一行为是昆虫一系列生物学特性的连锁反应。在尚未接触植物前，根据植物的光学、气味等特征，昆虫可以清楚地辨别寄主与非寄主植物。又因为昆虫嗅觉的灵敏度要大大优于视觉，因此向寄主靠近过程中，植食性昆虫的嗅觉起到了主导作用。即昆虫可以通过植物挥发物辨别植物是否为寄主植物，以及偏好寄主和非偏好寄主，且越是偏好的寄主所释放的挥发物对植食性昆虫的引诱作用越强。因此，在植食性昆虫进行寄主选择的过程中，植物挥发物起到了决定性作用，并极大程度地影响着昆虫的生长发育。

植物挥发物包含了多种挥发性植物次生物质，是一种混合物。其主要包含以下物质：绿叶挥发物等脂肪酸衍生物，单萜、半萜等萜烯类化合物，苯丙素、苯类化合物，以及乙醇、乙醛等一些强挥发性的短链化合物。植物挥发物的定性、定量组成与植物的种类、品种、生理阶段、器官、生长环境等因素密不可分。昆虫取食、病菌侵染、干旱、水涝等胁迫因素也会影响植物挥发物的释放。植物挥发物的释放向昆虫提供了食物的各种信息，而昆虫便可根据植物挥发物的定性、定量组成，找到适合、喜爱的食物。虽然一种植物挥发物中一般会有几十甚至几百种组分，但其中有用的信息物质通常不到10种，并且植物挥发物的组成、相对比例甚至释放量都可以对引诱活性产生巨大的影响。

植物挥发物在植物和害虫之间的关系及害虫种群形成中扮演着重要角色。人们很早就开始使用这些化学信息进行害虫防治，如今逐渐演变形成了诱集植物、食诱剂等一系列害虫行为的调控技术。其中，食诱剂是人工合成的，用来模拟植物茎叶、花蕊等害虫食物气味的一种生物诱捕剂，一般对害虫雌雄个体均具有引诱作用。20世纪初，农户用发酵糖水、糖醋酒液模拟腐烂果实、植物伤口分泌液等植食性昆虫食物的气味，来进行害虫诱杀。这些传统食诱剂吸引的害虫谱广，对多种鞘翅目、双翅目害虫有较强的诱杀作用，如糖醋酒液可诱杀螟蛾、实蝇、天牛、金龟子等多种害虫。这些食诱剂在害虫的防控中发挥了不同程度的作用。随着科技的进步，特别是化学分析技术和昆虫嗅觉电生理技术的发展，科学家对植食性害虫食物气味的认知不断深入。通过人工合成挥发性物质，模拟出害虫偏好的食物气味，在此基础上研制出了实蝇、蓟马、夜蛾、甲虫等的新型食诱剂，并已在世界各地大规模应用。迄今为止，食诱剂已在实蝇、蓟马、夜蛾、甲虫等多种害虫的防治中起到了重要作用，并成为害虫综合防治技术体系中不可缺少的组成部分。因为害虫食诱剂针对性强，对环境没有负面影响且效果显著，同时能减少化学杀虫剂的使用，所以食诱剂为化学农药减量使用和绿色防控等提供了新的方向。

(五)“五防”

“五防”包括在前面预防措施的基础上，当病虫害仍然无法得到有效控制时，必须采取的极端方法，将病虫害杀灭，保证作物的产量和品质。当然，一切药剂的使用必须是在遵守农药使用准则的基础上，且满足《食品安全国家标准　食品中农药最大残留限量》(GB 2763—2021)的要求。用于病虫害防治的药剂包括生物源农药和化学农药两大类。生物源农药主要包括植物源农药、动物源农药和微生物源农药三大类。由于这些活性物质是自然界中存在的物质，它容易被日光、植物或土壤微生物分解，很少在农产品和环境中蓄积，因此被国际上公认为最有发展前途的农药。它具有以下3个显著优点：①选择性强，只对靶标有害生物有作用，对人、畜和有益生物及农作物较安全，施用后不会产生危害。②与有机化学农药相比，有害生物对其不易产生抗药性。③生产原料来源广泛。但生物源农药也有局限性，如部分植物源农药活性不高，用药量大，有的击倒力不强，药效发挥较慢，部分昆虫激素类农药施用时间限制较严，错过了防治时期防治效果降低。

1.植物源药剂

植物源农药就是直接利用植物体内能防病杀虫的活性物质制成的农药。狭义概念指直接利用植物产生的天然活性物质或植物的某些部位而制成的农药，广义概念还包括按天然物质的化学结构或类似衍生结构人工合成的农药，如植物源杀虫剂(botanical insecticides)、植物源杀菌剂(botanical fungicides)、植物源除草剂(botanical herbicides)。它包括以下几类活性物质：①植物毒素，如烟碱等；②植物源昆虫激素，如在藿香蓟植物中发现的昆虫早熟素，具有抗昆虫保幼激素活性；③拒食剂，如印楝素可阻止昆虫取食；④引诱剂，如丁香油可引诱橘小实蝇；⑤驱避剂，如香茅油可驱蚊；⑥绝育剂；⑦增效剂，如芝麻油(素)等；⑧植物防卫素，即感病植物自身的抗菌物质；⑨异株克生物质，植物产生的某些次生物质可抑制附近同种或异种植物生长；⑩植物内源激素，如赤霉素、细胞分裂素、芸薹素内酯和三十烷醇等。常见的植物源农药包括以下几种。

(1)苦参碱　又名苦参素，是一种高效、低毒杀虫杀螨剂，其杀虫谱较广。苦参碱是从植物苦参中提取的杀虫活性物质。其杀虫的主要活性物质是苦参碱、氧化苦参碱、野靛碱和槐果碱等多种生物碱。它具有触杀和胃毒作用，其杀虫机理是神经毒剂，害虫(螨)接触药剂后神经麻痹，蛋白质凝固堵塞气门而窒息死亡。其制剂有：0.6%清源宝、0.36%百草1号、0.2%和1%蚜螨敌水剂。用0.6%清源宝水剂800～1 000倍液可防治桃小食心虫、梨木虱和尺蠖；500～800倍液可防治柑橘红蜘蛛、苹果红蜘蛛和山楂红蜘蛛；600～800倍液可防治侧多食跗线螨；1 000～1 200倍液可防治柑橘、桃、梨、苹果和蔬菜蚜虫。苦参碱还可防治菜青虫、小菜蛾、黏虫、尺蠖、叶蝉、粉虱和飞虱等，其对作物和瓢虫、日本方头甲及大草蛉等较安全。它不能与碱性农药混用。苦参碱在白菜、草原、草莓、茶树、大白菜、大葱、番茄、甘蓝、柑橘树、花卉、黄瓜、金银花、韭菜、苦瓜、辣椒、梨树、林木、马铃薯、苹果树、葡萄、茄子、芹菜、三七、十字花科蔬菜、十字花科叶菜、石榴、水稻、松树、桃树、西葫芦、小麦、烟草、杨树、玉米、芋头、猕猴桃、枸杞、豇豆上进行了登记(表5-23)。

表5-23　苦参碱种类和登记数据统计(截至2021年)

登记证号	农药类别	剂型	总含量
PD20170120	杀虫剂	水剂	1.30%
PD20170117	杀菌剂	水剂	0.30%
PD20170027	杀虫剂	水剂	0.50%
PD20120012	杀虫剂	水剂	0.30%
PD20120002	杀虫剂	水剂	0.50%
PD20161103	杀菌剂	水剂	0.50%
PD20110637	杀虫剂	母药	10%
PD20110546	杀虫剂	水剂	0.30%
PD20110345	杀菌剂	可溶液剂	0.30%
PD20110310	杀虫剂	水剂	0.30%
PD20160375	杀虫剂	水剂	0.30%
PD20110116	杀虫剂	水剂	0.30%
PD20110058	杀虫剂	水剂	0.50%
PD20152567	杀虫剂	可溶液剂	0.50%
PD20152538	杀虫剂	水剂	0.50%
PD20152472	杀虫剂	可溶液剂	1%
PD20152442	杀虫剂	水剂	0.50%
PD20102101	杀虫剂	水剂	0.30%
PD20102100	杀虫剂/杀菌剂	可溶液剂	1%

续表5-23

登记证号	农药类别	剂型	总含量
PD20102071	杀虫剂	母药	5%
PD20102038	杀虫剂	水剂	0.30%
PD20102013	杀虫剂	可溶液剂	0.50%
PD20101921	杀虫剂	水剂	0.30%
PD20101866	杀虫剂	水剂	0.30%
PD20151422	杀虫剂	水剂	2%
PD20151243	杀虫剂	水剂	0.50%
PD20151077	杀虫剂	水剂	0.60%
PD20150907	杀虫剂	水剂	0.50%
PD20101681	杀菌剂	可溶液剂	0.30%
PD20101596	杀虫剂	水剂	0.30%
PD20101530	杀虫剂	水剂	0.30%
PD20150834	杀虫剂	水剂	1.30%
PD20101514	杀虫剂	水剂	0.30%
PD20101509	杀虫剂	水剂	0.30%
PD20101455	杀虫剂	水剂	0.30%
PD20101435	杀虫剂	水剂	0.30%
PD20101419	杀虫剂/杀菌剂	水剂	0.30%
PD20150717	杀虫剂	水剂	0.50%
PD20150709	杀虫剂	水剂	0.50%
PD20101385	杀菌剂	可溶液剂	0.36%
PD20101371	杀菌剂	乳油	0.30%
PD20150475	杀虫剂	水剂	1.30%
PD20150437	杀虫剂	水剂	1.30%
PD20150393	杀菌剂	水剂	0.30%
PD20101319	杀虫剂	水剂	0.30%
PD20101283	杀虫剂	水剂	0.50%
PD20101298	杀虫剂	水乳剂	0.30%
PD20101244	杀虫剂	水剂	0.30%
PD20101239	杀虫剂	水剂	0.30%

续表5-23

登记证号	农药类别	剂型	总含量
PD20101234	杀虫剂	水剂	0.30%
PD20101233	杀虫剂/杀菌剂	水剂	0.30%
PD20101227	杀虫剂	水剂	0.30%
PD20101207	杀虫剂	母药	5%
PD20100679	杀虫剂	母药	5%
PD20142032	杀虫剂	水剂	0.30%
PD20141907	杀虫剂	水剂	0.30%
PD20141711	杀虫剂	水剂	0.50%
PD20141670	杀虫剂	水剂	0.30%
PD20141599	杀虫剂	水剂	0.30%
PD20141570	杀虫剂	水剂	0.50%
PD20141224	杀虫剂	水剂	1.30%
PD20140025	杀虫剂	可溶液剂	0.30%
PD20140021	杀虫剂	可溶液剂	1%
PD20141143	杀虫剂	水剂	0.30%
PD20141103	杀虫剂	可溶液剂	1%
PD20141080	杀虫剂	水剂	0.30%
PD20141033	杀虫剂	水剂	0.30%
PD20140710	杀虫剂/杀菌剂	水剂	0.50%
PD20140550	杀虫剂	水剂	0.30%
PD20140426	杀虫剂	水剂	1.30%
PD20140188	杀菌剂	水剂	5%
PD20140085	杀虫剂	水剂	0.30%
PD20132711	杀虫剂	可溶液剂	0.50%
PD20132710	杀虫剂/杀菌剂	可溶液剂	1.50%
PD20132689	杀虫剂	水剂	0.30%
PD20184106	杀虫剂	可湿性粉剂	0.30%
PD20183615	杀虫剂	水剂	2%
PD20183164	杀虫剂	水剂	0.50%
PD20182706	杀螨剂	水剂	0.50%

续表5-23

登记证号	农药类别	剂型	总含量
PD20131467	杀虫剂	水剂	1%
PD20182354	杀虫剂	水剂	1%
PD20182126	杀菌剂	水剂	0.50%
PD20182014	杀虫剂	可溶液剂	1%
PD20131203	杀虫剂	水剂	0.50%
PD20181757	杀菌剂	水剂	2%
PD20181302	杀虫剂	可溶液剂	0.30%
PD20130430	杀虫剂	可溶液剂	1.50%
PD20130428	杀虫剂	水剂	0.50%
PD20180875	杀虫剂	水剂	0.50%
PD20130180	杀菌剂	水剂	0.30%
PD20172882	杀虫剂	水剂	0.30%
PD20121750	杀虫剂	水剂	2%
PD20121727	杀虫剂	水剂	0.60%
PD20172573	杀虫剂	水剂	2%
PD20172368	杀菌剂	水乳剂	3%
PD20121488	杀虫剂	水剂	1.30%
PD20172009	杀虫剂	水剂	0.30%
PD20171810	杀虫剂	水剂	0.50%
PD20121361	杀菌剂	可溶液剂	0.30%
PD20171339	杀虫剂	水剂	5%
PD20171287	杀虫剂	水剂	2%
PD20171271	杀虫剂	水剂	1.30%
PD20171246	杀虫剂/杀螨剂	水剂	0.30%
PD20171223	杀虫剂	水剂	1.3
PD20121089	杀虫剂	母药	5%
PD20171069	杀虫剂	水剂	0.50%
PD20120826	杀菌剂	水剂	0.50%
PD20170851	杀虫剂	水剂	0.30%
PD20120115	杀虫剂	水剂	0.30%

(2)除虫菊素　除虫菊是一种多年生草本植物,其杀虫活性物质是除虫菊素Ⅰ和除虫菊素Ⅱ,其性质不稳定,在强光和高温下或遇碱时均易分解失效。对人畜为中等毒性,对植物安全。除虫菊具触杀作用,无胃毒作用,击倒力强,持效期短。主要用于防治双翅目、同翅目和鳞翅目害虫,但目前应用最广泛的是防治卫生害虫,如蚊、蝇和蟑螂等。果树上主要用于防治蚜虫、卷叶蛾、尺蠖、凤蝶和椿象等。剂型有3%除虫菊乳油和0.7%~1%除虫菊粉剂,另有蚊香和气雾剂。用3%除虫菊乳油600~800倍液可防治柑橘、梨、苹果和桃树蚜虫、尺蠖、卷叶蛾和凤蝶等。以除虫菊素为先导化合物合成的拟除虫菊酯类,其活性比除虫菊更高、更稳定,如溴氰菊酯和甲氰菊酯等。除虫菊素登记的作物包括茶树、甘蓝、十字花科蔬菜、西瓜、烟草、杨梅树、叶菜、猕猴桃树10种(表5-24)。

表5-24　除虫菊素种类和登记数据统计(截至2021年)

登记证号	农药类别	剂型	总含量
WP20210393	卫生杀虫剂	水乳剂	1.50%
WP20210184	卫生杀虫剂	水乳剂	1.50%
WP20160045	卫生杀虫剂	热雾剂	1.80%
WP20110080	卫生杀虫剂	水乳剂	1.50%
PD20200930	杀虫剂	水乳剂	0.50%
PD20200175	杀虫剂	水乳剂	1.50%
PD20098425	杀虫剂	水乳剂	1.50%
WP20190012	卫生杀虫剂	水乳剂	1%
PD20095107	杀虫剂	乳油	5%
PD20092513	杀虫剂	原药	70%
PD20092509	杀虫剂	原药	70%
PD20184308	杀虫剂	水乳剂	1.50%
WP20080074	卫生杀虫剂	原药	60%
WP20180037	卫生杀虫剂	电热蚊香液	0.80%
PD20121952	杀虫剂	水乳剂	1.50%
PD20170359	杀虫剂	母药	50%

(3)鱼藤酮　又名鱼藤精,是从一种多年生豆科藤本植物鱼藤中提取的杀虫活性物质,因其对鱼毒性较高,故又称毒鱼藤。其活性成分还包括鱼藤素和毛鱼酮,易受日光和空气影响而分解,遇碱失效,在干燥条件下较稳定,对人、畜低毒,对天敌较安全,对植物无害,对鱼和猪高毒。鱼藤酮具有强力的触杀和胃毒作用,还有一定的驱避效果,对植物的生长有一定刺激作用,在植物上无残留,主要用在果树、茶、桑和蔬菜等作物,可防治蚜虫、卷叶蛾和尺蠖等多种害虫,还可防治卫生害虫和家畜体外寄生虫。其制剂有7.5%鱼藤酮、2.5%鱼藤酮和10%鱼藤酮等3种乳油。用7.5%鱼藤酮600~800倍液可防治柑橘尺蠖、卷叶蛾、柑橘凤蝶、柑橘木虱、刺蛾和恶性叶甲,800~1 000倍液可防治香蕉交脉蚜,800~1 200倍液可防治各种蚜虫,

600 倍液可防治菜青虫和小菜蛾等。鱼藤酮在茶树、甘蓝、十字花科蔬菜、十字花科叶菜、蔬菜、叶菜、油菜 7 种作物上登记(表 5-25)。

表 5-25　鱼藤酮种类和登记数据统计(截至 2021 年)

登记证号	农药类别	剂型	总含量
PD91105-2	杀虫剂	乳油	2.50%
PD20211496	杀虫剂	微乳剂	6%
PD20110891	杀虫剂	乳油	2.50%
PD20160583	杀虫剂	乳油	2.50%
PD20151703	杀虫剂	乳油	2.50%
PD20151357	杀虫剂	微乳剂	6%
PD20200328	杀虫剂	微乳剂	6%
PD20150623	杀虫剂	可溶液剂	5%
PD20097721	杀虫剂	乳油	2.50%
PD20142178	杀虫剂	微乳剂	6%
PD20095935	杀虫剂	原药	95%
PD20141073	杀虫剂	悬浮剂	2.50%
PD20140692	杀虫剂	微乳剂	6%
PD20092307	杀虫剂	乳油	4%
PD20091876	杀虫剂	乳油	7.50%
PD20085108	杀虫剂	乳油	2.50%
PD20083523	杀虫剂/杀螨剂	原药	95%
PD20171358	杀虫剂	微乳剂	5%
PD20170990	杀虫剂	乳油	2.50%

(4)烟碱　从烟草中提取的杀虫活性成分，又名尼古丁。烟碱制剂对人、畜为中等毒性，具有触杀、胃毒和熏蒸作用，并有一定杀卵效果。其杀虫机制是麻痹神经，烟碱的蒸气可从虫体的任何部分侵入体内而发挥毒杀作用。由于烟碱易挥发，故其持效期较短，但烟碱的盐类则较稳定，持效期较长，可防治果树、蔬菜、茶和棉花等作物的蚜虫、蓟马、卷叶蛾、食心虫、潜叶蛾、菜青虫、飞虱和叶蝉等。其剂型有 40%硫酸烟碱和 10%烟碱乳油，还有烟草粉和自制的烟草石灰液。用 40%硫酸烟碱 800～1 000 倍液可防治柑橘、桃、梨和苹果等的蚜虫、梨小食心虫、柑橘卷叶蛾、桃卷叶蛾、柑橘木虱、柑橘潜叶蛾、柑橘恶性叶甲、椿象、叶蝉和蓟马等，使用时混入 0.3%肥皂或洗衣粉可增加杀虫效果。烟草石灰液的配制方法是：烟叶 0.5 kg、生石灰 0.25 kg、水 30 kg，先用 5 kg 开水浸泡烟叶(加盖)，待开水不烫手时，用手揉搓烟叶，然后捞出烟叶，再放入 5 kg 水，反复揉搓至不出浑水后捞出烟叶，将浸泡烟叶的水过滤后，再用 5 kg 水溶解生石灰成石灰乳并过滤，最后将烟叶水和石灰乳混合，加入 15 kg 水即可喷雾。但烟叶水和石灰乳混后要立即施用，也不能和其他农药混用，用烟叶石灰水 30 倍液可防治恶性叶甲。烟碱商品药登记的作物有甘蓝、林木、棉花、松树 4 种(表 5-26)。

表 5-26　烟碱种类和登记数据统计(截至 2021 年)

登记证号	农药类别	剂型	总含量
PD20100680	杀虫剂	原药	0.9%
PD20150041	杀虫剂	水剂	0.1%

(5)印楝素　印楝(*Azaditachta indica*)是一种喜温耐旱的速生常绿乔木,为楝科(Meliaceae)植物。印楝树的原生地在南亚及东南亚地区,用途广泛,如可改善防治干热地区的荒漠化、提供木材及燃料、作为行道树木美化市容和天然植物杀虫剂的来源等。最近 30 年间,非洲、美洲及澳大利亚等国家和地区纷纷引种。我国继 1986 年首次在海南省引种印楝成功后,于 1995 年在云南省大面积引种,目前已造林 1 666.67 hm^2。国内外大量研究表明,在印楝的种子、叶、树皮、枝条等部位中含有多种杀虫活性物质,其中以印楝素的杀虫活性最强。

印楝素是复杂的大分子物质,分子结构中有许多能够发生反应的官能团,它易分解,不污染环境,有利于生态平衡和发展可持续农业,生产绿色食品。印楝素的应用不易产生抗药性,防治害虫范围广,而且只对那些植食性昆虫起作用,对蜘蛛、蜜蜂以及高等动物安全,因此引起了全世界范围内科学家的广泛关注。印楝素杀虫活性具有广谱、高效、低毒、易降解、无残留、无抗药性等优点,且对脊椎动物无危害,是目前最具开发潜力的植物源农药。印楝素对 200 多种昆虫均具有很高的生物活性,几乎包括重要的农业、卫生害虫。其主要作用包括:①强烈的拒食作用;②有效地扰乱昆虫的胚后发育;③有效的绝育作用;④在不干扰昆虫蜕皮的剂量下处理昆虫,其适应性降低(表 5-27)。

表 5-27　印楝素种类和登记数据统计(截至 2021 年)

登记证号	农药类别	剂型	总含量
PD20110360	杀虫剂	乳油	0.50%
PD20210205	杀线虫剂	水分散粒剂	0.30%
PD20110076	杀虫剂	乳油	0.30%
PD20102187	杀虫剂	乳油	0.30%
PD20151522	杀虫剂	微乳剂	1%
PD20101847	杀虫剂	母药	12%
PD20150973	杀虫剂	可溶液剂	0.50%
PD20101580	杀虫剂	乳油	0.30%
PD20101579	杀虫剂	母药	10%
PD20141074	杀虫剂	微乳剂	1%
PD20141036	杀虫剂	水分散粒剂	2%
PD20140520	杀虫剂	乳油	0.30%
PD20183655	杀虫剂	可溶液剂	0.30%
PD20131636	杀虫剂	乳油	0.30%
PD20182146	杀虫剂	微乳剂	1%
PD20130868	杀虫剂	乳油	0.50%

续表5-27

登记证号	农药类别	剂型	总含量
PD20181127	杀虫剂	粉剂	0.03%
PD20181114	杀虫剂	微乳剂	1%
PD20130175	杀虫剂	乳油	0.60%
PD20172720	杀虫剂	母药	40%
PD20171332	杀虫剂	微乳剂	1%
PD20120804	杀虫剂	乳油	0.30%
PD20170766	杀虫剂	水分散粒剂	1%

(6)蛇床子素　蛇床子素是从传统中草药蛇床子果实中提取的天然化合物，属香豆素类化合物，具有光敏特性。它不仅具有香豆素的核心结构苯环和吡喃酮环，还有重要的农药活性基团异戊烯结构。蛇床子素以触杀作用为主，胃毒作用为辅。其通过体表渗透进入虫体内，抑制昆虫体壁和真菌细胞壁上的几丁质沉积，导致昆虫肌肉非功能性收缩。它还具有抑制病原菌孢子产生、萌发、黏附、入侵及芽管伸长等作用。对多种鳞翅目害虫、同翅目害虫均有良好的防治效果。蛇床子素在仓储原粮、草莓、茶树、番茄、甘蓝、花卉、黄瓜、辣椒、葡萄、三七、芍药、十字花科蔬菜、水稻、西葫芦、小麦、枸杞、豇豆等作物上登记(表5-28)。

表 5-28　蛇床子素种类和登记数据统计(截至 2021 年)

登记证号	农药类别	剂型	总含量
PD20152294	杀虫剂	水乳剂	0.50%
PD20151196	杀菌剂	可溶液剂	0.40%
PD20150223	杀菌剂	水乳剂	1%
PD20150155	杀菌剂	母药	10%
PD20150150	杀菌剂	水乳剂	1%
PD20141075	杀菌剂	水乳剂	1%
PD20183068	杀菌剂	水乳剂	1%
PD20182865	杀菌剂	微乳剂	1%
PD20182169	杀虫剂/杀菌剂	可溶液剂	0.40%
PD20121586	杀菌剂	水乳剂	1%
PD20172589	杀菌剂	可溶液剂	0.40%
PD20121348	杀虫剂	乳油	0.40%
PD20121347	杀虫剂	母药	10%
PD20171623	杀菌剂	水乳剂	1%
PD20171466	杀菌剂	可溶液剂	1%
PD20171161	杀菌剂	水乳剂	1%
PD20171092	杀虫剂	粉剂	1%

(7)藜芦碱　又名虫敌和西伐丁,是从藜科多年生灌木植物藜芦中提取的活性物质。藜芦碱的作用对象与烟碱相似,对人、畜低毒,对植物安全,具有触杀、胃毒和熏蒸作用,其有效成分硫酸盐—硫酸毒藜碱的挥发性较低,贮存方便。藜芦碱是一种速效杀虫剂,可防治柑橘、苹果、梨和桃蚜虫、粉虱、木虱和潜叶蛾等。其制剂为40%和30%硫酸毒藜碱及0.5%藜芦醇溶液。用40%硫酸毒藜碱800～1 000倍液可防治苹果、梨蚜虫和木虱;600～800倍液可防治柑橘粉虱、蚜虫和潜叶蛾等,还可防治菜青虫和棉铃虫等,对家蚕有毒,勿与碱性农药混用。

(8)茴蒿素　该杀虫剂的主要成分是山道年,是从植物茴蒿中提取的一种广谱性杀虫物质,是一种低毒杀虫剂,具有触杀和胃毒作用。害虫接触或吞食药剂后神经麻痹,堵塞气门窒息死亡。茴蒿素对植物和天敌均安全,可防治各种蚜虫、食心虫、黄粉蚜、梨木虱、尺蠖、菜青虫、天牛幼虫和侧多食跗线螨等。其制剂有0.65%茴蒿素水剂和3%茴蒿素乳油两种。用0.65%茴蒿素水剂400～800倍液可防治各种果树蚜虫;300～400倍液可防治桃小食心虫、梨小食心虫、梨木虱和柑橘尺蠖等,并可兼治柑橘红蜘蛛,还可防治蚊、蝇和棉铃虫等。

(9)其他植物源农药　植物源农药种类较多,目前生产上还包括以下几种:①楝素(又名蔬果净):0.5%楝素乳油,对害虫有拒食、驱避和胃毒作用,可防治食心虫、金纹细蛾、菜青虫和小菜蛾等鳞翅目害虫。②油酸烟碱(又名毙蚜丁):27.5%油酸烟碱乳油,以触杀和胃毒为主,作用机理与烟碱相似,可防治各种蚜虫、飞虱、叶蝉和菜青虫等。③皂素烟碱:其作用机制和防治对象与烟碱相似。制剂为27%皂素烟碱。④士的宁:属抗凝血剂杀虫杀鼠剂。⑤烟百素:系烟碱、百部碱和楝素复配剂,具触杀和胃毒作用,可防治蚜虫、蚧类幼蚧、菜青虫、卷叶蛾和红蜘蛛等,其制剂为1.1%烟百素乳油。⑥芝麻素(又名增效敏和麻油素):从芝麻油中分离而得,主要对拟除虫菊酯类农药有增效作用,用作防治蚊、蝇和蟑螂的气雾剂。⑦芸薹素内酯(又名油菜素内酯、天丰素和益丰素):有保花保果,增加作物产量,改进品质等作用,其制剂有0.01%芸薹素内酯乳油和0.2%芸薹素内酯(益丰素)可湿性粉剂。⑧三十烷醇:具有促进种子发芽、保花保果等多种效果,有0.1%三十烷醇微乳油和1.4%三十烷醇乳粉。

2.微生物源农药和农用抗生素类农药

(1)微生物源农药　主要包括细菌农药、真菌农药、病毒农药。可通过基因工程操纵技术改造昆虫病原微生物,使昆虫病原物表达靶向害虫的物质(毒蛋白、关键基因的dsRNA等),进一步提升昆虫病原物的防效。

(2)农用抗生素类农药　有杀虫、杀螨剂和杀菌剂等。杀虫、杀螨剂有阿维菌素、甲氨基阿维菌素苯甲酸盐、多杀霉素、浏阳霉素等。杀菌剂有井冈霉素、申嗪霉素、农用链霉素、春雷霉素、多抗霉素、嘧啶核苷类抗生素、嘧肽霉素、宁南霉素等。

3.矿物源农药

以天然矿物原料为主要成分的无机化合物农药称为矿物源农药,包括硫化物、铜化物、磷化物以及石油等。常见矿物源农药包括硫悬浮剂、石硫合剂、波尔多液、磷化铝以及石油乳剂等,用作杀虫剂、杀鼠剂、杀菌剂和除草剂。

1)硫制剂

石硫合剂作为农药使用已有悠久的历史,其杀菌力强,原料价格便宜,制造简单,使用方便,故直至今日仍在广泛使用。石硫合剂是将硫黄和石灰在水中煮沸而制成的碱性红棕色透明液体,有效成分为多硫化钙。此外,还有硫代硫酸钙、亚硫酸钙、硫酸钙等。在石硫合剂的有效成分中添加具有杀菌作用的马钱子、生姜、辣椒等,可使石硫合剂的杀菌作用更强。石硫合剂杀菌效果好，对葡萄毛毡病、白粉病、锈病，杀灭率达90%以上。同时对其他果树，如梨、桃、苹果等的黑星病、白粉病、疮痂病、沙皮病也具有较好的防效。同时，石硫合剂也具有较好的杀虫活性，对棉花红蜘蛛、棉蚜、叶斑病等害虫的杀灭率可达95%～100%。

2)铜制剂

(1)无机铜制剂　无机铜制剂是最早诞生的一类杀细菌药剂，存在形式主要包括氢氧化铜、碱式硫酸铜、王铜、氧化亚铜、络氨铜等，最常见的是波尔多液。波尔多液是用硫酸铜(蓝矾)、氧化钙(生石灰)和水配制而成。因生石灰和水的用量不同，可配成不同量式和不同倍数的波尔多液，供不同种类作物和不同季节选择使用。量式是指石灰的用量，分等量式、少量式、倍量式、多量式等类型。倍数指配制水的用量，从100倍到400倍。波尔多液具有毒性小(对人基本无毒)、价格低、污染少、使用安全方便、防治病害范围广等特点，且不产生抗药性，不易被雨水淋刷，药性持久。波尔多液自问世百多年以来，久用不衰，是多种作物病害防治的常用药。

药液喷在作物表面可形成一层薄膜，黏着力较强，不易被雨水冲刷，使用时以在发病前或发病初期喷雾效果最好，一般连续喷洒2～4次即可。波尔多液可防治黄瓜细菌性角斑病、炭疽病，马铃薯晚疫病，番茄疫病、晚疫病、灰霉病、叶霉病、斑枯病、溃疡病，甜(辣)椒炭疽病、软腐病、疮痂病，茄子绵疫病、褐纹病，豆类锈病，菜豆细菌性疫病、炭疽病，豇豆煤霉病、霜霉病和姜腐烂病等，可用1∶1∶200倍(硫酸铜∶生石灰∶水，下同)的波尔多液喷雾；防治黄瓜霜霉病、疫病、蔓枯病、葱类霜霉病、葱紫斑病，用1∶0.5∶(240～300)倍的波尔多液喷雾；防治芹菜斑枯病、斑点病，用1∶0.5∶200倍的波尔多液喷雾；防治蚕豆赤斑病用1∶1∶250倍的波尔多液喷雾；防治油菜、豌豆霜霉病用1∶2∶200倍的波尔多液喷雾。

(2)有机铜制剂　目前市场上的有机铜制剂主要包括乙酸铜、噻菌铜、喹啉铜、琥胶肥酸铜(DT)、松脂酸铜、腐殖酸铜等。试验证明，750倍氨基酸铜对葡萄霜霉病的治疗效果要优于波尔多液，氨基酸铜对黄瓜霜霉病也具有较好的防病效果，防效可达74.88%；750倍氨基酸铜对番茄晚疫病的防病效果优于72%杜邦克露，防效可以达70.15%。通过筛选浓度试验得出，750倍氨基酸铜防病效果最好，在发病后开始喷施，连续施用4次，对番茄灰霉病具有较好的控制作用，防效可达84.42%。通过对铜离子含量和病情指数回归分析可以得出，当叶片铜离子含量为0.017%时，氨基酸铜对黄瓜霜霉病的防治效果理论值可以达到93.47%；当叶片中铜离子含量达到0.019%时，对晚疫病的防治效果可以达到76.86%；当番茄叶片中铜离子含量达到0.018%时，对番茄灰霉病的防治效果可以达到88.42%。

4.生化农药

生物化学农药包括生长调节剂、信息素/引诱剂。生长调节剂有芸薹素内酯、赤霉酸、吲哚乙酸、吲哚丁酸等。信息素/引诱剂有诱蝇羧酯、诱虫烯、性迷向素等。

5.RNAi农药

RNAi(RNA interference，RNA干涉)是近年来发现的在生物体内普遍存在的一种古老的生物学现象，是由双链RNA(double strand RNA，dsRNA)介导的、由特定酶参与的特异性基因沉默现象，它在转录水平、转录后水平和翻译水平上阻断基因的表达。RNAi广泛存在于从真菌到高等植物、从无脊椎动物到哺乳动物中。同时作为一项新兴生物技术，RNAi有着广泛的应用前景。

(1)RNAi的定义　目前对RNAi的定义有很多种，不同的资料对其定义的侧重点也不尽相同，如果将 RNAi 看作一种生物学现象，可以有以下定义：① RNAi 是由 dsRNA 介导的、由特定酶参与的特异性基因沉默现象，它在转录水平、转录后水平和翻译水平上阻断基因的表达。② RNAi 是有 dsRNA 参与指导的，以外源和内源 mRNA 为降解目标的转基因沉默现象，是具有核苷酸序列特异性的自我防御机制，是一种当外源基因导入或病毒入侵后，细胞中与转基因或入侵病毒 RNA 同源的基因发生共同基因沉默的现象。

如果将其作为一门生物技术，则定义为：① RNAi 是指通过反义 RNA 与正链 RNA 形成双链 RNA 特异性地抑制靶基因的现象，通过人为地引入与内源靶基因具有相同序列的双链 RNA(有义 RNA 和反义 RNA)，从而诱导内源靶基因的 mRNA 降解，达到阻止基因表达的目的。② RNAi 是指体外人工合成的或体内的 dsRNA 在细胞内特异性地将与之同源的 mRNA 降解成 21～23 nt 的小片段，使相应的基因沉默。③ RNAi 是将与靶基因的 mRNA 同源互补的 dsRNA 导入细胞，能特异性地降解该 mRNA，从而产生相应的功能表型缺失，属于转录后水平的基因沉默(Post-transcriptional gene silence，PTGS)。各种不同定义虽然说法不同，但所描述事实是大体相同的，简单地可以说，RNAi 就是指由 RNA 介导的基因沉默现象。

(2)RNAi 的分子机制　生化和遗传学研究表明，RNAi 包括起始阶段和效应阶段。在起始阶段，加入的小分子 RNA 被切割为 21～23 核苷酸长度的小分子干扰 RNA 片段(small interfering RNAs，siRNAs)。研究表明，一个 RNase Ⅲ家族中的 Dicer 的酶可以特异识别 dsRNA，能以一种 ATP 依赖的方式逐步切割由外源导入或者由转基因、病毒感染等各种方式引入的 dsRNA，将 RNA 降解为 19～21 bp 的 siRNAs，每个片段的 3′端都有 2 个碱基突出。

在 RNAi 效应阶段，siRNA 双链结合一个核酶复合物从而形成 RNA 诱导沉默复合物(RNA-induced silencing complex，RISC)。激活 RISC 需要一个依赖于 ATP 的、将小分子 RNA 双链解开的过程。激活的 RISC 通过碱基配对定位到同源 mRNA 转录本上，并在距离 siRNA 3′端 12 个碱基的位置切割 mRNA。此外，还有研究表明含有启动子区的 dsRNA 在植物体内同样被切割成 21～23 nt 长的片段，这种 dsRNA 可使内源相应的 DNA 序列甲基化，从而使启动子失去功能，使其下游基因沉默。

(3)RNA 农药的创制　RNAi 被广泛应用于昆虫基因的功能解析，为阐明其复杂生命活动提供了一种实用的分析工具。但昆虫的免疫系统会阻止外源 dsRNA 进入自身细胞并将其降解，肠道和血淋巴中的 RNA 酶会导致外源 dsRNA 的快速降解，在一定程度上降低了 RNAi 效率。一些重要的鳞翅目和半翅目昆虫的 RNAi 效率低、稳定性差，严重制约了关键基因的功能解析与可喷洒型 RNA 农药的创制。为提升 dsRNA 的递送效率，Zheng 等(2019)建立了一种以纳米材料为载体的核酸递送平台：以苝酰亚胺为荧光核，合成了周围携带正电荷树枝状大分子星聚物，作为一种阳离子荧光聚合物，其可以通过静电作用结合负电性的核酸，形成稳定的复合体。利用该荧光型纳米载体首次建立了一种新型的蚜虫 dsRNA 体壁递送系统。通过简便的背板点滴法，纳米载体可以高效穿透大豆蚜体壁，进入胚胎、脂肪体等组织细胞，靶标基因的干扰效率最高达 95.4%，有效压低了虫口密度。这项研究建立了一种 dsRNA 害虫体壁递送系统，克服了 dsRNA 的递送瓶颈，大幅提升了 dsRNA 的递送效率和 RNAi 效率。

虽然纳米递送系统实现了 dsRNA 的高效递送，但其细胞内作用机制尚不明确。纳米载体如何装载 dsRNA，是否可以保护 dsRNA，dsRNA/纳米载体复合体介导了哪些细胞内关键因子，如何高效递送其跨越细胞膜屏障，如何提升 RNAi 效率？这些都值得深入研究。因此，

Ma等人(2022)开展了纳米载体介导的RNAi效率提升的机理研究。该纳米载体可以通过静电、氢键与范德华力稳定结合dsRNA,保护dsRNA免受RNA酶和昆虫血淋巴降解,激活网格蛋白介导的胞吞信号通路,上调*AP*251、*Rab*11、*Arf*、*CHMP*5等诸多关键基因的表达,从而提升了dsRNA/siRNA的细胞递送效率,并帮助dsRNA实现早期内体的逃逸,避免溶酶体的降解。该纳米载体可稳定结合dsRNA穿透大豆蚜体壁,基因干扰效率达58.87%~86.86%,制备RNA杀虫剂并开展室内喷雾实验,两种RNA喷雾剂的致死率分别达到78.50%和75.22%,达到了生物防治的技术指标。解决了dsRNA的递送难题之后,dsRNA高额的合成成本限制了其在害虫防控中的实际应用。Ma等(2021)建立了一种新型工程菌表达体系,其RNA产量约是L4440-HT115(DE3)工程菌表达体系的3倍。近期,Ma等(2022)将桃蚜两个生长发育关键基因构建在同一个表达载体上,实现了双靶标基因RNA的批量生产,制备了RNA纳米农药,其具有良好的植物内吸性能,对田间靶标害虫的综合防效在60%左右。

八、绿色防控实施

(一)绿色防控类型

绿色防控是构建系统平衡和生态协调的有机统一体,其范围和空间有很大的延展性,可以从多个层面实施,构成不同层次的绿色防控类型。主要分为以下3个类型的防控。

(1)有限绿色防控(初级阶段)　指针对作物的某一个至少数几个病虫害所采取的局部性或阶段性绿色防控措施。

(2)全程绿色防控(中级阶段)　指针对一种作物生长全过程所采取的系统性绿色防控措施。

(3)区域绿色防控(高级阶段)　指针对某个特定生态区域各种作物上所采取的协同性和系统性绿色防控措施。

(二)绿色防控技术模式

1. 以基地为主线的绿色防控技术模式

以绿色防控农产品基地为依托,以主要农产品为主线,以重要靶标病虫害为对象组装的绿色防控技术模式。众多的绿色农产品生产基地均采用此类技术模式。

2. 以作物为主线的绿色防控技术模式

以作物为主线,根据其不同生育期病虫害发生、为害特点,组装关键技术产品,形成全程绿色化防控技术模式。在蔬菜、水果等鲜食农产品上大多推广此类模式。

3. 以靶标有害生物为主线的绿色防控模式

以农作物重要靶标病虫害为主线,组装绿色防控技术或产品,形成全程绿色化防控技术模式。如东北春玉米的玉米螟绿色防控技术体系,南方水稻的稻瘟病生物多样性控制技术体系等。

4. 以投入品为主线的绿色防控技术模式

以绿色植保投入品为主线,根据作物不同生育期靶标病虫害发生、消长规律,辅以其他非化学防控措施组装而成的绿色化防控技术模式。如玉米螟绿色防控所采用的诱虫灯和高架喷雾机,水稻二化螟绿色防控所采用的性诱剂和生物农药等。

5. 以设施农业为主线的绿色防控技术模式

以设施农业特殊生态环境为主线,集成多种绿色防控技术和产品的绿色防控技术模式。

如设施草莓病虫害、设施蔬菜病虫害的绿色防控技术模式。

6.以生境调控为主线的绿色防控技术模式

以靶标生境为单元，应用景观生态学原理，通过创造有利于天敌繁殖而不利于靶标病虫害生存的环境条件，从而达到控害保益效果的绿色防控技术模式，如蝗虫生态治理和小麦条锈病源头治理等技术模式。

(三)绿色防控推广模式

1.政府主导型

以政府项目为主导，植保技术部门制定实施方案，开展系列指导服务的绿色防治技术推广机制。

2.技术驱动型

各级植保技术部门为实施主体，以农作物或靶标病虫害为主线，集成技术模式，开展展示示范的推广机制。如全国玉米螟绿色防控技术创新与产业化推广项目。

3.企业推动型

以绿色农产品生产企业或绿色防控产品生产企业为主导的绿色防控推广机制。如频振式诱虫灯、性诱剂、捕食螨等产品生产企业与农技部门结合，在其产品推广适宜区域、示范展示基地，集成技术模式、开展展示示范、技术培训、售后服务等系列活动，推广绿色防控技术。

4.合作组织带动型

以各类专业化合作组织为龙头，带动以特色农产品生产为主的农业生产者，根据产品质量安全有关规定，推广绿色防控技术。如有机或绿色农产品生产的农业专业合作组织，通过生产认证的绿色产品，推广绿色防控技术。

第六章　生物和产品安全技术

绿色有机生产技术是践行生态文明体制建设和乡村振兴战略的重要途径和方法。以农业生态健康建设为基础，遵循安全农产品生产标准，采取绿色生产投入品和技术，生产符合食品安全、保护生态环境的农产品。

第一节　产品安全标准体系

一、绿色食品

（一）绿色食品标准体系框架

图 6-1 为绿色食品标准体系结构框架。

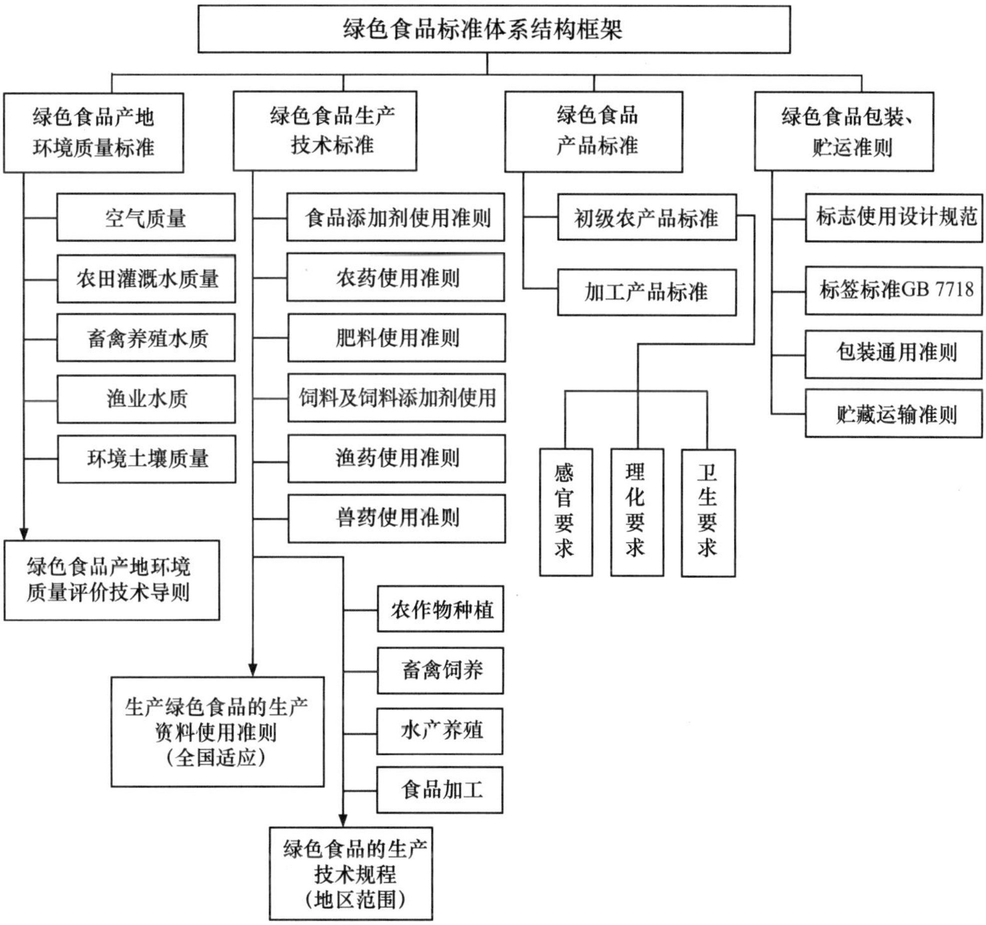

图 6-1　绿色食品标准体系结构框架

(二)绿色食品标准

绿色食品标准体系由行业标准和地方标准两部分构成。行业标准由中国绿色食品发展中心制订,现行有效的行业标准共126项,包括绿色食品产地环境质量标准、生产技术标准、产品标准和包装贮藏运输标准四部分,贯穿绿色食品生产全过程。绿色食品准则类标准见表6-1,产品类标准见表6-17。

表6-1 绿色食品准则类标准

序号	标准编号	标准名称
1	NY/T 391—2021	绿色食品　产地环境质量
2	NY/T 392—2013	绿色食品　食品添加剂使用准则
3	NY/T 393—2020	绿色食品　农药使用准则
4	NY/T 394—2021	绿色食品　肥料使用准则
5	NY/T 471—2018	绿色食品　畜禽饲料及饲料添加剂使用准则
6	NY/T 472—2013	绿色食品　兽药使用准则
7	NY/T 658—2015	绿色食品　包装通用准则
8	NY/T 755—2013	绿色食品　渔药使用准则
9	NY/T 896—2015	绿色食品　产品抽样准则
10	NY/T 1054—2021	绿色食品　产地环境调查、监测与评价导则
11	NY/T 1055—2015	绿色食品　产品检验规则
12	NY/T 1056—2021	绿色食品　贮藏运输准则

二、有机产品

(一)基础标准

《有机产品生产、加工、标识与管理体系要求》(GB/T 19630—2019)代替了《有机产品　第1部分:生产》(GB/T 19630.1—2011)、《有机产品　第2部分:加工》(GB/T 19630.2—2011)、《有机产品　第3部分:标识与销售》(GB/T 19630.3—2011)和《有机产品　第4部分:管理体系》(GB/T 19630.4—2011)。

1.植物生产通则

植物生产通则具体内容和要求见表6-2。

表6-2 植物生产通则

序号	内容	要求
4	通则	
4.1	生产单元范围	边界应清晰,所有权和经营权应明确,并且已按照管理体系的要求建立并实施了有机生产管理体系

续表6-2

序号	内容	要求
4.2	转换期	由常规生产向有机生产发展需要经过转换，经过转换期后播种或收获的植物产品或经过转换期后的动物产品才可作为有机产品销售。生产者在转换期间应完全符合有机生产要求
4.3	基因工程生物/转基因生物	不应在有机生产体系中引入或在有机产品上使用基因工程生物/转基因生物及其衍生物，包括植物、动物、微生物、种子、花粉、精子、卵子、其他繁殖材料及肥料、土壤改良物质、植物保护产品、植物生长调节剂、饲料、动物生长调节剂、兽药、渔药等农业投入品 同时存在有机和非有机生产的生产单元，其常规生产部分也不得引入或使用基因工程生物/转基因生物
4.4	辐照	不应在有机生产中使用辐照技术
4.5	投入品	4.5.1　生产者应选择并实施栽培和(或)养殖管理措施，以维持或改善土壤理化和生物性状，减少土壤侵蚀，保护植物和养殖动物的健康 4.5.2　在栽培和(或)养殖管理措施不足以维持土壤肥力和保证植物和养殖动物健康，需要使用有机生产体系外投入品时，可以使用附录A和附录B列出的投入品，但应按照规定的条件使用。在附录A和附录B涉及有机农业中用于土壤培肥和改良、植物保护、动物养殖的物质不能满足要求的情况下，可以参照附录C描述的评估准则对有机农业中使用除附录A和附录B以外的其他投入品进行评估 4.5.3　作为植物保护产品的复合制剂的有效成分应是表A.2列出的物质，不应使用具有致癌、致畸、致突变和神经毒性的物质作为助剂 4.5.4　不应使用化学合成的植物保护产品 4.5.5　不应使用化学合成的肥料和城市污水污泥 4.5.6　获得认证的产品中不得检出有机生产中禁用物质

有机种植生产过程见表6-3。

表6-3　有机种植生产过程

序号	内容	要求
5	植物生产	
5.1	转换期	根据作物的生命周期(一年和多年)分为24个月和36个月
	平行生产	规定了一年生和多年生作物不同要求，一年生作物不得存在平行生产
5.3	产地环境要求	水、土、气的检测报告和评价报告，是中国有机标准的特殊点
	缓冲带	目的要求为主，取消隔离带的宽度，除了飘移外还要考虑到渗透
5.5	种子和植物繁殖材料	对一年生作物要求严格，种苗必须是有机方式培育；对多年生作物没有要求
5.6	栽培	规定了轮作、间作对生物多样性和土壤的要求，明确节水灌溉方式

续表6-3

序号	内容	要求
5.7	土肥管理	规定了土壤肥力保持和提高的耕作措施；补充土壤肥力的肥料来源、处理方式和使用方式等要求
5.8	病虫草害防治	规定了补充防治的原则、技术和允许使用的物质的要求
5.9	其他植物生产	包括设施栽培和芽苗菜生产；设施栽培主要是规定了自然因素不足的补充措施；基质的循环利用和土壤可耕性的替换措施；芽苗菜生产的特殊性（没有转换期和种子是唯一的养分来源）
5.10	分选、清洗及其他收获后处理	明确了处理的方法是简单物理和机械加工，简单的生物措施，避免与加工概念和产品混淆； 规定了设备、器具、水和病虫害控制的措施，对病虫害防治的投入品和使用方法控制应该更加严格
5.11	污染控制	规定了外源的灌溉水、肥料、大型设备和地膜等可能污染因素的管理要求
5.12	水土保持和生物多样性保护	预防水土流失、沙化、盐渍化；保护天敌栖息地和秸秆利用等要求

有机野生植物采集见表6-4。

表6-4 有机野生植物采集

序号	内容	要求
6.1	边界	野生植物采集区域应边界清晰，并处于稳定和可持续的生产状态
6.2	转换期	野生植物采集区应是在采集之前的36个月内没有受到任何禁用物质污染的地区
6.3	缓冲带	野生植物采集区应保持有效的缓冲带
6.4	采集量	采集活动不应对环境产生不利影响或对动植物物种造成威胁，采集量不应超过生态系统可持续生产的产量
6.5	持续保持	应制订和提交有机野生植物采集区可持续生产的管理方案
6.6	采后处理	野生植物采集后的处理的要求

有机食用菌栽培见表6-5。

表6-5 有机食用菌栽培

序号	内容	要求
7.1	缓冲带	设置缓冲带或物理屏障的要求；生产用水的水质要求GB 5749
7.2	菌种	规定了菌种的性质和来源以及处理方法的要求
7.3	基质	规定了基质的要求
7.4	土培	规定了与土壤接触食用菌的栽培要求
7.5	接种位	接种和涂料的要求

续表6-5

序号	内容	要求
7.6	病原菌	病菌和杂菌的要求
7.7	消毒	清洁消毒和病虫害控制要求
7.8	采后	采后处理要求

2.有机养殖

有机养殖与常规养殖的区别不仅在于动物养殖过程中饲喂有机饲料，还要考虑为动物提供符合其生理需求、天然习性和福利的生活条件，即最大限度满足动物福利的要求。有机养殖包括畜禽(鸡、鸭、鹅、猪、马、羊、牛等)陆地动物，还包括鱼、虾、蟹等水里生存的动物(水产养殖)及半自由生活和取食的蜜蜂。因此，有机养殖分为畜禽养殖、水产养殖和蜜蜂养殖3大部分。

畜禽养殖主要以人工可控的环境、饲料和动物管理为主，体现人文关心动物、满足动物福利的理念，在保证畜禽健康生长的同时，满足其生理和行为的要求(密度、活动场所等)；水产养殖的主要生活场所是水，因此对水的来源、水质有更高的要求，再加上水域的不可分割性和弱观察性，对水生动物的管理不同于畜禽动物养殖。

蜜蜂是特殊的具有积极意义的养殖对象。在蜜蜂养殖中，除了获取一些蜂产品外，更主要的作用是为植物传粉，增加生物多样性和遗传多样性，促进农业丰产增收。最典型的例子就是种植有机草莓规定需进行蜜蜂授粉。蜜蜂是自营生计的动物，在正常情况下，不需要人类的管理和补充食物。蜜蜂自由采集花蜜和花粉，自己寻找水源。蜜蜂以采集花粉和花蜜为食，因此花粉和花蜜的来源是关键。由于蜂农大多采用移动式养殖，即在不同的季节，跟随蜜源和作物的花期而转场养蜂，可能会接触众多的非有机蜜源，使有机的完整性受到不同程度的影响。因此，目前停止了蜂产品的有机认证，但在标准中保留了对有机蜜蜂生产和管理的要求。

有机养殖标准内容见表6-6。

表6-6 有机养殖标准内容

标准内容	畜禽养殖	水产养殖	蜜蜂养殖
转换期	转换期	转换期	转换期
平行生产	平行生产	平行生产	
养殖场所	饲养条件	养殖场的选址 水质	采蜜范围 蜜源
动物引入	畜禽的引入	引入	蜜蜂引入
饲养	饲料	养殖	蜜蜂的饲喂
疾病防治	疾病防治 非治疗性手术	疾病防治	疾病和有害生物防治 蜂蜡和蜂箱处理
繁殖	繁殖	繁殖	蜂王和蜂群的饲养

续表6-6

标准内容	畜禽养殖	水产养殖	蜜蜂养殖
运输屠宰	运输和屠宰	捕捞 水生动物的宰杀 鲜活水产品的运输	蜂产品收获与处理 包装、贮藏和运输
有害生物防治	有害生物防治		
对环境影响	环境影响	环境影响	

有机生产部分(植物生产与有机养殖)相关附录:附录A(规范性附录)有机植物生产中允许使用的投入品(略)

附录B(规范性附录)有机动物养殖中允许使用的物质(略)

附录C(资料性附录)评估有机生产中使用其他投入品的准则指南(略)

附录D(规范性附录)有机畜禽养殖中不同种类动物的畜(禽)舍和活动空间(略)

3.有机加工

有机加工包括有机食品(饮料)、有机饲料和有机纺织品的加工。由于有机食品和饲料加工对工艺和卫生的要求近似,因此在标准中没有严格区分;有机纺织品加工主要从环保的角度进行了规定。因有机纺织品的原料和成分简单,但在工艺中会产生对环境不利的排放物质。

有机产品加工标准内容见表6-7。

表6-7 有机产品加工标准内容

标准内容	有机食品	有机饲料	有机纺织品
	通则	通则	通则
配料、添加剂和加工助剂	有机配料在终产品中所占的质量或体积不少于配料总量的95%	有机配料在终产品中所占的质量或体积不少于配料总量的95%	原料:100%的有机原料
	同一种配料不应同时含有有机、常规或转换成分	同一种配料不应同时含有有机、常规或转换成分	
	水和食用盐不计入配料比例	水和食用盐不计入配料比例	
加工	采用机械、冷冻、加热、微波、烟熏和微生物发酵等处理方法	采用机械、冷冻、加热、微波、烟熏和微生物发酵等处理方法	应采用适宜的生产方法,尽可能减少对环境的影响
	采用提取、浓缩、沉淀和过滤工艺	采用提取、浓缩、沉淀和过滤工艺	不应使用对人体和环境有害的物质,使用的助剂均不得含有致癌、致畸、致突变、致敏性的物质
	水、乙醇、动植物油、醋、二氧化碳、氮或羧酸溶剂	水、乙醇、动植物油、醋、二氧化碳、氮或羧酸溶剂	加工过程中能耗应最小化,尽可能使用可再生能源
	不应采用辐照处理	不应采用辐照处理	采用有效的污水处理工艺,确保排水中污染物浓度不超过GB 4287的规定

续表 6-7

标准内容	有机食品	有机饲料	有机纺织品
加工	不应使用石棉过滤材料或可能被有害物质渗透的过滤材料	不应使用石棉过滤材料或可能被有害物质渗透的过滤材料	应制订并实施生产过程中的环境管理改善计划
	可使用机械类、信息素类、气味类、黏着性的捕害工具、物理障碍、硅藻土、声光电器具,防治有害生物	可使用机械类、信息素类、气味类、黏着性的捕害工具、物理障碍、硅藻土、声光电器具,防治有害生物	浆液应易于降解或至少有80%可得到循环利用
	消毒剂:乙醇、次氯酸钙、次氯酸钠、二氧化氯和过氧化氢	消毒剂:乙醇、次氯酸钙、次氯酸钠、二氧化氯和过氧化氢	染料和染整应使用植物源或矿物源的染料;限定了染料中的重金属类含量的阈值
	不应使用硫黄熏蒸	不应使用硫黄熏蒸	制成品加工过程(如砂洗、水洗)不得使用对人体及环境有害的助剂
包装	简约、再生、无毒材料	简约、再生、无毒材料	—
贮藏	常温、低温; 独立存放; 无病无虫	常温、低温; 独立存放; 无病无虫	—
运输	清洁,防污染	清洁,防污染	—

(二)等效采用的标准

《食品安全国家标准　食用盐》(GB 2721)

《食品安全国家标准　食品添加剂使用标准》(GB 2760)

《环境空气质量标准》(GB 3095—2012)

《纺织染整工业水污染物排放标准》(GB 4287)

《农田灌溉水质标准》(GB 5084—2021)

《生活饮用水卫生标准》(GB 5749)

《渔业水质标准》(GB 11607)

《食品安全国家标准　食品生产通用卫生规范》(GB 14881)

《土壤环境质量　农用地土壤污染风险管控标准》(GB 15618—2018)

《畜禽养殖业污染物排放标准》(GB 18596)

《生态纺织品技术要求》(GB/T 18885)

《染料产品中重金属元素的限量及测定》(GB 20814)

《限制商品过度包装要求　食品和化妆品》(GB 23350)

第二节 基地的选择和评价

一、灌溉水

灌溉水的标准有《农田灌溉水质标准》(GB 5084—2021)和《绿色食品产地环境质量》(NY/T 391—2021)标准。在GB 5084—2021中检测指标包括pH、重金属和氟化物、化学需要量(COD)、石油类、大肠杆菌、生化需要量(BOD)、悬浮物、表面活性剂、氯化物、硫化物、含盐量和蛔虫卵等指标,NY/T 391—2021中检测指标包含了pH、重金属和氟化物、化学需要量(COD)、石油类、大肠杆菌,没有涉及其他的指标,其主要原因在于绿色食品环境评估时,农田灌溉水主要是地下水,而国家标准农田灌溉水的指标主要参考的是地表水。由于地表水来源的复杂性,故检测指标增加了有机污染物、生活废水等可能含有的风险,具体指标值的变化见表6-8。

表6-8 农田灌溉水水质要求差异 mg/L

指标	NY/T 391—2021	GB 5084—2021
pH	5.5～8.5	5.5～8.5
总汞	≤0.001	≤0.001
总镉	≤0.005	≤0.01
总砷	≤0.05	水作:≤0.05 旱作:≤0.1 蔬菜:≤0.05
总铅	≤0.1	≤0.2
六价铬	≤0.1	≤0.1
氟化物	≤2.0	≤2.0(一般区) ≤3.0(高氟区)
化学需氧量	≤60	水作:≤150 旱作:≤200 加工蔬菜:≤100 鲜食蔬菜:≤60
石油类	≤1.0	水作:≤5.0 旱作:≤10.0 蔬菜:≤1.0
粪大肠杆菌/(个/L)	≤10 000	水作:≤40 000 旱作:≤40 000 加工蔬菜:≤20 000 鲜食蔬菜:≤10 000
5日生化需氧量	/	水作:≤60 旱作:≤100 加工蔬菜:≤40 鲜食蔬菜:≤15

续表6-8

指标	NY/T 391—2021	GB 5084—2021
悬浮物	/	水作：≤80
		旱作：≤100
		加工蔬菜：≤60
		鲜食蔬菜：≤15
阴离子表面活性剂	/	水作：≤5.0
		旱作：≤8.0
		蔬菜：≤5.0
水温/℃	/	≤35.0
全盐量	/	盐碱区：≤2 000
		非盐碱区：≤1 000
氯化物	/	≤350
硫化物	/	≤1.0
蛔虫卵/(个/L)	/	水/旱作：≤20
		加工蔬菜：≤20
		鲜食蔬菜：≤10

二、土壤安全质量

《土壤环境质量　农用地土壤污染风险管控标准(试行)》(GB 15618—2018)和《绿色食品产地环境质量》(NY/T 391—2021)标准，首先的区别在于立地条件的分类：国家标准为水田、果园和其他；绿色食品产地环境质量标准为水田和旱田。从检测指标分析，国家标准中检测了8项重金属，绿色食品标准检测了6项指标，这是因为国家标准是2018年颁布实施的，在其前身(2005版)5种重金属的基础上借鉴了欧盟标准，增加了铜、镍和锌；绿色食品标准是2021年颁布实施的，当时增加了铜，为6项重金属。表6-9数据显示，果园不同于其他旱田的主要是铜离子的限值，因为在果园中铜离子主要是以波尔多液的形式出现并使用的，作为保护性杀菌剂，是果园最常用的传统矿物源杀菌抑菌产品。

从数值上看，绿色食品标准的指标要严于国家标准，从标准的层次上讲是合理的，行业标准一般要严于国家标准。有机产品生产基地环境指标直接采用的国家标准，是否标准降低？这要根据实际情况评判。同时，实施有机农业生产方式最大的影响因素是土壤，提高有机生产方式可以逐步净化土壤和恢复土壤活性，但随之而来的可能是重金属的污染，因为土壤活性增加有利于重金属释放。在重金属安全指标控制上，除了控制本底指标外，对产品的重金属指标也需要检测，且并不应超过国家相应标准要求(表6-9)。

表 6-9 农田土壤质量要求差异

指标	立地条件	pH	NY/T 391—2021	GB 15618—2018
总镉/(mg/kg)	水田	< 6.5	≤0.3	≤0.3
		6.5~6.5	≤0.3	≤0.4
		6.5~7.5		≤0.6
		> 7.5	≤0.4	≤0.8
	旱田/其他	< 6.5	≤0.3	≤0.3
		6.5~6.5	≤0.3	≤0.3
		6.5~7.5		≤0.3
		> 7.5	≤0.4	≤0.6
总汞/(mg/kg)	水田	<6.5	≤0.3	≤0.5
		6.5~6.5	≤0.4	≤0.5
		6.5~7.5		≤0.6
		> 7.5	≤0.4	≤1.0
	旱田/其他	< 6.5	≤0.25	≤1.3
		6.5~6.5	≤0.30	≤1.8
		6.5~7.5		≤2.4
		> 7.5	≤0.35	≤3.4
总砷/(mg/kg)	水田	< 6.5	≤20	≤30
		6.5~6.5	≤20	≤30
		6.5~7.5		≤25
		> 7.5	≤15	≤20
	旱田/其他	< 6.5	≤25	≤40
		6.5~6.5	≤20	≤40
		6.5~7.5		≤30
		> 7.5	≤20	≤25
总铅/(mg/kg)	水田	<6.5	≤50	≤80
		6.5~6.5	≤50	≤100
		6.5~7.5		≤140
		> 7.5	≤50	≤240
	旱田/其他	< 6.5	≤50	≤70
		6.5~6.5	≤50	≤90
		6.5~7.5		≤120
		> 7.5	≤50	≤170
总铬/(mg/kg)	水田	< 6.5	≤120	≤250
		6.5~6.5	≤120	≤250
		6.5~7.5		≤300
		> 7.5	≤120	≤350
	旱田/其他	< 6.5	≤120	≤150
		6.5~6.5	≤120	≤150
		6.5~7.5		≤200
		> 7.5	≤120	≤250

续表6-9

指标	立地条件	pH	NY/T 391—2021	GB 15618—2018
总铜/(mg/kg)	水田	＜6.5	≤50	≤50
		6.5～6.5	≤50	≤50
		6.5～7.5		≤100
		＞7.5	≤50	≤100
	旱田/其他	＜6.5	≤50	≤50
		6.5～6.5	≤60	≤50
		6.5～7.5		≤100
		＞7.5	≤60	≤100
	果园	＜6.5	≤100	≤150
		6.5～6.5	≤120	≤150
		6.5～7.5		≤200
		＞7.5	≤120	≤200
总镍/(mg/kg)	/	＜6.5	/	≤60
		6.5～6.5	/	≤70
		6.5～7.5	/	≤100
		＞7.5	/	≤190
总锌/(mg/kg)	/	＜6.5	/	≤200
		6.5～6.5	/	≤200
		6.5～7.5	/	≤250
		＞7.5	/	≤300
六六六总量			/	≤0.1
滴滴涕总量			/	≤0.1
苯并[a]芘			/	≤0.55

注：立地条件，GB 15618—2018 中为“水田”“果园”“其他”；NY/T 391—2021 中为“水田”“旱田”。

三、空气质量

在空气指标中，《环境空气质量标准》(GB 3095—2012)和《绿色食品　产地环境质量》(NY/T 391—2021)标准没有太大差异(表 6-10)，国家标准中关注了年平均指标。由于空气检测费时费力，并且近些年许多县级环保部门都有环境动态检测，因此常常用共享地方的检测数据评判产地的空气质量，这在没有明显污染源的区域是可行的；由于近些年农村环境质量逐步向好，许多偏远的农田，可以申请免检。

表 6-10　环境空气质量要求差异

指标	条件	NY/T 391—2021	GB 3095—2021
总悬浮颗粒物/(mg/m³)	年平均	/	≤0.2
	24 小时平均	≤0.3	≤0.3
	1 小时平均	/	/
颗粒物粒径≤10 μm	年平均	/	≤70
	24 小时平均		≤150
颗粒物粒径≤2.5 μm	年平均	/	≤30
	24 小时平均		≤75
二氧化硫/(mg/m³)	年平均	/	≤0.06
	24 小时平均	≤0.15	≤0.15
	1 小时平均	≤0.5	≤0.5
二氧化氮/(mg/m³)	年平均	/	≤0.04
	24 小时平均	≤0.08	≤0.08
	1 小时平均	≤0.20	≤0.20
氟化物/(μg/m³)	年平均	/	/
	24 小时平均	≤7	
	1 小时平均	≤20	
一氧化碳/(μg/m³)	24 小时平均	/	≤4
	1 小时平均		≤10
臭氧/(μg/m³)	24 小时平均	/	≤160
	1 小时平均		≤200

注:GB 3095—2021 中选择性控制指标,除“总悬浮颗粒物”指标之外,NY/T 391—2021 中未涉及。

第三节　投　入　品

一、肥料清单和要求

(一)绿色食品

1. 肥料的类型

绿色食品肥料使用准则是按照 NY/T 394 的要求实施的,肥料的种类包括农家肥、有机肥、微生物肥料、有机无机复合肥、无机肥(化肥)和土壤调理剂等。

2. 肥料使用的原则

(1)持续发展原则　绿色食品生产中所使用的肥料应对环境无不良影响,有利于保护生态环境,保持或提高土壤肥力及土壤生物活性。

(2)安全优质原则　绿色食品生产中应使用安全、优质的肥料产品，生产安全、优质的绿色食品。肥料的使用应对作物(营养、味道、品质和植物抗性)不产生不良后果。

(3)化肥减控原则　在保障植物营养有效供给的基础上减少化肥用量，兼顾元素之间的比例平衡，无机氮素用量不得高于当季作物需求量的一半。

(4)有机为主原则　绿色食品生产过程中肥料种类的选取应以农家肥料、有机肥料、微生物肥料为主，化学肥料为辅。

3.允许使用的肥料

1)AA级绿色食品肥料

(1)农家肥料　农家肥可以就地取材，主要由植物和(或)动物残体、排泄物等富含有机物的物料制作而成，包括秸秆肥、绿肥、厩肥、堆肥、沤肥、沼肥、饼肥等。

①秸秆。以麦秸、稻草、玉米秸、豆秸、油菜秸等作物秸秆直接还田作为肥料。

②绿肥。新鲜植物体作为肥料就地翻压还田或异地施用，主要分为豆科绿肥和非豆科绿肥两大类。

③厩肥。厩肥是由圈养的牛、马、羊、猪、鸡、鸭等畜禽的排泄物与秸秆等垫料发酵腐熟而成的肥料。

④堆肥。动植物的残体、排泄物等为主要原料，堆制发酵腐熟而成的肥料。

⑤沤肥。动植物残体、排泄物等有机物料在淹水条件下发酵腐熟而成的肥料。

⑥沼肥。动植物残体、排泄物等有机物料经沼气发酵后形成的沼液和沼渣肥料。

⑦饼肥。含油较多的植物种子经压榨去油后的残渣制成的肥料。

(2)有机肥料　有机肥料主要来源于植物和(或)动物，是经过发酵腐熟的含碳有机物料，其功能是改善土壤肥力、提供植物营养、提高作物品质。

(3)微生物肥料　微生物肥料是含有特定微生物活体的制品，其应用于农业生产，通过其中所含微生物的生命活动，增加植物养分的供应量或促进植物生长，提高产量，改善农产品品质及农业生态环境。

2)A级绿色食品肥料

(1)农家肥料　农家肥料可就地取材，主要由植物和(或)动物残体、排泄物等富含有机物的物料制作而成，包括秸秆肥、绿肥、厩肥、堆肥、沤肥、沼肥、饼肥等。

(2)有机肥料　有机肥料主要来源于植物和(或)动物，是经过发酵腐熟的含碳有机物料，其功能是改善土壤肥力、提供植物营养、提高作物品质。

(3)微生物肥料　微生物肥料是含有特定微生物活体的制品，其应用于农业生产，通过其中所含微生物的生命活动，增加植物养分的供应量或促进植物生长，提高产量，改善农产品品质及农业生态环境。

(4)有机-无机复混肥料　含有一定量有机肥料的复混肥料，其中复混肥料是指氮、磷、钾三种养分中，至少有两种养分标明量的由化学方法和(或)掺混方法制成的肥料。

(5)无机肥料　主要以无机盐形式存在，能直接为植物提供矿质营养的肥料。

(6)土壤调理剂　加入土壤中用于改善土壤的物理、化学和(或)生物性状的物料，功能包括改良土壤结构、降低土壤盐碱危害、调节土壤酸碱度、改善土壤水分状况、修复土壤污染等。

4.禁止使用的肥料

(1)添加有稀土元素的肥料。

(2)成分不明确的、含有安全隐患成分的肥料。

(3)未经发酵腐熟的人畜粪尿。

(4)生活垃圾、污泥和含有害物质(如毒气、病原微生物、重金属等)的工业垃圾。

(5)以转基因品种(产品)及其副产品为原料生产的肥料。

(6)国家法律法规规定不得使用的肥料。

5.使用要求

1)AA级绿色食品生产用肥料使用规定

(1)不应使用化学合成肥料。

(2)可使用农家肥料,但肥料的重金属限量指标应符合NY 525标准要求,粪大肠菌群数、蛔虫卵死亡率应符合NY 884的要求。宜使用秸秆和绿肥,配合施用具有生物固氮、腐熟秸秆等功效的微生物肥料。

(3)有机肥料应达到NY 525技术指标,主要以基肥施入,用量视地力和目标产量而定,可配施农家肥料和微生物肥料。

(4)微生物肥料应符合GB 20287或NY 884或NY/T 798标准要求,可与有机来源的肥料配合施用,用于拌种、基肥或追肥。

(5)无土栽培可使用农家肥料、有机肥料和微生物肥料,掺混在基质中使用。

2)A级绿色食品生产用肥料使用规定

(1)农家肥料的使用关注重金属和大肠杆菌。耕作制度允许情况下,宜利用秸秆和绿肥,按照约25∶1的比例补充化学氮素。厩肥、堆肥、沤肥、沼肥、饼肥等农家肥料应完全腐熟,肥料的重金属限量指标应符合NY 525标准要求。

(2)有机肥料的使用按NY 525标准规定执行,可配施无机肥料或者复合肥。

(3)微生物肥料的使用按GB 20287或NY 884或NY/T 798标准要求,可配施有机肥、无机肥和有机-无机复混肥等肥料。

(4)有机-无机复混肥料、无机肥料在绿色食品生产中作为辅助肥料使用,用来补充农家肥料、有机肥料和微生物肥料所含养分的不足。减控化肥用量,其中无机氮素用量按当地同种作物习惯施肥用量减半使用。

(5)根据土壤障碍因素,可选用土壤调理剂改良土壤。

(二)有机产品

1.总体要求

(1)应通过适当的耕作与栽培措施维持和提高土壤肥力,包括:①回收、再生和补充土壤有机质和养分来补充因植物收获而从土壤带走的有机质和土壤养分;②采用种植豆科植物、免耕或土地休闲等措施进行土壤肥力的恢复。

(2)当上述措施无法满足植物生长需求时,可施用有机肥以维持和提高土壤的肥力、营养平衡和土壤生物活性,同时应避免过度施用有机肥,造成环境污染。应优先使用本单元或其他有机生产单元的有机肥。若外购商品有机肥,应经认证机构许可后使用。

(3)不应在叶菜类、块茎类和块根类植物上施用人粪尿;在其他植物上需要使用时,应当先进行充分腐熟和无害化处理,并不应与植物食用部分接触。

(4)可使用溶解性小的天然矿物肥料,但不应将此类肥料作为系统中营养循环的替代物。矿物肥料只能作为长效肥料并保持其天然组分,不应采用化学处理提高其溶解性,不应使用矿物氮肥。

(5)可使用生物肥料。为使堆肥充分腐熟,可在堆制过程中添加来自于自然界的微生物,但不应使用转基因生物及其产品。

2.肥料清单和处理方式

有机农业土壤管理和施肥要求中,规定了有机植物生产中允许使用的肥料种类和使用条件(表6-11)。其中,肥料种类中包括了植物源、动物源、矿物源和微生物源来源的产品;在有机农业中禁止使用化学合成的肥料。在使用条件中凡是规定了使用条件,必须满足,否则将被视为违反该条款。

表6-11　有机植物生产中允许使用的土壤培肥、改良物质和使用条件

类别	名称和组分	使用条件
植物和动物来源	植物材料(秸秆、绿肥等)	—
	畜禽粪便及其堆肥(包括圈肥)	经过堆制并充分腐熟
	畜禽粪便和植物材料的厌氧发酵产品(沼肥)	—
	海草或海草产品	仅直接通过下列途径获得: 物理过程,包括脱水、冷冻和研磨;用水或酸和/或碱溶液提取;发酵
	木料、树皮、锯屑、刨花、木灰、木炭	来自采伐后未经化学处理的木材,地面覆盖或经过堆制
	腐殖酸类物质(天然腐殖酸,如褐煤、风化褐煤等)	天然来源,未经化学处理、未添加化学合成物质
	动物来源的副产品(血粉、肉粉、骨粉、蹄粉、角粉等)	未添加禁用物质,经过充分腐熟和无害化处理
	鱼粉、虾蟹壳粉、皮毛、羽毛、毛发粉及其提取物	仅直接通过下列途径获得:物理过程;用水或酸和/或碱溶液提取;发酵
	牛奶及乳制品	—
	食用菌培养废料和蚯蚓培养基质	培养基的初始原料限于本附录中的产品,经过堆制
	食品工业副产品	经过堆制或发酵处理
	草木灰	作为薪柴燃烧后的产品
	泥炭	不含合成添加剂;不应用于土壤改良;只允许作为盆栽基质使用
	饼粕	不能使用经化学方法加工的

续表6-11

类别	名称和组分	使用条件
矿物来源	磷矿石	天然来源，镉含量小于或等于 90 mg/kg 五氧化二磷
	钾矿粉	天然来源，未通过化学方法浓缩。氯含量少于 60%
	硼砂	天然来源，未经化学处理、未添加化学合成物质
	微量元素	天然来源，未经化学处理、未添加化学合成物质
	镁矿粉	天然来源，未经化学处理、未添加化学合成物质
	硫黄	天然来源，未经化学处理、未添加化学合成物质
	石灰石、石膏和白垩	天然来源，未经化学处理、未添加化学合成物质
	黏土(如珍珠岩、蛭石等)	天然来源，未经化学处理、未添加化学合成物质
	氯化钠	天然来源，未经化学处理、未添加化学合成物质
	石灰	仅用于茶园土壤 pH 调节
	窑灰	未经化学处理、未添加化学合成物质
	碳酸钙镁	天然来源，未经化学处理、未添加化学合成物质
	泻盐类	未经化学处理、未添加化学合成物质
微生物来源	可生物降解的微生物加工副产品，如酿酒和蒸馏酒行业的加工副产品	未添加化学合成物质
	微生物及微生物制剂	非转基因，未添加化学合成物质

二、农药清单及其要求

(一)绿色食品

1.绿色食品有害生物防治的原则

(1)以保持和优化农业生态系统为基础　建立有利于各类天敌繁衍和不利于病虫草害孳生的环境条件，提高生物多样性，维持农业生态系统的平衡；

(2)优先采用农业措施　如选用抗病虫品种，实施种子种苗检疫，培育壮苗，加强栽培管理，中耕除草，耕翻晒垡，清洁田园，轮作倒茬，间作套种等；

(3)尽量利用物理和生物措施　如温汤浸种控制种传病虫害，机械捕捉害虫，机械或人工除草，用灯光、色板、性诱剂和食物诱杀害虫，释放害虫天敌和稻田养鸭控制害虫等；

(4)必要时合理使用低风险农药　如没有足够有效的农业、物理和生物措施，在确保人员、产品和环境安全的前提下，按照农药选用和使用的规定使用农药。

2.允许使用农药清单

1)AA 级绿色食品

AA 级绿色食品如表 6-12 所示。

表 6-12　AA 级和 A 级绿色食品生产均允许使用的农药清单

类别	物质名称	备注
I. 植物和动物来源	楝素（苦楝、印楝等提取物，如印楝素等）	杀虫
	天然除虫菊素（除虫菊科植物提取液）	杀虫
	苦参碱及氧化苦参碱（苦参等提取物）	杀虫
	蛇床子素（蛇床子提取物）	杀虫、杀菌
	小檗碱（黄连、黄檗等提取物）	杀菌
	大黄素甲醚（大黄、虎杖等提取物）	杀菌
	乙蒜素（大蒜提取物）	杀菌
	苦皮藤素（苦皮藤提取物）	杀虫
	藜芦碱（百合科藜芦属和喷嚏草属植物提取物）	杀虫
	桉油精（桉树叶提取物）	杀虫
	植物油（如薄荷油、松树油、香菜油、八角茴香油等）	杀虫、杀螨、杀真菌、抑制发芽
	寡聚糖（甲壳素）	杀菌、植物生长调节
	天然诱集和杀线虫剂（如万寿菊、孔雀草、芥子油等）	杀线虫
	具有诱杀作用的植物（如香根草等）	杀虫
	植物醋（如食醋、木醋、竹醋等）	杀菌
	菇类蛋白多糖（菇类提取物）	杀菌
	水解蛋白质	引诱
	蜂蜡	保护嫁接和修剪伤口
	明胶	杀虫
	具有驱避作用的植物提取物（大蒜、薄荷、辣椒、花椒、薰衣草、柴胡、艾草、辣根等的提取物）	驱避
	害虫天敌（如寄生蜂、瓢虫、草蛉、捕食螨等）	控制虫害
Ⅱ. 微生物来源	真菌及真菌提取物（白僵菌、轮枝菌、木霉菌、耳霉菌、淡紫拟青霉、金龟子绿僵菌、寡雄腐霉菌等）	杀虫、杀菌、杀线虫
	细菌及细菌提取物（芽孢杆菌类、荧光假单胞杆菌、短稳杆菌等）	杀虫、杀菌
	病毒及病毒提取物（核型多角体病毒、质型多角体病毒、颗粒体病毒等）	杀虫
	多杀霉素、乙基多杀菌素	杀虫
	春雷霉素、多抗霉素、井冈霉素、嘧啶核苷类抗生素、宁南霉素、申嗪霉素、中生菌素	杀菌
	S-诱抗素	植物生长调节

续表6-12

类别	物质名称	备注
Ⅲ.生物化学产物	氨基寡糖素、低聚糖素、香菇多糖	杀菌、植物诱抗
	几丁聚糖	杀菌、植物诱抗、植物生长调节
	苄氨基嘌呤、超敏蛋白、赤霉酸、烯腺嘌呤、羟烯腺嘌呤、三十烷醇、乙烯利、吲哚丁酸、吲哚乙酸、芸薹素内酯	植物生长调节
Ⅳ.矿物来源	石硫合剂	杀菌、杀虫、杀螨
	铜盐(如波尔多液、氢氧化铜等)	杀菌,每年铜使用量不能超过 6 kg/hm^2
	氢氧化钙(石灰水)	杀菌、杀虫
	硫黄	杀菌、杀螨、驱避
	高锰酸钾	杀菌,仅用于果树和种子处理
	碳酸氢钾	杀菌
	矿物油	杀虫、杀螨、杀菌
	氯化钙	用于治疗缺钙带来的抗性减弱
	硅藻土	杀虫
	黏土(如斑脱土、珍珠岩、蛭石、沸石等)	杀虫
	硅酸盐(硅酸钠、石英)	驱避
	硫酸铁(3 价铁离子)	杀软体动物
Ⅴ.其他	二氧化碳	杀虫,用于贮存设施
	过氧化物类和含氯类消毒剂(如过氧乙酸、二氧化氯、二氯异氰尿酸钠、三氯异氰尿酸等)	杀菌,用于土壤、培养基质、种子和设施消毒
	乙醇	杀菌
	海盐和盐水	杀菌,仅用于种子(如稻谷等)处理
	软皂(钾肥皂)	杀虫
	乙烯	催熟等
	石英砂	杀菌、杀螨、驱避
	昆虫性信息素	引诱或干扰
	磷酸氢二铵	引诱

a 国家新禁用或列入《限制使用农药名录》的农药自动从该清单中删除。

2)A 级绿色食品

AA 级绿色食品的农药使用清单同样适合于 A 级绿色食品；当 AA 级绿色食品清单的产品不能满足有害生物控制时，A 级绿色食品生产还可按照农药产品标签或 GB/T 8321 标准的规定使用表 6-13 中列示的农药。

表 6-13　A 级绿色食品允许使用农药

类型	种类	
杀虫杀螨剂(39)	苯丁锡 fenbutatin oxide	螺螨酯 spirodiclofen
	吡丙醚 pyriproxifen	氯虫苯甲酰胺 chlorantraniliprole
	吡虫啉 imidacloprid	灭蝇胺 cyromazine
	吡蚜酮 pymetrozine	灭幼脲 chlorbenzuron
	虫螨腈 chlorfenapyr	氰氟虫腙 metaflumizone
	除虫脲 diflubenzuron	噻虫啉 thiacloprid
	啶虫脒 acetamiprid	噻虫嗪 thiamethoxam
	氟虫脲 flufenoxuron	噻螨酮 hexythiazox
	氟啶虫胺腈 sulfoxaflor	噻嗪酮 buprofezin
	氟啶虫酰 flonicamid	杀虫双 bisultap thiosultapdisodium
	氟铃脲 hexaflumuron	杀铃脲 triflumuron
	高效氯氰菊酯 beta-cypermethrin	虱螨脲 lufenuron
	甲氨基阿维菌素苯甲酸盐 emamectin benzoate	四聚乙醛 metaldehyde
	甲氰菊 fenpropathrin	四螨嗪 clofentezine
	甲氧虫酰肼 methoxyfenozide	辛硫磷 phoxim
	抗蚜威 pirimicarb	溴氰虫酰胺 cyantraniliprole
	喹螨醚 fenazaquin	乙螨唑 etoxazole
	联苯肼酯 bifenazate	茚虫威 indoxacard
	硫酰氟 sulfuryl fluoride	唑螨酯 fenpyroximate
	螺虫乙酯 spirotetramat	
杀菌剂(57)	苯醚甲环唑 difenoconazole	氟吡菌胺 fluopicolide
	吡唑醚菌酯 pyraclostrobin	氟吡菌酰胺 fluopyram
	丙环唑 propiconazol	氟啶胺 fluazinam
	代森联 metriam	氟环唑 epoxiconazole
	代森锰锌 mancozeb	氟菌唑 triflumizole
	代森锌 zineb	氟硅唑 flusilazole
	稻瘟灵 isoprothiolane	氟吗啉 flumorph
	啶酰菌胺 boscalid	氟酰胺 flutolanil
	啶氧菌酯 picoxystrobin	氟唑环菌胺 sedaxane
	多菌灵 carbendazim	腐霉利 procymidone
	噁霉灵 hymexazol	咯菌腈 fludioxonil
	噁霜灵 oxadixyl	甲基立枯磷 tolclofos-methyl
	噁唑菌酮 famoxadone	甲基硫菌灵 thiophanate-methyl
	粉唑醇 flutriafol	腈苯唑 fenbuconazole

续表6-13

类型	种类	
	腈菌唑 myclobutanil 精甲霜灵 metalaxyl-M 克菌丹 captan 喹啉铜 oxine-copper 醚菌酯 kresoxim-methyl 嘧菌环胺 cyprodinil 嘧菌酯 azoxystrobin 嘧霉胺 pyrimethanil 棉隆 dazomet 氰霜唑 cyazofamid 氰氨化钙 calcium cyanamide 噻呋酰胺 thifluzamide 噻菌灵 thiabendazole 噻唑锌 三环唑 tricyclazole	三乙膦酸铝 fosetyl-aluminium 三唑醇 triadimenol 三唑酮 triadimefon 双炔酰菌胺 mandipropamid 霜霉威 propamocarb 霜脲氰 cymoxanil 威百亩 metam-sodium 萎锈灵 carboxin 肟菌酯 trifloxystrobin 戊唑醇 tebuconazole 烯肟菌胺 烯酰吗啉 dimethomorph 异菌脲 iprodione 抑霉唑 imazalil
除草剂 （39）	2 甲 4 氯 MCPA 氨氯吡啶酸 picloram 苄嘧磺隆 bensulfuron-methyl 丙草胺 pretilachlor 丙炔噁草酮 oxadiargyl 丙炔氟草胺 flumioxazin 草铵膦 glufosinate-ammonium 二甲戊灵 pendimethalin 二氯吡啶酸 clopyralid 氟唑磺隆 flucarbazone-sodium 禾草灵 diclofop-methyl 环嗪酮 hexazinone 磺草酮 sulcotrione 甲草胺 alachlor 精吡氟禾草灵 fluazifop-P 精喹禾灵 quizalofop-P 精异丙甲草胺 s-metolachlor 绿麦隆 chlortoluron 氯氟吡氧乙酸(异辛酸)fluroxypyr 氯氟吡氧乙酸异辛酯 fluroxypyr-mepthyl	麦草畏 dicamba 咪唑喹啉酸 imazaquin 灭草松 bentazone 氰氟草酯 cyhalofop butyl 炔草酯 clodinafop-propargyl 乳氟禾草灵 lactofen 噻吩磺隆 thifensulfuron-methyl 双草醚 bispyribac-sodium 双氟磺草胺 florasulam 甜菜安 desmedipham 甜菜宁 phenmedipham 五氟磺草胺 penoxsulam 烯草酮 clethodim 烯禾啶 sethoxydim 酰嘧磺隆 amidosulfuron 硝磺草酮 mesotrione 乙氧氟草醚 oxyfluorfen 异丙隆 isoproturon 唑草酮 carfentrazone-ethyl
生长调节剂 （6）	1)1-甲基环丙烯 1-methylcyclopropene 2)2,4-滴 2,4-D(只允许作为植物生长调节剂使用)	3)矮壮素 chlormequat 4)氯吡脲 forchlorfenuron 5)萘乙酸 1-naphthal acetic acid 6)烯效唑 uniconazole

(三)有机产品

1. 有机农业病虫草害防治原则

有机农业病虫草害防治的基本原则应从农业生态系统出发,综合运用各种防治措施,创造不利于病虫草害孳生和有利于各类天敌繁衍的环境条件,保持农业生态系统的平衡和生物多样性,减少各类病虫草害造成的损失。

应优先采用农业措施,通过选用抗病抗虫品种、非化学药剂种子处理、培育壮苗、加强栽培管理、中耕除草、耕翻晒垡、清洁田园、轮作倒茬、间作套种等一系列措施起到防治病虫草害的作用。尽量利用灯光、色彩诱杀害虫,机械捕捉害虫,机械或人工除草等措施防治病虫草害。

上述方法不能有效控制病虫草害时,须使用以下植物保护产品。

2. 有机农业植物保护产品清单

有机植物生产中允许使用的植物保护产品见表6-14。

表6-14　有机植物生产中允许使用的植物保护产品

类别	名称和组分	使用条件
植物和动物来源	楝素(苦楝、印楝等提取物)	杀虫剂
	天然除虫菊素(除虫菊科植物提取液)	杀虫剂
	苦参碱及氧化苦参碱(苦参等提取物)	杀虫剂
	鱼藤酮类(如毛鱼藤)	杀虫剂
	茶皂素(茶籽等提取物)	杀虫剂
	皂角素(皂角等提取物)	杀虫剂、杀菌剂
	蛇床子素(蛇床子提取物)	杀虫、杀菌剂
	小檗碱(黄连、黄檗等提取物)	杀菌剂
	大黄素甲醚(大黄、虎杖等提取物)	杀菌剂
	植物油(如薄荷油、松树油、香菜油)	杀虫剂、杀螨剂、杀真菌剂、发芽抑制剂
	寡聚糖(甲壳素)	杀菌剂、植物生长调节剂
	天然诱集和杀线虫剂(如万寿菊、孔雀草、芥子油)	杀线虫剂
	天然酸(如食醋、木醋和竹醋)	杀菌剂
	菇类蛋白多糖	杀菌剂
	水解蛋白质	引诱剂,只在批准使用的条件下,并与本附录的适当产品结合使用
	牛奶	杀菌剂
	蜂蜡	用于嫁接和修剪
	蜂胶	杀菌剂
	明胶	杀虫剂
	卵磷脂	杀真菌剂
	具有驱避作用的植物提取物(大蒜、薄荷、辣椒、花椒、薰衣草、柴胡、艾草的提取物)	驱避剂
	昆虫天敌(如赤眼蜂、瓢虫、草蛉等)	控制虫害

续表6-14

类别	名称和组分	使用条件
矿物来源	铜盐(如硫酸铜、氢氧化铜、氯氧化铜、辛酸铜等)	杀真菌剂,每 12 个月铜的最大使用量每公顷不超过 6 kg
	石硫合剂	杀真菌剂、杀虫剂、杀螨剂
	波尔多液	杀真菌剂,每 12 个月铜的最大使用量每公顷不超过 6 kg
	氢氧化钙(石灰水)	杀真菌剂、杀虫剂
	硫黄	杀真菌剂、杀螨剂、驱避剂
	高锰酸钾	杀真菌剂、杀细菌剂;仅用于果树和葡萄
	碳酸氢钾	杀真菌剂
	液体石蜡	杀虫剂、杀螨剂
	轻矿物油	杀虫剂、杀真菌剂;仅用于果树、葡萄和热带作物(例如香蕉)
	氯化钙	用于治疗缺钙症
	硅藻土	杀虫剂
	黏土(如斑脱土、珍珠岩、蛭石、沸石等)	杀虫剂
	硅酸盐(如硅酸钠、硅酸钾等)	驱避剂
	石英砂	杀真菌剂、杀螨剂、驱避剂
	磷酸铁(3 价铁离子)	杀软体动物剂
微生物来源	真菌及真菌制剂(如白僵菌、绿僵菌、轮枝菌、木霉菌等)	杀虫、杀菌、除草剂
	细菌及细菌制剂(如苏云金芽孢杆菌、枯草芽孢杆菌、蜡质芽孢杆菌、地衣芽孢杆菌、荧光假单胞杆菌等)	杀虫、杀菌剂、除草剂
	病毒及病毒制剂(如核型多角体病毒、颗粒体病毒等)	杀虫剂
其他	二氧化碳	杀虫剂,用于贮存设施
	乙醇	杀菌剂
	海盐和盐水	杀菌剂,仅用于种子处理,尤其是稻谷种子
	明矾	杀菌剂
	软皂(钾肥皂)	杀虫剂
	乙烯	—
其他	昆虫性外激素	仅用于诱捕器和散发皿内
	磷酸氢二铵	引诱剂,只限用于诱捕器中使用
诱捕器、屏障	物理措施(如色彩/气味诱捕器、机械诱捕器等)	—
	覆盖物(如秸秆、杂草、地膜、防虫网等)	—

第四节 产品质量安全

一、抽样方法

(一)抽样的基本原则

(1)合法合规性。

(2)客观真实性 抽样要求抽样员本人到现场抽取,并对样品特性进行现场核实。

(3)公平公正性。

(4)随机性。

(5)代表性 抽取的样品有一定的基数,代表一定的面积。抽取的样品,应能充分地代表该产地(产品)的特性。按照随机抽样的原则进行抽样。

(二)抽样程序

抽样前准备→抽样→样品缩分→样品封存→抽样单填写

1.抽样前准备

(1)明确抽样地点 生产基地、储藏仓库、加工场所、运输设施、销售市场等。

(2)明确抽样标准与程序。

(3)所抽样品的包装、预处理和运输等。

(4)抽样时间 农产品生长期、收获期、储藏期、加工期或运输期间,确定抽样频次。

(5)产品种类 明确所抽产品;所抽样品名称和数量。

(6)抽样数量 明确取样点位、取样单元、单元取样数量。

(7)工作流程 培训、准备、取样、记录表格、现场制备、封样、保存、运输。

(8)抽样人员 明确取样人员。

2.抽样规范中有关组批的要求

组成抽检批总体的个体应具有基本相同特点,如同一产地、同一品种、同种生产技术条件方式、同一天或同一时段生产的产品(同一批号)。

组批直接关系所抽检样品的代表性。以下是各类产品的规定。

(1)粮油 同一产地、同一品种或种类、同一生产技术方式、同期采收的产品。

(2)水果 同一产地、同一品种或种类、同一生产技术方式、同期采收或同一成熟度的产品。

(3)蔬菜 相同生产条件下生产的同一品种或种类的产品。

(4)茶叶

茶园:同一地域、同一时间采摘,供加工同一种类的原料。

进场原料和毛茶:同一加工场地、同一时间、同一加工种类茶叶。

(5)加工食品 相同生产条件下生产的同一品种或种类的产品。

3. 抽样记录

(1)抽样人员应现场填写抽样单,准确记录抽样的相关信息。

(2)填写时字迹应清晰、工整。

(3)抽样单填写完毕后,双方签字确认。

4. 样品的分取、包装和加封

(1)产品抽取后,应混合均匀,按检验项目所需试样量的 3 倍进行分取(其中 1 份做检验样,1 份做复验样,1 份做备用样)。

(2)根据样品性状不同,将样品进行外包装。

(3)每个样品应在外包装容器的表面粘贴标签、封条,应防止标签及封条脱落、模糊或者破损。

(4)对于昂贵的产品,如果被抽单位能够满足其储存条件,可将分取的备用样包装加封后保存在被抽单位,待被抽单位收到检验报告后,根据其检验情况安排复检或销售(在不影响销售的情况下)。

5. 样品运输

(1)无特殊保存要求的产品,加封后的样品应在规定时间内送(运)达检测机构;运输工具应清洁卫生,运输过程应符合相关产品的贮存要求;样品不应与有毒、有害和污染物品混装,防止运输和装卸过程中对样品可能造成的污染或破损。

(2)畜禽样品运输 一般储存条件:畜禽肉、尿样、生鲜乳－20 ℃以下;禽蛋 0～4 ℃;储存容器一般采用泡沫箱加冰或车载冰箱。确保被分析物的稳定性和样品完整性。生鲜样品取样后 24 h 内送达,否则冷冻运输。运输工具应清洁卫生,符合被检样品的贮存要求,样品不应与有毒有害和污染物品混装。防止运输和装卸过程中对样品可能造成的污染或破损。

(3)蔬菜样品的运输要求 高温季节,选择可保持低温的容器进行运输,但需注意避免样品被冻伤。应在 24 h 内送达实验室,否则应先缩分并冷冻后运输。运输过程中保持样品完好、新鲜、不被污染。

(三)抽样部位

检测样品取样部位见表 6-15。

表 6-15 检测样品取样部位

序号	食品类别	产品说明	检测部位	抽样要求	取样时间
1	谷物	稻类:稻谷等	整粒	根据生产基地的地形、地势及作物的分布情况合理布设抽样点,原则上选用对角线抽样法,每个抽样单元内根据实际情况也可按梅花点法、棋盘式法、蛇形法等方法采取样品,每个抽样单元内抽样点不应少于 5 点,每个抽样点面积为 1 m^2 左右,随即抽取该范围内的作物作为检验用样品。抽样点不少于 5 个	收获前 3 天,被抽作物与全部作物保持成熟度一致
		麦类:小麦、大麦、燕麦、黑麦、小黑麦等	整粒		
		旱粮类:玉米、高粱、粟、稷、薏仁、荞麦等	整粒,鲜食玉米(包括玉米粒和轴)		
		杂粮类:绿豆、豌豆、赤豆、小扁豆、鹰嘴豆等	整粒		
2	油料(大、中、小型油籽类)	小型油籽类:油菜籽、芝麻、亚麻籽、芥菜籽等	整粒		
		中型油籽类:棉籽	整粒		
		大型油籽类:大豆、花生仁、葵花籽、油茶籽等	整粒		
3	谷物	成品粮:小米粉、小麦粉、全麦粉、玉米糁、玉米粉、高粱米、大麦粉、荞麦粉、莜麦粉、甘薯粉、高粱粉、黑麦粉、黑麦全粉、大米、糙米、麦胚等	全部	加工食品抽样根据产品包装形式分为以下两种情况: 1. 散装产品:随机抽取同一生产单位、同一组批的产品。视情况以分层、分方向结合或只分层(上、中、下三层)或只分方向方式抽取; 2. 预包装产品:随机抽取同一生产单位、同一组批的产品	

续表 6-15

序号	食品类别	产品说明	检测部位	抽样要求	取样时间
4	油脂	植物毛油：大豆毛油、菜籽毛油、花生毛油、棉籽毛油、玉米毛油、葵花籽毛油 植物油：大豆油、菜籽油、花生油、棉籽油、初榨橄榄油、精炼橄榄油、葵花籽油、玉米油	全部	加工食品抽样根据产品包装形式分为以下两种情况： 1. 散装产品：随机抽取同一生产单位、同一组批的产品。视情况以分层、分方向结合或只分层（上、中、下三层）或只分方向方式抽取； 2. 预包装产品：随机抽取同一生产单位、同一组批的产品	
5	蔬菜（鳞茎类）	鳞茎葱类 大蒜、洋葱、薤等	可食部分	1. 数量要求：每个样品抽样量不低于 3 kg，单个个体超过 500 g 的，取 3～5 个个体； 2. 质量要求：剔除杂物；剔除非正常产品部分（如未成熟的、外观明显有损伤或腐烂的）； 3. 随机抽取无明显瘀伤、腐烂、长菌或其他表面损伤的蔬菜样品，抽样时应选择成熟度相同的样品。生产地不宜抽取完全成熟的样品。搭架引蔓的蔬菜，取中段果实，叶菜类蔬菜去掉外帮，根茎类和薯类蔬菜取可食部分。除去泥土、黏附物及萎蔫部分； 4. 抽取不同样品时推荐使用一次性手套，每抽一个样品时更换一次。抽样全过程所有用具都要保证不会对样品造成二次污染	1. 生产基地：蔬菜成熟期或上市前：9—11 时或 15—17 时；农药安全间隔期内产品不抽取；下雨天不宜抽取。 2. 生产企业：库房中有产品时抽样
		绿叶葱类 韭菜、葱、青蒜、蒜薹、韭葱等	整株		
		百合	鳞茎头		
6	蔬菜（芸薹属类）	结球芸薹属 结球甘蓝、球茎甘蓝、孢子甘蓝、赤球甘蓝、羽衣甘蓝等	整棵		
		头状花序芸薹属 花椰菜、青花菜等	整棵，去除叶		
		茎类芸薹属 芥蓝、菜薹、茎芥菜等	整棵，去除根		
7	蔬菜（叶菜类）	绿叶类：菠菜、普通白菜（小白菜、小油菜、青菜）、苋菜、蕹菜、茼蒿、大叶茼蒿、叶用莴苣、结球莴苣、莴笋、苦苣、野苣、落葵、油麦菜、叶芥菜、萝卜叶、芜菁叶、菊苣等	整棵，去除根		
		叶柄类：芹菜、小茴香、球茎茴香等	整棵，去除根		
		大白菜	整棵，去除根		

续表 6-15

序号	食品类别	产品说明	检测部位	抽样要求	取样时间
8	蔬菜（茄果类）	番茄类 番茄、樱桃番茄等	全果（去柄）	1. 数量要求：每个样品抽样量不低于 3 kg，单个个体超过 500 g 的，取 3～5 个个体； 2. 质量要求：剔除杂物；剔除非正常产品部分（如未成熟的、外观明显有损伤或腐烂的）； 3. 随机抽取无明显瘀伤、腐烂、长菌或其他表面损伤的蔬菜样品，抽样时应选择成熟度相同的样品。生产地不宜抽取完全成熟的样品。搭架引蔓的蔬菜，取中段果实，叶菜类蔬菜去掉外帮，根茎类和薯类蔬菜取可食部分。除去泥土、黏附物及萎蔫部分； 4. 抽取不同样品时推荐使用一次性手套，每抽一个样品时更换一次。抽样全过程所有用具都要保证不会对样品造成二次污染	
		其他茄果类 茄子、辣椒、甜椒、黄秋葵、酸浆等	全果（去柄）		
9	蔬菜（瓜类）	黄瓜、腌制用小黄瓜	全瓜（去柄）		
		小型瓜类 西葫芦、节瓜、苦瓜、丝瓜、线瓜、瓠瓜等	全瓜（去柄）		
		大型瓜类 冬瓜、南瓜、笋瓜等	全瓜（去柄）		
10	蔬菜（豆类）	荚可食类：豇豆、菜豆、食荚豌豆、四棱豆、扁豆、刀豆、利马豆等	全荚		
		荚不可食类 菜用大豆、蚕豆、豌豆、菜豆等	全豆（去荚）		
11	蔬菜（茎类）	芦笋、朝鲜蓟、大黄等	整棵		
12	蔬菜（根茎类和薯芋类）	根茎类：萝卜、胡萝卜、根甜菜、根芹菜、根芥菜、姜、辣根、芜菁、桔梗等	整棵，去除顶部叶及叶柄		
		马铃薯	全薯		
		其他薯芋类：甘薯、山药、牛蒡、木薯、芋、葛、魔芋等	全薯		
13	蔬菜（水生类）	茎叶类：水芹、豆瓣菜、茭白、蒲菜等	整棵，茭白去除外皮		
		果实类：菱角、芡实等	全果（去壳）		
		根类：莲藕、荸荠、慈姑等	整棵		
14	蔬菜（芽菜类）	绿豆芽、黄豆芽、萝卜芽、苜蓿花、花椒芽、香椿芽等	全部		
15	蔬菜（其他类）	黄花菜、竹笋、仙人掌、玉米笋等	全部		

续表 6-15

序号	食品类别	产品说明	检测部位	抽样要求	取样时间
16	干制蔬菜	脱水蔬菜、干豇豆、萝卜干等	全部	加工食品抽样根据产品包装形式分为以下两种情况： 1. 散装产品：随机抽取同一生产单位、同一组批的产品。视情况以分层、分方向结合或只分层(上、中、下三层)或只分方向方式抽取； 2. 预包装产品：随机抽取同一生产单位、同一组批的产品	
17	水果(柑橘类)	橙、橘、柠檬、柚、柑、佛手柑、金橘等	全果	1. 乔木果树，在每株果树的树冠外围中部的迎风面和背风面各取一组果实； 2. 灌木、藤蔓和草本果树，在树体中部采取一组果实，果实的着生部位、果个大小和成熟度应尽量保持一致	全面采收前 3～5 d；晴天，9—11 时或 15—17 时
18	水果(仁果类)	苹果、梨、山楂、枇杷、榅桲等	全果(去柄)，枇杷参照核果		
19	水果(核果类)	桃、油桃、杏、枣(鲜)、李子、樱桃、青梅等	全果(去柄和果核)，残留量计算应计入果核的重量		
20	水果(浆果和其他小型水果)	藤蔓和灌木类：枸杞、黑莓、蓝莓、覆盆子、越橘、加仑子、悬钩子、醋栗、桑葚、唐棣、露莓(包括波森莓和罗甘莓)等	全果(去柄)		
		小型攀缘类 皮可食：葡萄、树番茄、五味子等 皮不可食：猕猴桃、西番莲等	全果		
		草莓	全果(去柄)		

续表 6-15

序号	食品类别	产品说明	检测部位	抽样要求	取样时间
21	水果(热带和亚热带水果)	皮可食 柿子、杨梅、橄榄、无花果、杨桃、莲雾等	全果(去柄),杨梅、橄榄检测果肉部分,残留量计算应计入果核的重量	1.乔木果树,在每株果树的树冠外围中部的迎风面和背风面各取一组果实; 2.灌木、藤蔓和草本果树,在树体中部采取一组果实,果实的着生部位、果个大小和成熟度应尽量保持一致	全面采收前 3～5 d;晴天,9—11 时或 15—17 时
		皮不可食 小型果:荔枝、龙眼、红毛丹等	果肉,残留量计算应计入果核的重量		
		皮不可食中型果:芒果、石榴、鳄梨、番荔枝、番石榴、西榴莲、黄皮、山竹等	全果,鳄梨和芒果去除核,山竹测定果肉,残留量计算应计入果核的重量		
		皮不可食,大型果:香蕉、番木瓜、椰子等	香蕉测定全蕉;番木瓜测定去除果核的所有部分,残留量计算应计入果核的重量;椰子测定椰汁和椰肉		
		带刺果:菠萝、菠萝蜜、榴莲、火龙果等	菠萝、火龙果去除叶冠部分;菠萝蜜、榴莲测定果肉,残留量计算应计入果核的重量		
22	水果(瓜果类)	西瓜	全瓜		
		甜瓜类:薄皮甜瓜、网纹甜瓜、哈密瓜、白兰瓜、香瓜等	全瓜		

续表 6-15

序号	食品类别	产品说明	检测部位	抽样要求	取样时间
23	干制水果	柑橘脯、李子干、葡萄干、干制无花果、无花果蜜饯、枣(干)等	全果(测定果肉,残留量计算应计入果核的重量)	加工食品抽样根据产品包装形式分为以下两种情况: 1. 散装产品:随机抽取同一生产单位、同一组批的产品。视情况以分层、分方向结合或只分层(上、中、下三层)或只分方向方式抽取; 2. 预包装产品:随机抽取同一生产单位、同一组批的产品	
24	坚果	小粒坚果:杏仁、榛子、腰果、松仁、开心果等	全果(去壳)		
		大粒坚果:核桃、板栗、山核桃、澳洲坚果等	全果(去壳)		
25	糖料	甘蔗	整根甘蔗,去除顶部叶及叶柄		
		甜菜	整根甜菜,去除顶部叶及叶柄		
26	饮料类	茶叶	全部	加工食品抽样根据产品包装形式分为以下两种情况: 1. 散装产品:随机抽取同一生产单位、同一组批的产品。视情况以分层、分方向结合或只分层(上、中、下三层)或只分方向方式抽取; 2. 预包装产品:随机抽取同一生产单位、同一组批的产品	
		咖啡豆、可可豆			
		啤酒花			
		菊花、玫瑰花等			
		果汁:蔬菜汁、番茄汁等、水果汁(橙汁、苹果汁等)			

续表 6-15

序号	食品类别	产品说明	检测部位	抽样要求	取样时间
27	食用菌	蘑菇类：香菇、金针菇、平菇、茶树菇、竹荪、草菇、羊肚菌、牛肝菌、口蘑、松茸、双孢蘑菇、猴头菇、白灵菇、杏鲍菇等	整棵	参考蔬菜类	
		木耳类：木耳、银耳、金耳、毛木耳、石耳等	整棵	参考蔬菜类	
28	调味料	叶类：芫荽、薄荷、罗勒、艾蒿、紫苏等	整棵、去除根		
		干辣椒	全果（去柄）		
		果类调味料：花椒、胡椒、豆蔻等	全果		
		种子类调味料：芥末、八角茴香等	果实整粒		
		根茎类调味料：桂皮、山葵等	整棵		
29	药用植物	根茎类：人参、三七、天麻、甘草、半夏、当归等	根、茎部分		
		叶及茎杆类：车前草、鱼腥草、艾、蒿等	茎、叶部分		
		花及果实类：金银花、银杏等	花、果实部分		

续表6-15

序号	食品类别	产品说明	检测部位	抽样要求	取样时间
30	饲草产品	苜蓿、黑麦草、芜菁、青贮玉米、绿萍、红萍、羊草、皇竹草、甜象草、老芒麦、构树		1. 方草捆:宜选择与纵截面平行的侧面的中央部位插入取样器,取草捆核心处的样品。取样器与取样点所在的侧面应呈 90°夹角; 2. 圆草捆:从草捆的曲面插入取样器,且取样器与曲面垂直,取得草捆中的核心部位的样品; 3. 散装产品:应在装入料仓或仓库中时进行抽样,随机选择每个份样的取样位置,选择取样位置时,应考虑覆盖到产品批次的表面和内部; 4. 包装产品:随机选择抽样的包装产品。抽样时,无论垂直还是水平都应经过包装物的对角线。份样可以通过包装物的整个深度取得,或是通过顶部、中间和底部这三个水平面取得; 5. 青贮饲料:随机布置各份样点,保证产品的各层均被覆盖,捆状产品抽样应采集一个完整的切面	
31	动物源性食品	哺乳动物肉类(海洋哺乳动物除外)猪、牛、羊、驴、马肉等	肉(去除骨),包括脂肪含量小于10%的脂肪组织	随机抽取同一养殖场、同一品种、同一组批的产品。一般牲畜应抽取同一胴体的内脏、肉(在背部、腿部、臀尖三部位组织上分别取重量相近的肌肉,再混成一份样品)或分割肉,并作为不同的样品分开	
		哺乳动物内脏(海洋哺乳动物除外)心、肝、肾、舌、胃等	肉(去除骨),包括脂肪含量小于10%的脂肪组织	随机抽取同一养殖场、同一品种、同一组批的产品	

续表 6-15

序号	食品类别	产品说明	检测部位	抽样要求	取样时间
		禽肉类：鸡、鸭、鹅肉等	肉，去除骨	随机抽取同一养殖场、同一品种、同一组批的产品。一般禽类应取去除内脏后的整只胴体产品或同一组批不同胴体混合均匀的产品	
		禽类内脏	整付	随机抽取同一养殖场、同一品种、同一组批的产品	
		蛋类（鲜蛋）	整枚（去壳）	仓储：随机抽取同一养殖场、相同养殖条件、同一组批的产品	
		生乳：奶及其脂肪		随机抽取同一养殖场、同一品种、同一组批的产品。若用大桶或大罐散装者，应充分混匀后再采样；若为包装产品，随机抽取	
		水产品	可食部分，去除骨和鳞	1. 活体的样本应选择能代表整批产品群体水平的生物体，不能特意选择特殊的生物体（如畸形、有病的）作为样本； 2. 鲜品的样本应选择能代表整批产品群体水平的生物体，不能特意选择新鲜或不新鲜的生物体作为样本； 3. 作为进行渔药残留检验的样品应为已经过停药期的、养成的、即将上市进行交易的养殖水产品； 4. 处于生长阶段的或使用渔药后未经过停药期的养殖水产品可作为查处使用违禁药的样本； 5. 用于微生物检验的样本应单独抽取，取样后应置于无菌的容器中，存放 0 ℃	

二、检测指标

(一)绿色食品产品检测指标(产品类别标准)

绿色食品检测标准见表6-16。

表6-16 绿色食品检测标准

16	NY/T 273	绿色食品 啤酒
17	NY/T 274	绿色食品 葡萄酒
18	NY/T 285	绿色食品 豆类
19	NY/T 288	绿色食品 茶叶
20	NY/T 289	绿色食品 咖啡
21	NY/T 418	绿色食品 玉米及玉米粉
22	NY/T 419	绿色食品 稻米
23	NY/T 420	绿色食品 花生及制品
24	NY/T 421	绿色食品 小麦及小麦粉
25	NY/T 422	绿色食品 食用糖
26	NY/T 426	绿色食品 柑橘类水果
27	NY/T 427	绿色食品 西甜瓜
28	NY/T 431	绿色食品 果(蔬)酱
29	NY/T 432	绿色食品 白酒
30	NY/T 433	绿色食品 植物蛋白饮料
31	NY/T 434	绿色食品 果蔬汁饮料
32	NY/T 435	绿色食品 水果、蔬菜脆片
33	NY/T 436	绿色食品 蜜饯
34	NY/T 437	绿色食品 酱腌菜
35	NY/T 654	绿色食品 白菜类蔬菜
36	NY/T 655	绿色食品 茄果类蔬菜
37	NY/T 657	绿色食品 乳制品
38	NY/T 743	绿色食品 绿叶类蔬菜
39	NY/T 744	绿色食品 葱蒜类蔬菜
40	NY/T 745	绿色食品 根菜类蔬菜
41	NY/T 746	绿色食品 甘蓝类蔬菜
42	NY/T 747	绿色食品 瓜类蔬菜
43	NY/T 748	绿色食品 豆类蔬菜
44	NY/T 749	绿色食品 食用菌
45	NY/T 750	绿色食品 热带、亚热带水果

续表 6-16

46	NY/T 751	绿色食品　食用植物油
47	NY/T 752	绿色食品　蜂产品
48	NY/T 753	绿色食品　禽肉
49	NY/T 754	绿色食品　蛋及蛋制品
50	NY/T 840	绿色食品　虾
51	NY/T 841	绿色食品　蟹
52	NY/T 842	绿色食品　鱼
53	NY/T 843	绿色食品　畜禽肉制品
54	NY/T 844	绿色食品　温带水果
55	NY/T 891	绿色食品　大麦及大麦粉
56	NY/T 892	绿色食品　燕麦及燕麦粉
57	NY/T 893	绿色食品　粟米及粟米粉
58	NY/T 894	绿色食品　荞麦及荞麦粉
59	NY/T 895	绿色食品　高粱
60	NY/T 897	绿色食品　黄酒
61	NY/T 898	绿色食品　含乳饮料
62	NY/T 899	绿色食品　冷冻饮品
63	NY/T 900	绿色食品　发酵调味品
64	NY/T 901	绿色食品　香辛料及其制品
65	NY/T 902	绿色食品　瓜籽
66	NY/T 1039	绿色食品　淀粉及淀粉制品
67	NY/T 1040	绿色食品　食用盐
68	NY/T 1041	绿色食品　干果
69	NY/T 1042	绿色食品　坚果
70	NY/T 1043	绿色食品　人参和西洋参
71	NY/T 1044	绿色食品　藕及其制品
72	NY/T 1045	绿色食品　脱水蔬菜
73	NY/T 1046	绿色食品　焙烤食品
74	NY/T 1047	绿色食品　水果、蔬菜罐头
75	NY/T 1048	绿色食品　笋及笋制品
76	NY/T 1049	绿色食品　薯芋类蔬菜
77	NY/T 1050	绿色食品　龟鳖类
78	NY/T 1051	绿色食品　枸杞及枸杞制品

续表 6-16

79	NY/T 1052	绿色食品　豆制品
80	NY/T 1053	绿色食品　味精
81	NY/T 1323	绿色食品　固体饮料
82	NY/T 1324	绿色食品　芥菜类蔬菜
83	NY/T 1325	绿色食品　芽苗类蔬菜
84	NY/T 1326	绿色食品　多年生蔬菜
85	NY/T 1327	绿色食品　鱼糜制品
86	NY/T 1328	绿色食品　鱼罐头
87	NY/T 1329	绿色食品　海水贝
88	NY/T 1330	绿色食品　方便主食品
89	NY/T 1405	绿色食品　水生类蔬菜
90	NY/T 1406	绿色食品　速冻蔬菜
91	NY/T 1407	绿色食品　速冻预包装面米食品
92	NY/T 1506	绿色食品　食用花卉
93	NY/T 1507	绿色食品　山野菜制品
94	NY/T 1508	绿色食品　果酒
95	NY/T 1509	绿色食品　芝麻及其制品
96	NY/T 1510	绿色食品　麦类制品
97	NY/T 1511	绿色食品　膨化食品
98	NY/T 1512	绿色食品　生面食、米粉制品
99	NY/T 1513	绿色食品　畜禽可食用副产品
100	NY/T 1514	绿色食品　海参及制品
101	NY/T 1515	绿色食品　海蜇及制品
102	NY/T 1516	绿色食品　蛙类及制品
103	NY/T 1709	绿色食品　藻类及其制品
104	NY/T 1710	绿色食品　水产调味品
105	NY/T 1711	绿色食品　辣椒制品
106	NY/T 1712	绿色食品　干制水产品
107	NY/T 1713	绿色食品　茶饮料
108	NY/T 1714	绿色食品　婴幼儿谷粉
109	NY/T 1884	绿色食品　果蔬粉
110	NY/T 1885	绿色食品　米酒
111	NY/T 1886	绿色食品　复合调味料

续表 6-16

112	NY/T 1887	绿色食品　乳清制品
113	NY/T 1888	绿色食品　软体动物休闲食品
114	NY/T 1889	绿色食品　烘炒食品
115	NY/T 1890	绿色食品　蒸制类糕点
116	NY/T 2104	绿色食品　配制酒
117	NY/T 2105	绿色食品　汤类罐头
118	NY/T 2106	绿色食品　谷物类罐头
119	NY/T 2107	绿色食品　食品馅料
120	NY/T 2108	绿色食品　熟粉及熟米制糕点
121	NY/T 2109	绿色食品　鱼类休闲食品
122	NY/T 2110	绿色食品　淀粉糖和糖浆
123	NY/T 2111	绿色食品　调味油
124	NY/T 2112	绿色食品　渔业饲料及饲料添加剂使用准则
125	NY/T 2140	绿色食品　代用茶
126	NY/T 2799	绿色食品　畜肉

注：凡是没有注明年代号的标准，以最新标准为准。

(二)有机产品检测指标

1. 蔬菜类抽样检测项目

有机产品蔬菜检测项目见表 6-17。

表 6-17　有机产品蔬菜检测项目

1)必测项目

蔬菜类别	杀虫剂		杀螨剂	杀菌剂		除草剂(调节剂)
薯芋类，豆类，瓜类，白菜类，绿叶菜类，新鲜根茎类，新鲜甘蓝类，新鲜芥菜类，鲜茄果类，葱蒜类，多年生类，水生类	虫螨腈 联苯菊酯 甲氰菊酯 氯氰菊酯 氟虫腈 抗蚜威 氯菊酯 氰戊菊酯 杀螟硫磷 杀螟松 吡丙醚 茚虫威 虱螨脲 烯啶虫胺	敌百虫 甲氧虫酰肼 氧乐果 氟铃脲 噻虫啉 灭蝇胺 毒死蜱 甲氨基阿维菌 素苯甲酸盐 噻虫嗪 啶虫脒 吡虫啉 克百威 噻虫胺	炔螨特 哒螨灵	嘧菌环胺 乙霉威 精甲霜灵 肟菌酯 三唑醇 咪鲜胺 己唑醇 氟硅唑 丙环唑 咯菌腈 五氯硝基苯 三唑酮 醚菌酯 邻苯基苯酚	啶酰菌胺 乙嘧酚 腐霉利 嘧霉胺 异菌脲 腈菌唑 苯醚甲环唑 甲霜灵 戊唑醇 多菌灵 霜霉威 烯酰吗啉 吡唑醚菌酯 霜脲氰	二甲戊乐灵 精异丙甲草胺

续表 6-17

蔬菜类别	杀虫剂		杀螨剂	杀菌剂		除草剂(调节剂)
蕨类,食用菌	溴氰菊酯 呋虫胺 啶虫脒			邻苯基苯酚 戊唑醇 腐霉利 咪鲜胺 多菌灵		(2,4-D)
芽苗菜	噻虫嗪		噻螨酮	邻苯基苯酚		(2,4-D)

2)选测项目

蔬菜类别	杀虫剂	杀螺剂	杀螨剂	杀菌剂	生长调节剂
薯芋类,豆类,瓜类,白菜类,绿叶菜类,新鲜根茎类,新鲜甘蓝类,新鲜芥菜类,鲜茄果类,葱蒜类,多年生类,水生类	阿维菌素 辛硫磷 呋虫胺 吡蚜酮 螺虫乙酯 溴氰虫酰胺 氯虫苯甲酰胺	四聚乙醛	噻螨酮	氟啶胺 啶氧菌酯 嘧菌酯 甲基硫菌灵 百菌清 代森锰锌 福美双 苯菌灵(以多菌灵计) 噻唑锌	
蕨类 食用菌	溴氰虫胺 联苯肼酯 噻虫嗪 抗蚜威 氟啶脲 噻虫胺	四聚乙醛(软体动物)	哒螨灵 螺螨酯	醚菌酯 苯醚甲环唑 甲基硫菌灵 甲醛 百菌清 苯菌灵(以多菌灵计)	
芽苗菜	溴氰虫酰胺		噻螨酮	百菌清　多菌灵	6-苄基腺嘌呤

2. 水果抽样检测项目

有机产品水果检测项目见表 6-18。

表 6-18 有机产品水果检测项目

1)必测项目

水果类别	杀虫剂		杀螨剂	杀菌剂		除草剂(调节剂)
苹果,花红(沙果),红厚壳(海棠果),梨	阿维菌素 甲氨基阿维菌素苯 甲酸盐 吡虫啉 毒死蜱 对硫磷 灭多威 马拉硫磷	氯氟氰菊酯 高效氯氟氰菊酯 噻虫嗪 杀虫脒 辛硫磷 啶虫脒 氯氰菊酯 高效氯氰菊酯	哒螨灵	百菌清 苯醚甲环唑 丙森锌 代森锰锌 代森铵 多菌灵 戊唑醇	氟硅唑 甲基硫菌灵 三唑酮 异菌脲 吡唑醚菌酯 啶酰菌胺 嘧霉胺	百草枯 草甘膦 草铵膦 2,4-D 和 2,4-D 钠盐
山楂,枇杷	阿维菌素 吡虫啉 水胺硫磷 氧化乐果 毒死蜱	氯氰菊酯 高效氯氰菊酯 氰戊菊酯 溴氰菊酯 辛硫啶虫脒		百菌清 多菌灵		百草枯 草甘膦 2,4-D 和 2,4-D 钠盐
桃,枣,杏	阿维菌素 氯氟氰菊酯 高效氯氟氰菊酯 氯氰菊酯 高效氯氰菊酯 乐果 杀扑磷	氰戊菊酯 S-氰戊菊酯 水胺硫磷 辛硫磷 吡虫啉 啶虫脒 噻虫啉	联苯肼酯 噻螨酮 四螨嗪 内吸磷 哒螨灵 双甲脒 螺螨酯	丙森锌 代森锰锌 多菌灵 腈菌唑 嘧菌环胺	嘧菌酯 吡唑醚菌酯 嘧霉胺 戊唑醇	百草枯 草甘膦 2,4-D 和 2,4-D 钠盐

续表 6-18

水果类别	杀虫剂		杀螨剂	杀菌剂		除草剂(调节剂)
梅，樱桃，李，欧李(高钙果)	阿维菌素 吡虫啉 氧乐果 溴氰菊酯 氯氰菊酯 高效氯氰菊酯	啶虫脒 毒死蜱 氯氟氰菊酯 高效氯氟氰菊酯 氰戊菊酯	多菌灵 百菌清 三唑酮 吡唑醚菌酯	啶酰菌胺 嘧霉胺 戊唑醇	草铵膦 草甘膦 百草枯 2,4-D 和 2,4-D 钠盐	
葡萄	氟虫腈 甲氰菊酯 硫线磷 螺虫乙酯 氯菊酯 氯氰菊酯 高效氯氰菊酯 蝇毒磷 灭多威	马拉硫磷 杀虫脒 杀螟硫磷 水胺硫磷 辛硫磷 溴氰菊酯 氧乐果 乙酰甲胺磷	联苯肼酯 噻螨酮 三环锡 三唑锡 四螨嗪 溴螨酯 三氯杀螨醇	百菌清 苯氟磺胺 苯醚甲环唑 苯酰菌胺 吡唑醚菌酯 丙森锌 代森联 代森锰锌 啶酰菌胺 多菌灵 噻菌灵 双胍三辛烷基苯磺酸盐 双炔酰菌胺 霜霉威和霜霉威盐酸盐 霜脲氰 戊菌唑 戊唑醇 烯酰吗啉 烯唑醇 三乙膦酸铝	氟硅唑 氟环唑 氟吗啉 腐霉利 环酰菌胺 己唑醇 甲苯氟磺胺 甲基硫菌灵 甲霜灵和精甲霜灵 腈菌唑 克菌丹 喹氧灵 氯苯嘧啶醇 咪鲜胺和咪鲜胺锰盐 嘧菌环胺 嘧菌酯 嘧霉胺 亚胺唑 异菌脲 唑嘧菌胺 苯霜灵	氟吡甲禾灵 高效氟吡甲禾灵 草甘膦 百草枯

续表 6-18

水果类别	杀虫剂		杀螨剂	杀菌剂		除草剂(调节剂)
柑橘类	丙溴磷 氟氯氰菊酯 高效氟氯氰菊酯 毒死蜱 联苯菊酯 氯氰菊酯 高效氯氰菊酯 杀扑磷 阿维菌素 吡虫啉 水胺硫磷 对硫磷	马拉硫磷 灭多威 灭线磷 杀虫脒 啶虫脒 氯氟氰菊酯 高效氯氟氰菊酯	克螨特 哒螨灵 三氯杀螨醇 噻螨酮 双甲脒 四螨嗪 溴螨酯 乙螨唑 唑螨酯 螺螨酯 内吸磷	咪鲜胺 咪鲜胺锰盐 噻菌灵 多菌灵 嘧霉胺 戊唑醇 吡唑醚菌酯		2,4-D 和 2,4-D 钠盐

续表 6-18

2)选测项目

水果类别	杀虫剂		杀螨剂	杀菌剂		除草剂(调节剂)
苹果,花红(沙果),红厚壳(海棠果),梨	丙溴磷 虫酰肼 除虫脲 单甲脒 单甲脒盐酸盐 敌敌畏 丁硫克百威 丁醚脲 联苯菊酯 内吸磷 多杀霉素 二嗪磷 伏杀硫磷 氟苯脲 氟虫腈 氟虫脲 氟啶虫酰胺 蝇毒磷 治螟磷 灭蚁灵 噻虫啉 异狄氏剂 烯啶虫胺	氟氯氰菊酯 高效氟氯氰菊酯 氟氰戊菊酯 氟酰脲 甲氰菊酯 甲氧虫酰肼 抗蚜威 乐果 硫丹 螺虫乙酯 氯虫苯甲酰胺 氯菊酯 醚菊酯 氰戊菊酯和S-氰戊菊酯 三唑磷 杀虫单 杀铃脲 杀扑磷 水胺硫磷 敌百虫 溴氰菊酯 氧乐果 乙酰甲胺磷	苯丁锡 联苯肼酯 螺螨酯 炔螨特 噻螨酮 三氯杀螨醇 三氯杀螨砜 三唑锡 双甲脒 四螨嗪 溴螨酯 唑螨酯	亚胺唑 苯氟磺胺 苯菌灵 代森联 代森锌 丁香菌酯 多果定 多抗霉素 噁唑菌酮 二苯胺 二氰蒽醌 氟环唑 福美双 福美锌 己唑醇 甲苯氟磺胺 甲霜灵和精甲霜灵	咪鲜胺和咪鲜胺锰盐 醚菌酯 灭菌丹 宁南霉素 噻菌灵 三乙膦酸铝 三唑醇. 双胍三辛烷基苯磺酸盐 肟菌酯 戊菌唑 烯唑醇 辛菌胺 溴菌腈 腈菌唑 克菌丹 喹啉铜 联苯三唑醇 氯苯嘧啶醇	2甲4氯(钠) 敌草快 氟吡甲禾灵 高效氟吡 甲禾灵

续表6-18

水果类别	杀虫剂		杀螨剂	杀菌剂		除草剂(调节剂)
山楂,枇杷	倍硫磷 虫酰肼 除虫脲 敌敌畏 对硫磷 多杀霉 二嗪磷 氟苯脲	氟虫腈 氟氰戊菊酯 氟酰脲 甲氰菊酯 抗蚜威 螺虫乙酯 氯虫苯甲酰 氯菊酯 伏杀硫磷	苯丁锡 联苯肼酯	苯醚甲环唑 代森联 多果定 氟硅唑	甲苯氟磺胺 甲霜灵和精甲霜灵 腈菌唑 克菌丹 联苯三唑醇 氯苯嘧啶醇	2甲4氯(钠) 氟吡甲禾灵和高效氟吡甲禾灵
桃,枣,杏	倍硫磷 虫酰肼 啶氧菌酯 对硫磷 多杀霉素 二嗪磷 伏杀硫磷 氟虫腈 氟酰脲 甲氰菊酯 抗蚜威 螺虫乙酯 氯虫苯甲酰胺 氯菊酯	马拉硫磷 醚菊酯 灭多威 灭线磷 杀虫脒 溴氰菊酯 乙酰甲胺磷 蝇毒磷 治螟磷 丁硫克百威 氧乐果 灭幼脲	苯丁锡	苯氟磺胺 苯醚甲环唑 代森联 多果定 多菌灵 氟硅唑 环酰菌胺	克菌丹 联苯三唑醇 氯苯嘧啶醇 氯硝胺戊菌唑 百菌清 宁南霉素	氟吡甲禾灵和高效氟吡甲禾灵

续表6-18

水果类别	杀虫剂		杀螨剂	杀菌剂		除草剂(调节剂)
梅，樱桃，李，欧李(高钙果)	倍硫磷 丙溴磷 虫酰肼 对硫磷 多杀霉素 二嗪磷 氟苯脲 氟虫腈 氟酰脲 甲硫威 甲氰菊酯 抗蚜威 乐果 水胺硫磷 辛硫磷 乙酰甲胺磷 蝇毒磷 治螟磷	硫丹 螺虫乙酯 氯虫苯甲酰胺 氯菊酯 马拉硫磷 嘧菌酯 灭多威 灭线磷 氰戊菊酯和 S-氰戊菊酯 噻虫啉 杀虫脒 杀扑磷	苯丁锡 联苯肼酯 联苯菊酯 内吸磷 噻螨酮 三环锡 三唑磷 三唑锡 双甲脒 四螨嗪 溴螨酯 灭蚁灵	苯氟磺胺 苯菌灵 苯醚甲环唑 丙硫多菌灵 丙森锌 春雷霉素 代森联 代森锰锌 丁苯吗啉 多果定 噁唑菌酮 粉唑醇 氟硅唑 氟环唑 氟吗啉 福美双 烯酰吗啉 烯唑醇 亚胺唑 异菌脲	腐霉利 环酰菌胺 甲苯氟磺胺 甲霜灵和精甲霜灵 腈菌唑 克菌丹 喹氧灵 联苯三唑醇 氯苯嘧啶醇 咪鲜胺和咪鲜胺锰盐 醚菌酯 嘧菌环胺 灭菌丹 宁南霉素 氰霜唑 三乙膦酸铝 三唑醇 双炔酰菌胺 霜脲氰 肟菌酯 戊菌唑	氟吡甲禾灵和高效氟吡甲禾灵(莠灭净多效唑)

续表6-18

水果类别	杀虫剂		杀螨剂	杀菌剂		除草剂(调节剂)
葡萄	多杀霉素 联苯菊酯 艾氏剂 狄氏剂			喹啉铜 氰霜唑		莠去津
柑橘	吡丙醚 虫酰肼 除虫脲 单甲脒和单甲脒盐酸盐 稻丰散 丁硫克百威 多杀霉素 氟苯脲 氟虫腈 氟虫脲 氟啶虫胺腈 甲氰菊酯 抗蚜威 喹硫磷 蝇毒磷	乐果 螺虫乙酯 氯虫苯甲酰胺 氯菊酯 氯噻啉 氰戊菊酯和 S-氰戊菊酯 噻嗪酮 杀铃脲 杀螟丹 杀线威 烯啶虫胺 辛硫磷 溴氰菊酯 烟碱 氧化乐果 乙酰甲胺磷 治螟磷	苯硫威 苯螨特 联苯肼酯 炔螨特 丁醚脲	百菌清 丙森锌 代森联 代森锰锌 代森锌 噁唑菌酮 苯菌灵 苯醚甲环唑 烯唑醇 亚胺唑	春雷霉素 甲霜灵和精甲霜灵 腈菌唑 克菌丹 邻苯基苯酚 嘧菌酯 噻唑锌 三唑磷 双胍三辛烷基苯磺酸盐 肟菌酯	2 甲 4 氯(钠) 百草枯 苯嘧磺草胺 丙炔氟草胺 草铵膦 草甘膦 氟吡甲禾灵和高效氟吡甲禾灵

三、评判依据

(一)绿色食品

(1)AA级绿色食品允许使用的植保产品,如果在豁免名单内应给予豁免;

(2)在绿色食品允许使用的化学农药中,最终农药残留应符合《食品安全国家标准 食品中农药最大残留限量》(GB 2763—2019)标准的要求;

(3)其他农药的残留量不得超过0.01 mg/kg,并应符合《食品安全国家标准 食品中农药最大残留限量》(GB 2763—2019)标准的要求。

(二)有机产品

(1)凡是化学合成的农药,都不得检出,凡是超过检出限的产品都视为不合格产品;低于检出限的产品为合格产品。因此,不是检出农药残留就不是有机产品,判定的标准是允许检出,但不能高于检出限。

(2)检出限的高低与检测方法和等效采用的标准有关,在有机产品农药残留检测中,主要采用的标准包括《食品安全国家标准 食品中农药最大残留限量》(GB 23200系列标准)、《水果和蔬菜中450种农药及相关化学品残留量的测定 液相色谱-串联质谱法》(GB/T 20769)、《蔬菜和水果中有机磷、有机氯、拟除虫菊酯和氨基甲酸酯类农药多残留的测定》(NY/T 761—2008)、《蔬菜中2,4-D等13种除草剂多残留的测定 液相色谱质谱法》(NY/T 1434)、《蔬菜中甲醛含量的测定 高效液相色谱法》(NY/T 3292)、《蔬菜水果中多菌灵等4种苯并咪唑类农药残留量的测定 高效液相色谱法》(NY/T 1680)、《蔬菜及水果中多菌灵等16种农药残留测定 液相色谱-质谱-质谱联用法》(NY/T 1453)、《出口食品中四聚乙醛残留量的检测方法 气相色谱-质谱法》(SN/T 4264)、《出口水果中甲基硫菌灵、硫菌灵、多菌灵、苯菌灵、噻菌灵残留量的检测方法 高效液相色谱法》(SN/T 0162)、《出口水果中二硫代氨基甲酸酯残留量检验方法》(SN 0157)等标准,重金属检测主要是GB 5009系列标准。

(3)植物源农药是有机产品生产允许使用的,在现有的技术条件下,不能做到很低的检出限量,因此可参照《食品安全国家标准 食品中农药最大残留限量》(GB 2763)相应的指标执行,如苦参碱、除虫菊素等。

(4)矿物源和微生物源的药剂,许多都在豁免名单中,按照豁免的规定执行。

第七章　认证与管理

判定农产品安全质量和品质质量主要通过3种途径来实现：一是获得国家认可的安全农产品认证，二是通过最终产品安全检测，三是建立可追踪和溯源的信息体系。在绿色农业发展的新形势和新背景下，判定农产品优质安全的最主要的方式是满足国家或行业相关农产品安全质量标准并获得有效认证。中国食品安全认证主要包括无公害农产品、绿色食品和有机产品。无公害农产品认证从2001年开始，经过10多年的发展，在2018年9月，农业农村部停止了无公害农产品认证。本章主要介绍目前有效的农产品安全质量的2种最主要的认证形式，即绿色食品和有机产品。

第一节　认证机构

一、绿色食品

中国绿色食品发展中心成立于1992年，是负责绿色食品标志许可、有机农产品认证及农产品地理标志登记审查的专门机构，承担绿色食品、有机农产品标志授权管理和产品质量跟踪检查，开展绿色食品、有机农产品和地理标志农产品生产基地创建、技术推广和宣传培训，承办农产品品牌培育、市场发展和展示推介，协调指导名优农产品品牌培育、认定和推广等工作。中心为隶属于农业农村部的正局级事业单位。内设：办公室、财务处、体系标准处、审核评价处、标识管理处、地理标志处、品牌发展处、基地建设处、国际合作与信息处。

二、有机产品

(1)我国认证机构的授权机构为国家认证认可监督管理委员会。

(2)《中华人民共和国认证认可条例》第四条规定：国家实行统一的认证认可监督管理制度。国家对认证认可工作实行在国务院认证认可监督管理部门统一管理、监督和综合协调下，各有关方面共同实施的工作机制。

(3)《中华人民共和国认证认可条例》第三十七条规定：国务院认证认可监督管理部门确定的认可机构，独立开展认可活动。除国务院认证认可监督管理部门确定的认可机构外，其他任何单位不得直接或者变相从事认可活动。其他单位直接或者变相从事认可活动的，其认可结果无效。按照这一规定，国家实行统一的认可制度，只建立一套认可体系，国家认证认可监督管理委员会要按照国际通行做法，对现有的认可机构进行调整，建立集中统一的认可机构。

(4)《中华人民共和国认证认可条例》第九条规定：设立认证机构，应当经国务院认证认可监督管理部门批准，并依法取得法人资格后，方可从事批准范围内的认证活动。未经批准，任何单位和个人不得从事认证活动。

(5)《中华人民共和国认证认可条例》第十条规定:设立认证机构,应当符合下列条件:

①有固定的场所和必要的设施;

②有符合认证认可要求的管理制度;

④注册资本不得少于人民币 300 万元;

⑤有 10 名以上相应领域的专职认证人员;

(6)从事产品认证活动的认证机构,还应当具备与从事相关产品认证活动相适应的检测、检查等技术能力。

第二节 认证程序

一、绿色食品

绿色食品标志是由中国绿色食品发展中心在国家工商行政管理总局正式注册的质量证明标志。标志图形由三部分构成,即上方的太阳、下方的叶片和中心的蓓蕾,象征自然生态;颜色为绿色,象征着生命、农业、环保;图形为正圆形,意为保护。整个图形描绘了一幅明媚阳光照耀下的和谐生机,告诉人们绿色食品是出自纯净和良好生态环境的安全、无污染食品,能给人们带来蓬勃的生命力。

(一)绿色食品认证程序

(1)为规范"绿色食品标志使用证书"(以下简称"证书")的颁发(以下简称"颁证"),依据农业农村部《绿色食品标志管理办法》、国家工商行政管理总局《集体商标、证明商标注册和管理办法》,制订本程序。

(2)颁证是中国绿色食品发展中心(以下简称"中心")向通过绿色食品标志许可审查的申请人(以下简称"申请人")颁发证书的过程,包括核定费用、签订《绿色食品标志使用合同》(以下简称《合同》)、制发证书、发布公告等。

(3)中心负责核定费用、制发合同、编制信息码、产品编号、制发证书等颁证工作。

省级绿色食品工作机构(以下简称"省级工作机构")负责组织、指导申请人签订合同、缴纳费用、向申请人转发证书等颁证工作。

(4)中心依据颁证决定,按照有关绿色食品收费标准,在 10 个工作日内完成费用核定工作,通过"绿色食品网上审核与管理系统"生成办证须知、合同电子文本,并传送省级工作机构。

(5)省级工作机构通过"绿色食品网上审核与管理系统"在 10 个工作日内下载办证须知、合同、绿色食品防伪标签订单等办证文件,并将上述办证文件发送申请人,其中合同文本为一式三份。

(6)申请人收到办证文件后,应按办证须知的要求,在 2 个月内签订合同(纸质文本,一式三份),并寄送中心,同时按照合同的约定,一并缴纳审核费和标志使用费。

(7)中心收到申请人签订的合同后,在 10 个工作日内完成信息码编排、产品编号、证书制作等工作。

证书分中文、英文两种版式,申请人如需要英文证书,应填报"绿色食品英文证书信息表",中心审核后同时制发英文证书。

(8)中心在 2 个工作日内完成合同、证书、缴费等信息核对工作,核对后将合同(一式两份)

和证书原件统一寄送省级工作机构，并将合同一份、证书复印件一份存档。

(9)省级工作机构收到中心寄发送的合同和证书后，在 5 个工作日内将合同(一份)和证书原件转发申请人，并将合同一份、证书复印件一份存档。

(10)中心依据相关规定，对获证产品予以公告。

(11)各级绿色食品工作机构应建立颁证工作记录制度，记录颁证工作流程、时间、经办人等情况。建立颁证档案管理制度，加强颁证信息管理。

绿色食品证书有效期 3 年，每年需年检有效，到期可续展认证。

二、有机产品

有机产品标志图案由三部分组成：外围的圆形、中间的种子和周围的环形线条。外围的圆形形似地球，象征和谐、安全；圆形中的"中国有机产品"字样为中英文结合方式，既表示中国有机产品与世界同行，也有利于国内外消费者识别。种子的图形代表生命萌发之际的勃勃生机，象征了有机产品是从种子开始的全过程认证，同时昭示出有机产品就如同刚刚萌生的种子，正在中国大地上茁壮成长。种子周围圆润自如的线条象征环形的道路，与种子图形合并构成汉字的"中"，体现出有机产品植根中国，有机之路越走越宽广。同时处于平面的环形又是英文字母"C"的变体，种子形状也是英文字母"O"的变形，意为"China Organic"。绿色代表环保、健康，表示有机产品给人类的生态环境带来完美与和谐。橘红色代表旺盛的生命力，表示有机产品对可持续发展的作用。"中国有机转换产品"认证标志中的黄褐色代表肥沃的土地，表示有机产品在肥沃的土壤上不断发展。

有机产品认证流程见下图：

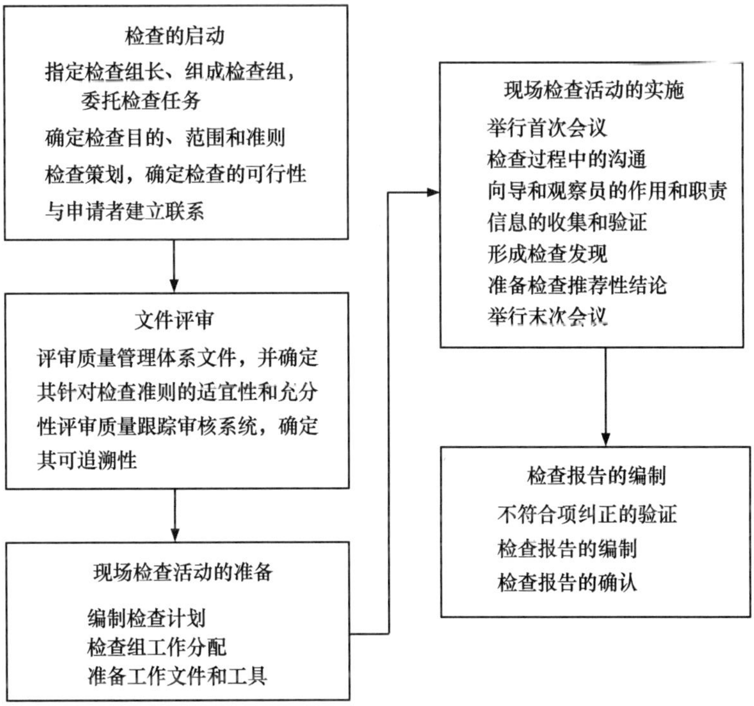

图 7-1　有机产品认证检查的程序

有机产品证书有效期1年，到期前3个月可开展再认证。

第三节　认证监督和管理

一、绿色食品

1.标志管理

依据:《绿色食品标志管理办法》

绿色食品是质量证明商标且在工商局注册，绿色食品发展中心为商标的注册人，对该商标享有所有权。

依据《中华人民共和国食品安全法》《中华人民共和国农产品质量安全法》《中华人民共和国商标法》《集体商标、证明商标注册和管理办法》《农产品包装和标识管理办法》等法律法规，以及《食品安全国家标准预包装食品标签通则》标准规范，按照《绿色食品标志管理办法》的相关规定。

证书是绿色食品标志使用人(以下简称“标志使用人”)合法有效使用绿色食品标志的凭证，证明其申报产品通过绿色食品标志许可审查合格，符合绿色食品标志使用条件。

证书实行“一品一证”管理制度，即为每个通过绿色食品标志许可审查合格产品颁发一张证书。

中国绿色食品发展中心(以下简称“中心”)负责证书的颁发、变更、注销与撤销等管理事项。

省级绿色食品工作机构(以下简称“省级工作机构”)负责证书转发、核查，报请中心核准证书注销、撤销等管理工作。

2.年度检查

依据:《绿色食品企业年度检查工作规范》

年检是指绿色食品工作机构对辖区内获得绿色食品标志使用权的企业在一个标志使用年度内的绿色食品生产经营活动、产品质量及标志使用行为实施的监督、检查、考核、评定等。

年检工作由省级人民政府农业行政主管部门所属绿色食品工作机构(以下简称“省级工作机构”)负责组织实施，标志监管员具体执行。

省级工作机构应根据本地区的实际情况，制订年检工作实施办法，并报中国绿色食品发展中心备案。

省级工作机构应建立完整的年检工作档案，年检工作档案至少保存3年。省级工作机构应于每年12月20日前，将本年度年检工作总结和核准证书登记表(附表)电子版报中心备案。

中心对各地年检工作进行指导、监督和检查。

3.年度抽查

依据:《绿色食品产品质量年度抽检工作管理办法》

抽检是指中国绿色食品发展中心，对已获得绿色食品标志使用权的产品采取的监督性抽查检验。

所有获得绿色食品标志使用权的企业在标志使用的有效期内，应当接受产品抽检。

当年的产品抽检报告可作为绿色食品标志使用续展审核的依据。

产品抽检工作由中心制订抽检计划，委托相关绿色食品产品质量检测机构（以下简称“检测机构”）按计划实施，省及市、县绿色食品工作机构（以下简称“省级工作机构”或“各级工作机构”）予以配合。

4. 市场监督

依据：《绿色食品标志市场监察实施办法》

市场监察是对市场上绿色食品标志使用情况的监督检查，是对绿色食品获证后质量监督的重要手段和工作内容，是各级绿色食品工作机构（以下简称“工作机构”）及标志监管员的重要职责。各级工作机构应明确负责市场监察工作的部门和人员，为工作开展提供必要的条件。

中国绿色食品发展中心负责全国绿色食品标志市场监察工作；省及省以下各级工作机构负责本行政区域的绿色食品标志市场监察工作。

市场监察的采集产品工作由省及省以下各级工作机构的工作人员完成。市场监察工作可与农产品质量安全监督执法相结合，在当地农业行政管理部门组织协调下开展。

中心将各地市场监察工作情况定期通报，并作为考核评定工作机构及标志监管员工作的重要依据。

二、有机产品

1. 认可评价

认可是国家依法设立的权威机构对认证机构实施认证的能力进行评定和承认，它可以使不同的认证机构均能依据相同的国际导则或认可规范性文件，按照相同的程序从事认证活动，从而使认证结果具有可比性并得到互认。认可制度体现了国家意志，它为保证认证工作的客观性和公正性建立了一套科学化、规范化的程序和管理制度。

2002 年 4 月，我国统一的国家认可制度建立后，将分属不同部门的认可机构进行了整合，成立了统一的认可机构——中国认证机构国家认可委员会(CNAB)，分别开展不同领域的认证机构认可工作。产品认证认可的依据为 ISO/IEC 导则 65《产品认证机构通用要求》及 IAF 对 ISO/IEC 导则 65 的应用指南。目前，该导则已转换为国家标准《合格评定产品、过程和服务认证机构要求》(GB/T 27065—2015)。ISO/IEC 导则 65 由 ISO/IEC 合格评定委员会(CASCO)制订，1996 年发布，并于 2000 年对该导则的适用性进行了确认。制订该导则的目的是希望从事产品质量认证的机构遵循导则中提出的要求，以确保认证机构“以可靠一致的方式运作产品认证制度，使其便于为国家或国际所接受，从而促进国际贸易”。导则所包含的要求是运作产品质量认证制度的认证机构所应遵循的基本准则，在特定的工业领域或有诸如对健康和安全等有特殊要求时，还必须考虑在 ISO/IEC 导则 65 的基础上增加相应的特殊要求。

2001 年 6 月 19 日，国家环境保护总局以总局第 10 号令的形式正式发布《有机食品认证管理办法》。该办法明确了国家对有机食品认证机构实行资格认可制度，也就是说，凡从事有机食品认证的机构，必须向国家环境保护总局设立的有机食品认可委员会申请并取得认可资格证书后，方可从事有机食品认证活动。《有机食品认证管理办法》的发布，表明了我国有机产品认可制度的正式建立。

由国家认可机构对认证机构进行一次认证能力评价，包括认证的项目和认证实施人员；认可评价分为办公室文审和现场评价；认可评价每年一次。

2.认证程序和文件管理

(1)认证资质范围及有效期。

(2)认证程序和认证要求。

(3)认证依据。

(4)认证收费标准。

(5)认证机构和认证委托人的权利与义务。

(6)认证机构处理申诉、投诉和争议的程序。

(7)批准、注销、变更、暂停、恢复和撤销认证证书的规定与程序。

(8)对获证组织正确使用中国有机产品认证标志、有机码、认证证书、销售证和认证机构标识(或名称)的要求。

(9)对获证组织正确宣传有机生产、加工过程及认证产品的要求。

3.认证现场实施

根据认证依据对认证委托人建立的管理体系进行评审,核实生产、加工、经营过程与认证委托人提交的文件的一致性,确认生产、加工、经营过程与认证依据的符合性。

1)检查过程至少应包括以下内容。

(1)对生产、加工过程、产品和场所的检查,如生产单元有非有机生产、加工或经营时,也应关注其对有机生产、加工或经营的可能影响及控制措施。

(2)对生产、加工、经营管理人员、内部检查员、操作者进行访谈。

(3)对《有机产品》(GB/T 19630—2019)所规定的生产、加工、标识与管理体系文件及程序文件进行审核。

(4)对认证产品的产量与销售量进行衡算。

(5)对产品追溯体系、认证标识和销售证的使用管理进行验证。

(6)对内部检查和持续改进进行评估。

(7)对产地和生产加工环境质量状况进行确认,评估对有机生产、加工的潜在污染风险。

(8)采集必要的样品。

(9)对上一年度提出的不符合项采取的纠正和纠正措施进行验证(适用时)。

检查组在结束检查前,应对检查情况进行总结,向受检查方和认证委托人确认检查发现的不符合项。

2)样品检测

(1)认证机构应编制抽样检测的技术文件,对抽样检测的项目、频次、方法、过程等做出要求。

(2)认证机构应对申请生产、加工认证的所有产品抽样检测,在风险评估基础上确定需检测的项目。对植物生产认证,必要时可对其生长期植物组织进行抽样检测。如果认证委托人生产的产品仅作为该委托人认证加工产品的唯一配料,且经认证机构风险评估后配料和终产品检测项目相同或相近时,则应至少对终产品进行抽样检测。

认证证书发放前无法采集样品并送检的,应在证书有效期内安排抽样检测并得到检测结果。

(3)认证机构应委托具备法定资质的检验检测机构进行样品检测。

(4)产品生产、加工场所在境外,产品因出入境检验检疫要求等原因无法委托境内检验检测机构进行检测,可委托境外第三方检验检测机构进行检测。该检验检测机构应符合《检测和校准实验室能力的通用要求》(ISO/IEC 17025—2017)的要求。对于再认证产品,可在换发证书有效期内的产品入境后由认证机构抽样,委托境内检验检测机构进行检测,检测结果不符合认证要求的,应立即暂停或撤销证书。

(5)有机生产或加工中允许使用物质的残留量应符合相关法律法规或强制性标准的规定。有机生产和加工中禁止使用的物质不得检出。

3)对产地环境质量状况的检查

认证委托人或其生产、加工操作的分包方应出具有资质的监测(检测)机构对产地环境质量进行的监测(检测)报告。产地环境空气质量可采信县级以上(含县级)生态环境部门公布的当地环境空气质量信息或出具其他证明性材料,以证明产地的环境质量状况符合 GB/T 19630—2019 规定的要求。

进口产品的产地环境检测委托人应为认证委托人或其生产、加工操作的分包方。检查员可结合现场检查实际情况评估是否接受认证委托人已有的土壤、灌溉水、畜禽饮用水、生产加工用水等有效的检测报告。如否,应按照 GB/T 19630—2019 的要求进行检测,检测机构可以是符合《检测和校准实验室能力的通用要求》(ISO/IEC 17025—2017)要求的境外检测机构。关于环境空气质量,认证机构应根据现场检查实际情况,结合当地官方网站、大气监控数据或报告等内容,确认是否符合 GB/T 19630—2019 规定的要求。

4)对有机转换的检查

(1)多年生作物存在平行生产时,认证委托人应制订有机转换计划,并事先获得认证机构确认。在开始实施转换计划后,每年须经认证机构派出的检查组核实、确认。未按转换计划完成转换并经现场检查确认的地块不能获得认证。

(2)未能保持有机认证的生产单元,需重新经过有机转换才能再次获得有机认证,且不应缩短转换期。

(3)有机产品认证转换期起始日期不应早于认证机构受理申请日期。

(4)对于获得国外有机产品认证连续 4 年以上(含 4 年)的进口有机产品的国外种植基地,且认证机构现场检查确认其符合 GB/T 19630—2019 要求,可在风险评估的基础上免除转换期。

5)对投入品的检查

(1)有机生产或加工过程中允许使用 GB/T 19630—2019 附录列出的物质。

(2)对未列入 GB/T 19630—2019 附录中的物质,认监委可在专家评估的基础上公布有机生产、加工投入品临时补充列表。

4.认证机构监督管理

1)认证机构应每年对获证组织至少安排一次获证后的现场检查。

2)认证机构应根据获证产品种类和风险、生产企业管理体系的有效性、当地质量安全诚信水平总体情况等,科学确定现场检查频次及项目。

3)同一认证的品种在证书有效期内如有多个生产季的,则至少需要安排一次获证后的现场检查。

4)认证机构应在风险评估的基础上每年至少对 5%的获证组织实施一次不通知检查,实施不通知检查时应在现场检查前 48 小时内通知获证组织。

5)认证机构应及时了解和掌握获证组织变更信息,对获证组织实施有效跟踪,以保证其持续符合认证的要求。

6)认证机构应明确约定获证组织需建立信息通报制度,及时向认证机构通报信息。

7)销售证和有机码

销售证是获证产品所有人提供给买方的交易证明,以保证有机产品销售过程数量可控、可追溯。对于使用了有机码的产品,认证机构可不颁发销售证。

再认证:在认证证书有效期结束前3个月向认证机构提出再认证申请。

5.市场监督管理

1)"双随机、一公开":

"双随机、一公开",即在监管过程中随机抽取检查对象,随机选派执法检查人员,抽查情况及查处结果及时向社会公开。"双随机、一公开"是国务院办公厅于2015年8月发布的《国务院办公厅关于推广随机抽查规范事中事后监管的通知》中要求在全国全面推行的一种监管模式。

"双随机、一公开"是市场监管的深刻变革。随着简政放权的不断推进,市场主体大量增长,各类新业态层出不穷,一些领域风险突出,对加强事中事后监管提出了新挑战。市场监管部门要以公平公正监管为基本遵循,"管优不是管乱、管活不是管死",做到监管效能最大化、监管成本最优化、对市场主体干扰最小化,努力营造良好营商环境、有序竞争环境和放心消费环境。

2)制度建设:

(1)统一编制随机抽查事项清单。

(2)统一建立检查对象名录库和执法检查人员名录库。

(3)统一制订随机抽查工作规范。

(4)统一监管工作信息化平台建设。

3)检查流程规范:

(1)制订年度抽查工作计划。

(2)随机抽取检查对象。

(3)随机抽取执法检查人员。

(4)合理确定抽查检查方式。

(5)强化抽查检查结果公示运用。

(6)社会监督管理。

4)建立了中国食品农产品认证信息系统,向社会公开有机产品认证信息,并随时可进入如下网址查询:http://cx.cnca.cn/CertECloud/orga/orga/page? currentPosition=undefined

5)开展有机产品认证宣传周,鼓励社会监管

市场监管总局每年举办全国"有机产品认证宣传周"活动启动仪式,发布最新年度《中国有机产品认证与有机产业发展报告》,交流推广各地运用有机产品认证守护绿水青山、共享绿色生活的成果与经验等。加强指导帮扶,推动有机产品进农户、商超、社区,促进有机产品产供销对接,组织有机产品知识讲解、技能培训和技术服务,面向消费者、企业等社会各方开展广泛宣传,同时,接受公众的监督。

参 考 文 献

陈程，陈明．环境重金属污染的危害与修复．环境保护，2010(3)：55-57.

陈梦静，李艳，徐凯．等．农产品中重金属的来源及对策．甘肃农业，2019(3)：45-46.

陈玉婷，程楠，许文涛．食源性致病微生物的检测新技术．食品安全质量检测学报，2015，6(9)：3405-3413.

程珂，杨新萍，赵方杰．大气沉降及土壤扬尘对天津城郊蔬菜重金属含量的影响．农业环境科学学报，2015(10)：1837-1845.

迟凤玲．浅淡水污染对我国食物安全的影响及解决对策．中国食物与营养，2006，5：14-16.

戴小华，尤民生，傅丽君．氮、磷、钾对美洲斑潜蝇寄主选择性的影响．昆虫学报，2002，45：145-147.

邓先才．科学使用农业投入品保障农产品质量安全．四川农业科技，2012(3)：53-54.

杜相革，董民，等．有机农业导论．北京：中国农业大学出版社，2008.

杜相革，董民，等．有机农业原理和技术．北京：中国农业大学出版社，2001.

杜相革，石延霞，王恩东．叶类蔬菜病虫害非化学防治技术．北京：中国农业科学技术出版社，2020.

付淑笙，江奕舟，蒋沁宏，等．基于纳米递送系统的 RNA 农药及转基因植物研究进展．植物保护学报，2021，48(2)：267-274.

耿春梅，王效科，黄益宗，等．大气臭氧污染对粮食作物影响及应对策略．中国大气环境科学与技术大会暨中国环境科学学会大气环境分会学术年会，2012.

顾慧丹，李榕，乔玲．农药残留危害探析．食品安全导刊，2015(32)：52.

国家认证认可监督管理委员会．中国有机产品认证与有机产业发展报告．北京：中国农业科学技术出版社，2019.

国家认证认可监督管理委员会．中国有机产品认证与有机产业发展报告．北京：中国农业科学技术出版社，2020.

国家市场监督管理总局，中国国家标准化管理委员会．标准化工作导则　第 1 部分：标准化文件的结构和起草规则：GB/T 1.1—2020．北京：中国标准出版社，2020.

国家市场监督管理总局，中国国家标准化管理委员会．管理体系审核指南：GB/T 19011—2021．北京：中国标准出版社，2021.

国家市场监督管理总局，中国国家标准化管理委员会．食品安全国家标准　食品中农药最大残留限量：GB 2763—2021．北京：中国标准出版社，2021.

国家市场监督管理总局，中国国家标准化管理委员会．食品安全国家标准　食品中污染物限量：GB 2762—2017．北京：中国标准出版社，2017.

国家市场监督管理总局，中国国家标准化管理委员会．有机产品生产、加工、标识和管理体系的要求：GB/T 19630—2019．北京：中国标准出版社，2019.

国家质量监督检验检疫总局，中国国家标准化管理委员会．农药合理使用准则(八)：GB/T

8321.8—2007.北京：中国标准出版社，2007.
国家质量监督检验检疫总局，中国国家标准化管理委员会. 农药合理使用准则(二)：GB/T 8321.2—2000.北京：中国标准出版社，2000.
国家质量监督检验检疫总局，中国国家标准化管理委员会. 农药合理使用准则(九)：GB/T 8321.9—2009.北京：中国标准出版社，2009.
国家质量监督检验检疫总局，中国国家标准化管理委员会. 农药合理使用准则(六)：GB/T 8321.6—2000，北京：中国标准出版社，2000.
国家质量监督检验检疫总局，中国国家标准化管理委员会. 农药合理使用准则(七)：GB/T 8321.7—2002.北京：中国标准出版社，2002.
国家质量监督检验检疫总局，中国国家标准化管理委员会. 农药合理使用准则(三)：GB/T 8321.3—2000.北京：中国标准出版社，2000.
国家质量监督检验检疫总局，中国国家标准化管理委员会. 农药合理使用准则(四)：GB/T 8321.4—2006.北京：中国标准出版社，2006.
国家质量监督检验检疫总局，中国国家标准化管理委员会. 农药合理使用准则(五)：GB/T 8321.5—2006.北京：中国标准出版社，2006.
国家质量监督检验检疫总局，中国国家标准化管理委员会. 农药合理使用准则(一)：GB/T 8321.1—2000.北京：中国标准出版社，2000.
郝社锋，陈素兰，朱佰万. 城市环境大气降尘重金属研究进展. 地质学刊，2012，36(4)：418-422.
环境保护部，国土资源部. 全国土壤污染状况调查公报，2014(5)：10-11.
贾然然. 科学防治小麦蚜虫，控制氮肥使用量很关键——访北京农学院植物科学技术学院董兆克博士. 中国农资，2014：20.
李远红. 环境污染对作物的影响. 青岛职业技术学院学报，1996(1)：51-52.
林凡华，陈海博，白军. 土壤环境中重金属污染危害的研究. 环境科学与管理，2007(7)：74-76.
刘朋飞. 陕西省农业标准化与农产品检测体系现状分析及其对策研究. 杨凌：西北农林科技大学硕士学位论文，2015：54.
刘绍友，侯有明，李定旭，等. 小麦品种对麦长管蚜抗性机制的研究. 西北农业学报，1993，2(3)：76-80.
罗厚枚，王宏康. 土壤重金属复合污染对作物的影响. 环境化学，1994，13(5)：427-432.
马路遂，谷海峰，蔡奎，等. 某地污水灌溉重金属元素对土壤、农作物、人体健康影响的调查. 第五届环境与职业医学国际学术研讨会，都江堰，2010：21-24.
马中正，闫硕，沈杰. 基于工程菌高效合成靶向昆虫基因的 dsRNA 的方法. 应用昆虫学报，2019，56(2)：342-347.
倪玮怡. 上海市郊土壤—蔬菜系统中重金属来源及贡献研究. 华东师范大学硕士学位论文，2016：117.
秦鹏等，阮丽，包跃跃，等. 城市土壤重金属污染来源研究. 环境科学与管理，2014，39(12)：38-41.
秦普丰，刘丽，侯红，等. 工业城市不同功能区土壤和蔬菜中重金属污染及其健康风险评价. 生态环境学报，2010，19(7)：1668-1674.

邱德文. 我国生物农药产业现状分析及发展战略的思考. 生物产业技术，2011,5:40-43.
区焯林，刘志敏，崔志新，等. 不同品种青花菜对桃蚜生长发育与繁殖及种群数量的影响. 湖南农业大学学报(自科版)，2006,32(6):641-643.
屈冉，孟伟，李俊生，等. 土壤重金属污染的植物修复. 生态学杂志，2008(4):626-631.
邵晓龙，徐亚平，秦莉，等. 水污染造成农业污染事故的特征分析. 安徽农业科学，2010,38(11):5817-5818,5859.
师荣光，周启星，刘凤枝，等. 城市再生水农田灌溉水质标准及灌溉规范研究. 农业环境科学学报，2008,27:839-843.
石卫东. 氮、钾及其配施对小麦抗蚜性及若干生化指标的影响. 河南农业大学硕士学位论文，2011.
史贵涛. 痕量有毒金属元素在农田土壤—作物系统中的生物地球化学循环. 华东师范大学硕士学位论文，2009:329.
宋伟，陈百明，刘琳. 中国耕地土壤重金属污染概况. 水土保持研究，2013,20(2):293-298.
隋文飞. 加强肥料规范化管理　控制蔬菜重金属污染. 农民致富之友，2013(5):46.
田世龙，车宗贤，朱友春. 加快建立农业生产标准与检测体系. 甘肃农业科技，2003(7):5-7.
王初，王振楼，王京，等. 崇明岛公路两侧蔬菜地土壤和蔬菜重金属污染研究. 生态与农村环境学报，2007(2):89-93.
王艳，程轲. 作物秸秆露天焚烧有害物质排放及其对健康的影响. 新乡医学院学报，2016,33:841-844.
王阳，李宝刚，章明奎. 大气沉降对茶叶重金属积累的影响. 科技导报，2011,29(21):55-59.
王豫鄂，王豫仙. 科学合理施肥有效预防病虫害发生. 湖北植保，2006,3:12.
魏子淏，李汴生. 食源性致病微生物的快速检测方法及其研究现状. 现代食品科技，2013,29(2):438-442.
吴焱. 食品检测中农药残留检测技术论述. 食品安全导刊，2017(33):90.
谢志明. 硅对吉林省不同类型土壤条件下玉米生理特性及产量的影响. 北京:中国科学院大学博士学位论文，2014.
谢子钊. 公路土壤重金属污染对农作物的危害及其防治措施. 广东化工，2014,41:144-145.
辛苗，杜相革，朱晓清. 不同氮水平对黄瓜蚜虫生长发育的影响. 植物保护学报，2010,37:408-412.
闫硕，蒋沁宏，沈杰. 纳米农药及载体材料的增效机理研究现状. 植物保护学报，2022,49(1):366-373.
闫硕，沈杰. 纳米技术在害虫绿色防控领域的应用与展望. 应用昆虫学报，2019,56(4):617-624.
杨柳，李旭祥. 大气降尘中重金属元素及铅同位素分析. 西安交通大学学报，2014,48(2):118-124.
杨益众，汪士新，王进强. 禾谷缢管蚜蜜露的分泌节律与小麦品种、生育期关系的研究. 昆虫知识，1992,2:73-75.
杨雨姮，杨华蕊，杨柳青，等. RNA 杀虫剂的研究进展. 中国植保导刊，2021,41(3):25-29, 45.
张冠华，毕忠泽，黄海，等. 食品中农药最大残留限量标准(GB 2763—2021)特点分析及应用.

现代农业,2021(6):90-93.
张磊,宋凤斌,王晓波. 中国城市土壤重金属污染研究现状及对策. 生态环境, 2004(2):258-260.
张明,陈文武. 作物钾素营养与病虫害防治效应分析. 安徽农业科学,2006,34(16):4056-4057.
张卫锋. 食品中农药最大残留限量标准制修订研究. 农产品质量与安全,2018(1):39-44.
张忠波. 水稻应用硅肥试验示范总结. 农民致富之友,2013,9:5.
张尊福. 蔬菜种植过程中降低农药残留方法与对策. 北京农业,2014(21):129.
中华人民共和国农业部. 绿色食品　农药使用准则:NY/T 393—2000 . 北京:中国农业出版社,2000.
中华人民共和国农业部. 绿色食品　农药使用准则:NY/T 393—2013 . 北京:中国农业出版社,2013.
中华人民共和国农业部. 蔬菜和水果中有机磷、有机氯、拟除虫菊酯和氨基甲酸酯类农药多残留的测定:NY/T 761—2008. 北京:中国农业出版社,2008.
中华人民共和国农业农村部. 绿色食品　农药使用准则:NY/T 393—2020. 北京:中国农业出版社,2020.
周静. 蔬菜农药残留问题的探讨. 农家参谋,2019(22):25.
朱雪梅,王一哲. 有色冶炼的重金属污染. 中国有色金属, 2009(19):62-63.
邹运鼎,孟庆雷,马飞,等. "8455"小麦植株化学成分与麦蚜(长管蚜、二叉蚜)种群消长的关系. 应用生态学报, 1994,5:276-280.
Arao T,Kawasaki A,Baba K, et al. Effects of water management on cadmium and arsenic accumulation and dimethylarsinic acid concentrations in Japanese rice. Environmental Science & Technology, 2009,43(24): 9361-9367.
Boese S R,Maclean D C,El-Mogazi D. Effects of fluoride on chlorophyll a fluorescence in spinach. Environ Pollut,1995,89:203-208.
Chen H, Yan X,Wang P,et al. Dietary cadmium in take from rice and vegetables and potential health risk: A case study in Xiangtan,southern China. Environmental Science & Technology,2018,639:271-277.
Chen H,Zhang W W,Yang X P,et al. Effective methods to reduce cadmium accumulation in rice grain. Chemosphere,2018,207: 699-707.
DeFalco T A, Bender K W, Snedden W A. Breaking the code: Ca^{2+} sensors in plant signalling. Biochem. J. ,2009,425:27-40.
Dong M, Chen D M,Che L,et al. Biotoxicity evaluation of a cationic star polymer on a predatory ladybird and cooperative pest control by polymer-delivered pesticides and ladybird. ACS Applied Materials & Interfaces, 2022,14(4): 6083-6092.
Du Y,Hu X F,Wu X H,et al. Affects of mining activities on Cd pollution to the paddy soils and rice grain in Hunan province,Central South China. Environmental Monitoring and Assessment, 2013,185(12): 9843-9856.
Duan G, Shao G S,Tang Z,et al. Genotypic and environmental variations in grain cadmium

and arsenic concentrations among a panel of high yielding rice cultivars, RICE,2017,10(9).

European Food Safety Authority. Cadmium dietary exposure in the European population. Efas Journal,2012,10(1):2551.

Frisvad J C. A critical review of producers of small lactone mycotoxins: patulin, penicillic acid and moniliformin. World Mycotoxin Journal, 2018,11(1SI):3-100.

Havelaar A H, Kirk M D, Gibb H J, et al. World health organization global estimates and regional comparisons of the burden of foodborne disease in 2010. Plos Medicine, 2015, 12(e100192312).

Jiang Q H, Xie Y H, Peng M, et al. Nanocarrier-pesticide delivery system with promising benefits in a case of dinotefuran: strikingly enhanced bioactivity and reduced pesticide residue. Environmental Science-Nano, 2022,9(3): 988-999.

Jin T, Nordberg G, Wang H, et al. Osteoporosis and renal dysfunction in a general population exposed to cadmium in China. Environmental Research, 2004,96(3): 353-359.

Jones T H, Muehchauser V. Frequency of hepatitis E virus, rotavirus and porcine enteric calicivirus at various stages of pork carcass processing in two pork processing plants. Internationl Journal of Food Microbiology, 2017,259: 29-34.

Kirk M D, Pires S M, Black R E, et al. World health organization estimates of the global and regional disease burden of 22 foodborne bacterial, Protozoal, and Viral Diseases, 2010: A Data Synthesis. Plos Medicine, 2015,12(e100192112).

Li D, Butot S, Zuber S, et al. Monitoring of foodborne viruses in berries and considerations on the use of RT-PCR methods in surveillance. Food Control, 2018,89: 235-240.

Li M S, Ma Z Z, Peng M, et al. A gene and drug co-delivery application helps to solve the short life disadvantage of RNA drug. Nano Today, 2022,43: 101452.

Li R Y, Stroud J L, Ma J F, et al. Mitigation of arsenic accumulation in rice with water management and silicon fertilization. Environmental Science & Technology, 2009,43(10): 3778-3783.

Li Z, Wu L H, Hu P J, et al. Repeated phytoextraction of four metal-contaminated soils using the cadmium/zinc hyperaccumulator sedum plum bizincicola. Environmental Pollution, 2014,189: 176-183.

Luo Y, Liu X, Li J. Updating techniques on controlling mycotoxins-A review. Food Control, 2018,89:123-132.

Ma Z Z, Zhang Y H, Li M S, et al. A first greenhouse application of bacteria-expressed and nanocarrier-delivered RNA pesticide for *Myzus persicae control*. Journal of Pest Science, https://doi.org/10.1007/s10340-022-01485-5.

Ma Z Z, Zhou H, Wei Y L, et al. A novel plasmid-Escherichiacoli system produces large batch dsRNAs for insect gene silencing. Pest Management Science, 2020,76(7): 2505-2512.

Ma Z Z, Zheng Y, Chao Z J, et al. Visualization of the process of a nanocarrier-mediated gene delivery: stabilization, endocytosis and endosomal escape of genes for intracellular spreading. Journal of Nanobiotechnology, 2022,20:124.

Membre J,Guillou S. Latest developments in foodborne pathogen risk assessment. Current Opinionin Food Science,2016,8:120-126.

Nordberg G,Jin T,Bernard A,et al. Low bone density and renal dysfunction following environmental cadmium exposure in China. AMBIO, 2002,31(6):478-481.

Nouchi I,Toyama S. Effects of ozone and peroxyacetyl nitrate on polar lipids and fatty acids in leaves of morning glory and kidney bean. Plant Physiol,1988,87:638-646.

Oliver M A. Soil and human health: a review. European Journal of Soil Science, 1997,48(4): 573-592.

Pandey J K. Shubhashish and Pandey R. Heavy metal contamination of Ganga river at Varanasi in relation to atmospheric deposition. Tropical Ecology, 2010,51(2SI):365-373.

Raiola A, Tenore G C,Manyes L,et al. Risk analysis of main mycotoxins occurring in food for children: An overview. Food and Chemical Toxicology, 2015,84: 169-180.

Sharma R K,Agrawal M,Marshall F M. Heavy metal(Cu,Zn,Cd and Pb) contamination of vegetables in urban India: A case study in varanasi. Environmental Pollution,2008,154(2): 254-263.

Steffan J J, Brevik E C,Burgess L C,et al. The effect of soil on human health: an overview. European Journal of Soil Science, 2018,69(1): 159-171.

Stiff R E,Nason B W,Hutchings H A,et al. Long-term health effects after resolution of acute Cryptosporidium parvum infection: a 1-year follow-up of outbreak-associated cases. Journal of Medical Microbiology,2017,66(11): 1607-1611.

Sun S K, Chen Y,Chen J,et al. Decreasing arsenic accumulation in rice by overexpressing OsNIP1;1 and OsNIP3;3 through disrupting arsenite radial transport in roots. New Phytologist,2018,219(2): 641-653.

Tang L,Mao B G,Li Y K, et al. Knockout of OsNramp5 using the CRISPR/Cas9 system produces low Cd-accumulating indica rice without compromising yield. Scientific Reports, 2017,7(14438).

Ueno D, Yamaji N,Kono I,et al. Gene limiting cadmium accumulation in rice. Proceedings of The National Academy of Sciences of The United States of Aaerica, 2010,107(38): 16500-16505.

Voutsa D, Grimanis A,Samara C. Grimanis and C Samara. Trace elements in vegetables grown in an industrial area in relation to soil and air particulate matter. Environmental Pollution, 1996,94(3): 325-335.

Wang M,Chen W,Peng C. Risk assessment of Cd polluted paddy soils in the industrial and township areas in Hunan,Southern China. Chemosphere, 2016,144:346-351.

Wang X D, Zheng K K,Chen W Y, et al. Field application of star polymer-delivered chitosan to amplify plant defense against potato late blight. Chemical Engineering Journal, 2021,417:129327.

Wang Y, Xie Y H, Jiang Q H, et al. Efficient polymer-mediated delivery system for thiocyclam: nanometerization remarkably improves the bioactivity toward green peach aphids. Insect Science, DOI: 2022,10.1111/1744-7917.13033.

Yan S, Cheng W Y, Han Z H, et al. Nanometerization of thiamethoxam by a cationic star polymer nanocarrier efficiently enhances the contact and plant-uptake dependent stomach toxicity against green peach aphids. Pest Management Science, 2021, 77(4): 1954-1962.

Yan S, Hu Q, Jiang Q H, et al. Simple osthole/nanocarrier pesticide efficiently controls both pests and diseases fulfilling the need of green production of strawberry. ACS Applied Materials & Interfaces, 2021,13(30): 36350-36360.

Yan S, Qian J, Cai C, et al. Spray method application of transdermal dsRNA delivery system for efficient gene silencing and pest control on soybean aphid Aphis glycines. Journal of Pest Science, 2020,93(1): 449-459.

Yan S, Yin H, Li N, et al. Combination of a nanocarrier delivery system with genetic manipulation further improves pesticide efficiency: a case study with chlorfenapyr. Environmental Science-Nano, DOI: 2022,10.1039/D2EN00126H.

Yan S, Hu Q, Li J H, et al. A star polycation acts as a drug nanocarrier to improve the toxicity and persistence of botanical pesticides. ACS Sustainable Chemistry & Engineering, 2019,7(20): 17406-17413.

Yan S, Ren B Y, Shen J. Nanoparticle-mediated double-stranded RNA delivery system: a promising approach for sustainable pest management. Insect Science, 2021,28(1): 21-34.

Yan S, Ren B Y, Zeng B, et al. Improving RNAi efficiency for pest control in crop species. Bio Techniques, 2020,68(5): 283-290.

Yang Y X, Jiang Q H, Peng M, et al. A star polyamine-based nanocarrier delivery system for enhanced avermectin contact and stomach toxicity against green peach aphids. Nanomaterials, 2022, 12: 1445.

Yu H, Du X. Differential regulation of calmodulin, phenylalanine ammonia-lyase, and salicylic acid in response to botrytis cinerea infection in tomato with different Ca^{2+} concentrations. J. Plant Nutr., 2018, 41: 1104-1118.

Zhang W L, Du Y, Zhai M M, et al. Cadmium exposure and its health effects: A 19-year follow-up study of a polluted area in China. Science of The Total Environment, 2014, 470: 224-228.

Zhang Y H, Ma Z Z, Zhou H, et al. Nanocarrier-delivered dsRNA suppresses wing development of green peach aphids. Insect Science, DOI: 2021,10.1111/1744-7917.12953.

Zhao F J, Ma Y, Zhu Y G, et al. Soil Contamination in China: current status and mitigation strategies. Environmental Science & Technology, 2015, 49(2): 750-759.

Zhao F J, McGrath S P, Meharg A A. Arsenic as a food chain contaminant: mechanisms of plant uptake and metabolism and mitigation strategies, annual review of plant biology, 2010, 61: 535-559.

Zhao F, Shewry P R. Recent developments in modifying crops and agronomic practice to improve human health. Food Policy, 2011, 361: S94-S101.

Zheng Y, Hu Y S, Yan S, et al. A polymer/detergent formulation improves dsRNA penetration through the body wall and RNAi-induced mortality in the soybean aphid Aphis glycines. Pest Management Science, 2019, 75(7): 1993-1999.

Zhu H H, Chen C, Xu C, et al. Effects of soil acidification and liming on the phytoavailability of cadmium in paddy soils of central subtropical China. Environmental Pollution, 2016, 219: 99-106.